高等学校网络空间安全专业系列教材

密码算法与应用实践教程

主编 张晓均 薛婧婷

西安电子科技大学出版社

内容简介

本书由浅入深、循序渐进地介绍了密码学的基本概念和算法设计原理，主要内容包括传统密码、分组密码、Hash函数与消息认证码、公钥密码、数字签名等基础知识，以及密码算法在数据安全与隐私保护领域的具体应用，具有较强的系统性、可读性和实用性。

本书结构合理，内容翔实，注重知识的层次性与应用领域的广泛性。本书既可以作为高等学校网络空间安全、信息安全、通信工程等专业本科生和研究生的教材，也可作为密码学和信息安全领域的教师、科研人员与工程技术人员的参考书。

图书在版编目（CIP）数据

密码算法与应用实践教程 / 张晓均，薛婧婷主编. -- 西安 ：西安电子科技大学出版社，2024. 8. -- ISBN 978-7-5606-7394-3

Ⅰ. TN918.1

中国国家版本馆 CIP 数据核字第 202462LN43 号

策　　划　陈　婷
责任编辑　陈　婷
出版发行　西安电子科技大学出版社（西安市太白南路 2 号）
电　　话　(029) 88202421　88201467　　邮　　编　710071
网　　址　www.xduph.com　　电子邮箱　xdupfxb001@163.com
经　　销　新华书店
印刷单位　咸阳华盛印务有限责任公司
版　　次　2024 年 8 月第 1 版　2024 年 8 月第 1 次印刷
开　　本　787 毫米×1092 毫米　1/16　印张　13
字　　数　304 千字
定　　价　42.00 元
ISBN 978-7-5606-7394-3

XDUP 7695001-1

＊＊＊如有印装问题可调换＊＊＊

前　言

在当今数字化时代，密码技术已成为信息安全的核心。随着网络空间安全技术的不断进步，密码学的重要性日益显著，密码学是云计算、大数据、物联网、工业互联网等应用的安全支撑和技术保障。

本书旨在深入探讨密码学在新兴技术领域的应用，并着重分析其在数据安全发展中的关键作用。本书的内容设置如下：第 1～6 章为基础部分，详细介绍了密码学的基本概念，包括传统密码、分组密码、哈希函数与消息认证码、公钥加密和数字签名等密码学核心内容。为了使读者能更深入地了解密码学的历史和演变，我们建议读者阅读一些经典的密码学著作，补充学习流密码、密钥管理、密码协议等重要知识。第 7～11 章为应用部分，以数据的生成、传输、存储、分析和共享为主线，详细探讨了密码算法在数据安全与隐私保护领域的具体应用，介绍了智慧医疗环境中数据完整性审计方案、智慧医疗环境中加密数据聚合分析方案、智能电网环境中加密数据聚合分析方案、智能网联车载系统的安全认证与密钥协商方案以及抗量子计算的格基云存储数据安全应用方案等。

本书面向多元化的读者群体，既可作为网络空间安全、信息安全、通信工程等专业高年级本科生和研究生的教材，也可作为密码学和信息安全领域教师、科研人员及工程技术人员的参考书。我们期望本书能帮助读者深入理解密码学的理论基础，把握其在实际应用中的最新动态，并在这个快速发展的技术领域中有所建树。

在本书的创作过程中，我们深感一路上所获得的支持和帮助是无价之宝。特别感谢西安电子科技大学出版社编辑团队的专业建议和无限耐心，这些对本书的完善起到了决定性作用。衷心感谢电子科技大学的许春香教授，她在我们的研究和写作过程中提供的专业指导是不可估量的财富。感谢国家自然科学基金委对本书建设提供的资金支持。当然，我们永远不会忘记家人和朋友的理解与鼓励，他们是我们最坚强的后盾。最后，我们要感谢每一位读者，希望这本书能对你们有所启发、有所帮助。

编　者
2023 年 12 月于西南石油大学

目　录

第1章

绪　论

在这个飞速发展的信息化时代，信息已经变成推动社会发展的关键战略资源，它不仅极大地改变了人们的生活和工作方式，而且在政治、军事、外交、经济建设、科学研究等领域发挥着重要作用。信息的流通和应用成为当今世界发展的主要趋势。随着计算机和网络技术的迅猛发展，社会的信息化程度持续提升，掌握信息成为了竞争和发展的关键因素。

然而，现代信息技术同时也伴随着风险和挑战。Internet 的兴起极大地促进了全球信息交流，加速了科技、文化、教育和生产的发展，提高了人类整体生活质量。但其开放性和无政府性的特点也为不法行为提供了机会，导致网络安全问题逐渐凸显，如网络诈骗、信息盗窃和恶意软件的传播等问题日趋严重，这些问题对社会造成了巨大的影响。因此，信息安全已成为全球共同关注的重大议题。保护信息的机密性、完整性以及确保合法用户的服务不受阻碍是信息安全领域核心任务。

在众多保护信息安全的手段中，密码学扮演了核心角色。密码学有较完善的理论和技术的基础支撑，而且在信息安全的实践中发挥了至关重要的作用。本书全面而系统地介绍了密码学的结构、基础知识及其在信息安全中的应用，特别强调了各种密码理论和技术在保障信息安全中的关键作用。本书的编写目的在于让读者深入理解信息安全的重要性，并全面掌握密码学在维护信息安全中的关键角色和应用，为读者在这个信息化时代取得更大的发展提供必要的知识和技能。

1.1　走进密码学

密码学，这门结合古老智慧和现代科技的学科，是信息安全领域的核心技术之一。它的发展历程如同一部跨越时代的史诗，从古埃及的象形文字到当代的数字加密，密码学验证了人类文明和科技的不断进步。密码学起源于几千年前，最初用于宗教和皇家信息的保密，并逐渐扩展到军事和政治领域，在历史的许多重要节点上都占有一席之地。从简单的代替和转换技术到复杂的数学算法，密码学的发展反映了社会的变迁和技术的革新。

在古罗马时期，为确保传信过程的安全，凯撒采用了一种独特的方法：将每个字母按顺序后移三位，即将“A”变为“D”、“B”变为“E”。信件写好后，他会将其卷起，用蜡密封，并压上私印。收信的将军们会先检查蜡封和印章的完整性，再依据双方共知的替换规则阅读信件。这种加密方法即 Caesar 密码，至今仍被密码学教科书所提及。凯撒将密码术首次应用于实际操作，展现了密码学在历史进程中的重要作用。

二战期间，密码学的作用尤为显著。1918年，Arthur Scheribius 发明了第一台名为 Enigma 的非手工编码密码机，德国军方利用它实现了加密通信，极大地促进了战时通信的安全。然而，波兰的 Marian Rejewski 首次破解了 Enigma 密码，英国的 Alan Turing 随后完善了破解方法，盟军也因此研发了 Colossus 机器。许多学者认为，成功破解 Enigma 使二战提前了一年结束。然而，密码学作为一门学科，其历史至今不足一百年。1948年，Shannon 发表了开创性的《通信的数学理论》，奠定了信息论的基础，并随后用信息论视角全面论述了信息保密问题，为对称密码学的构建提供了理论基础。

1976年，Diffie 和 Hellman 在其开创性论文《密码学的新方向》中提出了 Diffie-Hellman 协议，这是一种在不安全信道上安全协商密钥的方法，同时也提出了公钥密码学的概念。这篇论文标志着密码学从传统走向现代的转变。虽然他们没有构造出具体的公钥密码系统，但他们的工作引起了广泛关注。

1978年，Rivest、Shamir 和 Adleman 提出了 RSA 公钥密码体系，这是第一个实用的公钥密码体系。他们因此在2002年获得了图灵奖。尽管 RSA 体系历经风雨，但仍是目前应用最广泛的密码体系之一。此后，基于其他数学难题人们不断提出各种加密算法，如基于大整数分解的 Rabin 算法、基于离散对数问题的 ElGamal 算法以及基于椭圆曲线的密码算法等，出现了众多公钥密码算法。

近30年来，公钥密码学研究蓬勃发展，人们提出了许多新的概念和应用，如数字签名、认证协议、基于身份的密码系统、数字签密等，密码学对社会的各个领域产生了深远的影响。在我们所处的数字时代，密码学更是成为保护个人隐私、国家安全及全球金融系统安全的关键技术。密码学的历史不仅是技术进步的缩影，更是人类智慧的结晶，至今仍在不断进化和发展中。

1.2 密码学的基本概念

密码学，作为研究通信安全和保密的关键学科，包含两个互补的分支：密码编码学和密码分析学。密码编码学专注于通过变换消息来保护信息在传输过程中不被敌对方截获、解读或利用；密码分析学则专注于分析和破解密码，目的恰与密码编码学相反。这两个分支相互促进，共同推动密码学的发展。

1.2.1 保密通信模型

在保密通信模型中，通信双方利用特定技术保护所要发送的消息，防止未授权者获取信息。发送者发送的原始消息称为明文(Plaintext)，通过加密(Encryption)将明文变换成看似无意义的密文(Ciphertext)。相对地，接收方通过解密(Decryption)将密文还原为明文。加密过程采用的规则集合称为加密算法，而解密过程则使用称为解密算法的规则集合。加密和解密的过程都在密钥(Key)的控制下进行，分别对应加密密钥和解密密钥。在传统的单钥密码体制或对称密码体制(Symmetric Key Cryptosystem)中，加密密钥和解密密钥相同或彼此容易推导。而在双钥密码体制或非对称密码体制(Asymmetric Key Cryptosystem)中，加密密钥和解密密钥不同，且难以相互推导。

在信息传输和处理的过程中，除了预定的接收方之外，还可能存在未授权的攻击者或敌手。他们可能通过搭线窃听、电磁窃听、声音窃听等手段来窃取机密信息。尽管这些敌手可能不知道系统所用的密钥，但他们可能通过对截获的密文进行分析来推断出相应的明文或密钥，这种工作称为密码分析。仅对保密通信系统截获的密文进行分析的攻击称为被动攻击。除此之外，还有主动攻击，这类攻击的篡改手段包括添加、删除、重放、伪造等，敌手向系统注入虚假消息以达到攻击目的。在密码学的世界中，这些不断出现的攻击方式推动了加密技术的不断进步和创新，保证了信息传输的安全性和可靠性。

一个保密通信系统由明文消息空间$\mathcal{M}$、密文空间$\mathcal{C}$、密钥空间$\mathcal{K}_1$和$\mathcal{K}_2$、加密算法簇E和解密算法簇D组成，如图1.1所示。对于给定的明文消息$m\in\mathcal{M}$，密钥$k_1\in\mathcal{K}_1$，加密算法E把明文m变换成密文c，即

$$c=E_{k_1}(m),\ m\in\mathcal{M},\ k_1\in\mathcal{K}_1$$

解密算法利用解密密钥k_2将密文恢复出明文，即

$$m=D_{k_2}(c),\ m\in\mathcal{M},\ k_2\in\mathcal{K}_2$$

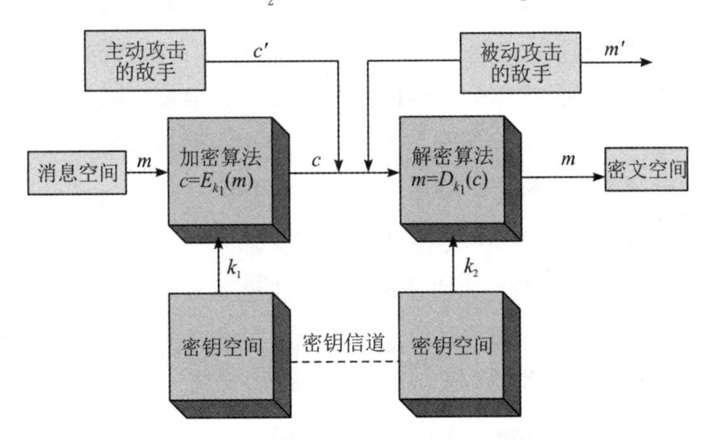

图1.1 保密通信系统

1.2.2 密码算法的分类

密码体制的分类方法多种多样，其中最常见的一种是根据加密算法和解密算法使用的密钥是否相同来进行分类。按此方法，密码体制大致可以分为单钥密码体制和双钥密码体制两大类。

单钥密码体制，又称为对称密码体制，是指加密和解密使用同一密钥，或者即使使用不同密钥，也能从一个密钥轻松推导出另一个密钥。这类密钥体制的安全性主要依赖密钥本身的保密性，而非加解密算法，因为算法本身是公开的。在这种体制中，确保从密文及其算法无法轻易得到明文是关键。单钥密码体制的实现成本相对较低，可以通过经济实惠的芯片来实现加解密算法。此类系统中的密钥通常由发送方产生，并通过安全的信道传递给接收方。对明文信息的加密有两种主要方式：一种是流密码(Stream Cipher)或序列密码，其按字符逐位进行加密；另一种是分组密码(Block Cipher)，其将明文分成若干组进行加密。

双钥密码体制，也称为非对称密码体制，区别于单钥密码体制的特点在于，其加密密钥和解密密钥是不同的，并且无法从加密密钥计算得到解密密钥，或者这种计算在实际操作中是不可行的。在这种体制下，每个用户都拥有一对密钥：公钥(Public Key)和私钥(Secret Key)。公钥是公开的，类似于电话号码，可被注册并公开发布；私钥则是保密的，只有用户本人知晓。因此，双钥密码体制又被称为公钥密码体制。这种密码体制的一个显著优势是解决了密钥分发的问题，因为公钥可以公开传递，无需担心安全性问题。

1.2.3 密码攻击方式

敌手通常采用以下三种手段来攻击密码体制，每种攻击方式都针对不同的系统漏洞，展示了密码学中攻防对抗的复杂性和多样性。

1. 穷举攻击(Brute Force Attack)

穷举攻击，也称为蛮力攻击，是密码体制中最基本的攻击方式。这种攻击方式的一种形式是逐一尝试所有可能的密钥来解密获取的密文，直到找到正确的明文为止；另一种形式是确定一个密钥，然后对所有可能的明文进行加密，直到产生目标密文。从理论上讲，只要拥有足够的计算资源，任何实用的密码体制都可能被穷举攻击破解。例如，1997 年 6 月 18 日，由 Rocket Verser 领导的美国科罗拉多州工作小组通过网络动员数万台计算机，历时四个月，成功通过穷举攻击破解了数据加密标准(DES)。

2. 统计分析攻击(Statistical Analysis Attack)

统计分析攻击基于密文和明文的统计特征来攻击密码系统。这种攻击对于密码破译有着重要贡献，许多古典密码体制都可以通过分析密文字母或字母组的出现概率和其他统计特性被破解。抵抗这种攻击的关键在于消除密文中的明文统计特性。

3. 数学分析攻击(Mathematical Analysis Attack)

数学分析攻击侧重于针对加解密算法的数学和密码学特性进行攻击。敌手利用数学解法来尝试破解密码。这类攻击根据敌手掌握的数据类型而有所不同，包括唯密文攻击、已知明文攻击、选择明文攻击和选择密文攻击。这些攻击的主要区别在于敌手拥有的资源种类，详见表 1.1 所示。

表 1.1 数学分析攻击的类型

攻击类型	敌手拥有的资源
唯密文攻击	加密算法、截获的密文
已知明文攻击	加密算法、截获的密文、一个或者多个明文-密文对
选择明文攻击	加密算法、截获的密文、自己选择的明文和由密钥生成的相应密文
选择密文攻击	加密算法、截获的密文、自己选择的密文和相应的由该密文解密得到的明文

在密码学中，唯密文攻击是敌手面临的最具挑战性的攻击形式。在此情况下，敌手仅依赖公开的加密算法和截获的密文来尝试破解密码系统。由于获取的信息量极其有限，这

类攻击通常容易被抵抗。

在已知明文攻击中，敌手不仅拥有加密算法和密文，还掌握一些对应的明文-密文对。例如，对一篇普通散文的加密可能让敌手对消息的具体内容所知甚少。然而，若加密的是含有特定信息的文本，敌手可能已经了解部分内容，这使得已知明文攻击相对于唯密文攻击而言，对敌手更为有利。

选择明文攻击进一步增强了敌手的优势，因为在这种情况下，敌手可以自选明文并获取相应的密文。这种自由度使得攻击者可以针对加密系统的弱点进行更有针对性的攻击。

选择密文攻击是所有攻击中对敌手最有利的。在这种攻击中，敌手不仅可以自行选择密文，还能获得相应的明文。这些资源赋予了攻击者极强的攻击潜力。

一个密码体制若能抵御无论多少密文的截获和任何形式的攻击，被称为绝对安全或无条件安全。理论上，这种安全性在一次一密(one-time pad)密码体制中是可能的。但由于密钥管理的实用性挑战，这种体制在现实中并不常用。Shannon 曾指出，只有当密钥的长度至少与明文一样长时，才能实现无条件安全。换言之，除一次一密体制外，不存在其他绝对安全的密码体制。

因此，在实际应用中，加密算法的安全性通常基于以下两个准则之一：

(1) 破译密文的成本超过加密信息本身的价值。

(2) 破译密文所需时间超过信息的有效期。

达到这两个标准之一的加密算法被认为是计算安全的，这种安全性足以应对大多数实际场景中的安全需求。

1.3 密码学数学基础

密码学是一门深深植根于数学的学科，它广泛地应用了多种数学理论来设计和分析密码体制与协议。这些理论包括但不限于数论、近世代数(抽象代数)、计算复杂度理论、信息论以及概率论。这些数学领域提供了设计安全密码系统所需的关键工具和框架。数论，特别是素数理论和模算术，是公钥密码学的基石，因为它涉及如 RSA 算法中的大数分解问题。近世代数(或称为抽象代数)与群、环、域的概念密切相关，这些概念是理解和构造各类密码算法(如基于椭圆曲线的算法)的基础。计算复杂度理论帮助我们理解特定密码算法能否在实际可行的时间内被破解，它是评估密码强度的关键。信息论，最初由 Claude Shannon 发展，为我们提供了量化信息和理解加密系统的熵(或不确定性)的工具，这对于分析密码系统的安全性至关重要。概率论则在现代密码学中扮演着核心角色，尤其是在分析密码系统可能遭受的各种攻击的概率时。它还用于设计和分析那些依赖于随机性的加密算法和协议。

综上所述，这些数学理论不仅是密码学的理论基础，也是实际应用中设计和评估密码体制和协议不可或缺的工具。因此，本章将对这些在密码学中必要的数学基础进行简要介绍，帮助读者更好地理解和应用密码学原理。

1.3.1 数论

定义 1.1　对于整数 a、$b(a\neq 0)$，如果存在整数 x 使得 $b=ax$，则称 a 整除 b，或 a 是 b 的因子，记作 $a|b$。

整除有如下性质：

(1) $a|a$。

(2) 如果 $a|b$，$b|a$，则 $a=\pm b$。

(3) 如果 $a|b$，$b|c$，则 $a|c$。

(4) 如果 $a|b$，$a|c$，则对任意的整数 x、y，有 $a|(bx+cy)$。

定义 1.2　如果 a、b、c 都是整数，a 和 b 不全为 0 且 $c|a$、$c|b$，则称 c 是 a 和 b 的公因子。如果正整数 d 满足：

(1) d 是 a 和 b 的公因子。

(2) a 和 b 的任一公因子，也是 d 的因子。

则称 d 是 a 和 b 的最大公因子，记为 $d=\gcd(a, b)$。如果 $\gcd(a, b)=1$，则称 a 和 b 互素。

定义 1.3　如果 a、b、c 都是整数，a 和 b 都不为 0 且 $a|c$、$b|c$，则称 c 是 a 和 b 的公倍数。如果正整数 d 满足：

(1) d 是 a 和 b 的公倍数。

(2) d 整除 a 和 b 的任一公倍数。

则称 d 是 a 和 b 的最小公倍数，记为 $d=\mathrm{lcm}(a, b)$。

定义 1.4　对于任一整数 $p(p>1)$，如果 p 的因子只有 ± 1 和 $\pm p$，则称 p 为素数；否则称为合数。

对于任一整数 $a(a>1)$，都可以唯一地分解为素数的乘积，即

$$a=p_1^{a_1}p_2^{a_2}\cdots p_t^{a_t}$$

其中，$p_1<p_2<\cdots<p_t$ 都是素数，$a_i>0(i=1, 2, \cdots, t)$。

定义 1.5　设 n 是一正整数，小于 n 且与 n 互素的正整数的个数称为欧拉(Euler)函数，记为 $\varphi(n)$。欧拉函数有如下性质：

(1) 如果 n 是素数，则 $\phi(n)=n-1$。

(2) 如果 m 和 n 互素，则 $\phi(mn)=\varphi(m)\varphi(n)$。

(3) 如果 $n=p_1^{a_1}p_2^{a_2}\cdots p_t^{a_t}$

其中，$p_1<p_2<\cdots<p_t$ 都是素数，$a_i>0(i=1, 2, \cdots, t)$，则

$$\phi(n)=n\left(1-\frac{1}{p_1}\right)\left(1-\frac{1}{p_2}\right)\cdots\left(1-\frac{1}{p_t}\right)$$

例 1.1　$\phi(9)=6$，因为 1，2，4，5，7，8 与 9 互素。

定义 1.6　设 n 是一正整数，a 是整数，如果用 n 除 a，得商为 q，余数为 r，即

$$a=qn+r, 0\leqslant r<n, q=\left\lfloor\frac{a}{n}\right\rfloor$$

其中，$\left\lfloor\frac{a}{n}\right\rfloor$表示小于或等于$\frac{a}{n}$的最大整数。定义 r 为 $a \bmod n$，记为 $r\equiv a \bmod n$。如果两个整数 a 和 b 满足 $a \bmod n=b \bmod n$，则称 a 和 b 模 n 同余，记作 $a\equiv b \bmod n$，称与 a 模 n 同余

的数的全体为 a 的同余类。

同余有如下性质：

(1) 如果 $n\mid(a-b)$，则 $a\equiv b \bmod n$。

(2) 如果 $a \bmod n=b \bmod n$，则 $a\equiv b \bmod n$。

(3) $a\equiv a \bmod n$。

(4) 如果 $a\equiv b \bmod n$，则 $b\equiv a \bmod n$。

(5) 如果 $a\equiv b \bmod n$，$b\equiv c \bmod n$，则 $a\equiv c \bmod n$。

(6) 如果 $a\equiv b \bmod n$，$c\equiv d \bmod n$，则 $a+c\equiv(b+d) \bmod n$，$ac\equiv bd \bmod n$。

一般的，定义$\mathbb{Z}_n$ 为小于 n 的所有非负整数集合，即$\mathbb{Z}_n=\{0, 1, \cdots, n-1\}$，称$\mathbb{Z}_n$ 为模 n 的同余类集合。$\mathbb{Z}_n$ 中的加法(+)和乘法(×)都为模 n 运算，具有如下性质：

(1) 交换律：$(w+x) \bmod n=(x+w) \bmod n$，$(w\times x) \bmod n=(x\times w) \bmod n$。

(2) 结合律：$[(w+x)+y] \bmod n=[w+(x+y)] \bmod n$，$[(w\times x)\times y] \bmod n=[w\times(x\times y)] \bmod n$。

(3) 分配律：$[w\times(x+y)] \bmod n=[(w\times x)+(w\times y)] \bmod n$。

(4) 单位元：$(0+w) \bmod n=w \bmod n$，$(1\times w) \bmod n=w \bmod n$。

(5) 加法的逆元：对 $w\in\mathbb{Z}_n$，存在 $x\in\mathbb{Z}_n$，使得 $w+x\equiv 0 \bmod n$，称 x 为 w 的加法逆元，记为 $x=-w$，这里的 0 是加法单位元。

(6) 乘法的逆元：设 $w\in\mathbb{Z}_n$，如果存在 $x\in\mathbb{Z}_n$，使得 $w\times x\equiv 1 \bmod n$，就说 w 是可逆的，称 x 为 w 的乘法逆元，记为 $x=w^{-1}$，这里的 1 是乘法单位元。

并不是每个元素都有乘法逆元，可以证明 $w\in\mathbb{Z}_n$ 当且仅当 $\gcd(w, n)=1$ 时才有逆元。如果 w 是可逆的，则可以定义除法，即

$$\frac{x}{w}=xw^{-1} \bmod n$$

定理 1.1(费马(Fermat)定理) 设 p 为素数，a 是正整数且 $\gcd(a, p)=1$，则 $a^{p-1}\equiv 1 \bmod p$。如果 a 是任一整数，则 $a^p\equiv a \bmod p$。

定理 1.2(欧拉定理) 设 n 为正整数，a 为整数，如果 $\gcd(a, n)=1$，则 $a^{\phi(n)}\equiv 1 \bmod n$，其中 $\varphi(n)$是欧拉函数。

1. 欧几里得除法

欧几里得除法是一种经典的算法，用于计算两个整数 a 和 b 的最大公因数。这个方法的核心是基于这样一个事实：两个整数的最大公因数与它们的差的最大公因数相同。欧几里得除法通过重复应用这一概念，逐步减小整数的大小，直到达到可以直接计算的程度。

扩展的欧几里得除法进一步发展了这个概念，除了能计算出两个整数 a 和 b 的最大公因数，当 a 和 b 互素时，它还能找到这两个数的逆元。在数论和密码学中，逆元的概念非常重要，特别是在模运算的环境下。

扩展欧几里得除法的工作原理基于同样的递归分解过程，但同时会跟踪和更新额外的系数，这些系数最终会用于计算逆元。通过这种方法，不仅可以得到 a 和 b 的最大公因数，而且还能找到满足模乘等式的特定整数。这在很多加密算法中，如 RSA 公钥加密算法中，都是一个关键步骤，用于确定加密和解密的关键参数。因此，扩展欧几里得除法不仅是数论的基本工具，也是现代密码学的重要组成部分。

设 a，b 是两个正整数，记 $r_0=a$，$r_1=b$，于是有：

$$r_0=q_1r_1+r_2,\ 0\leqslant r_2<r_1,$$
$$r_1=q_2r_2+r_3,\ 0\leqslant r_3<r_2,$$
$$\cdots$$
$$r_{l-2}=q_{l-1}r_{l-1}+r_l,\ 0\leqslant r_l<r_{l-1},$$
$$r_{l-1}=q_lr_l$$
$$r_l=(a,\ b)$$

例 1.2　求 888 和 312 的最大公因数。

解

$$888=2\times312+264$$
$$312=1\times264+48$$
$$264=5\times48+24$$
$$48=2\times24$$

所以，(888，312)=24。

定理 1.3　设 a、b 是两个不全为零的整数，则存在两个整数 u、v，使得 $(a,\ b)=ua+vb$。在欧几里得除法中，如果 a 和 n 的最大公因数为 1，通过反向迭代操作可以得到 $ua+vn=(a,\ n)=1$，那么 $ua=1\bmod n$。这就得到了 a 模 n 的逆元 u。

例 1.3　求 25 模 32 的逆元。

解

$$\underline{32}=1\times\underline{25}+\underline{7}$$
$$\underline{25}=3\times\underline{7}+\underline{4}$$
$$\underline{7}=1\times\underline{4}+\underline{3}$$
$$\underline{4}=1\times\underline{3}+1$$

所以，(25，32)=1。

下面做反向迭代操作：

$$\begin{aligned}1&=4-1\times3\\&=4-1\times(7-1\times4)\\&=2\times4-1\times7\\&=2\times(25-3\times7)-1\times7\\&=2\times25-7\times7\\&=2\times25-7(32-1\times25)\\&=9\times25-7\times32\end{aligned}$$

所以，25 模 32 的逆元为 9。

2. 一次同余式与中国剩余定理

定义 1.7　给定整数 a、b 和正整数 n，当 $a\bmod n\neq0$，则称 $ax\equiv b\bmod n$ 为模 n 的一次同余式。

定理 1.4　一次同余式 $ax\equiv b\bmod n$ 有解，当且仅当 $\gcd(a,\ n)\mid b$。如果这个同余式有解，则共有 $\gcd(a,\ n)$ 个不同的解。

需要说明的是，如果 x_0 是满足 $ax\equiv b\bmod n$ 的一个整数，即 $ax_0\equiv b\bmod n$ 成立，那么满足 $x\equiv x_0\bmod n$ 的所有整数也能满足 $ax\equiv b\bmod n$。也就是说，x_0 的同余类都满足 $ax\equiv b\bmod n$，称 x_0 的同余类为同余式的一个解。

在密码学中，有时候需要求解一次同余式组：$\begin{cases} x \equiv b_1 \bmod n_1 \\ x \equiv b_2 \bmod n_2 \\ \vdots \\ x \equiv b_k \bmod n_k \end{cases}$。其中，当 $i \neq j$ 时，$\gcd(n_i, m_j) = 1$。

事实上，在我国古代的《孙子算经》中就提到了这种形式的问题："今有物不知其数，三三数之剩二，五五数之剩三，七七数之剩二，问物几何"。这个问题实际上是求下面的一个同余式组：$\begin{cases} x \equiv 2 \bmod 3 \\ x \equiv 3 \bmod 5 \\ x \equiv 2 \bmod 7 \end{cases}$。

中国剩余定理给出了如何求解这样的问题。

定理 1.5(中国剩余定理) 设 $n_1, n_2, \cdots, n_k$ 是两两互素的正整数，$b_1, b_2, \cdots, b_k$ 是任意 k 个整数，则同余式组 $\begin{cases} x \equiv b_1 \bmod n_1 \\ x \equiv b_2 \bmod n_2 \\ \vdots \\ x \equiv b_k \bmod n_k \end{cases}$ 在模 $N = n_1 n_2 \cdots n_k$ 有唯一解 $x \equiv \sum_{i=1}^{k} b_i N_i y_i \bmod N$，其中，$N_i = N/n_i$，$y_i \equiv N_i^{-1} \bmod n_i$，$i = 1, 2, \cdots, k$。

例 1.4 求同余式组 $\begin{cases} x \equiv 2 \bmod 3 \\ x \equiv 3 \bmod 5 \\ x \equiv 2 \bmod 7 \end{cases}$ 的解。

解 根据定理 1.5 知，$n_1=3$，$n_2=5$，$n_3=7$，$b_1=2$，$b_2=3$，$b_3=2$，可以计算 $N=3\times5\times7=105$，$N_1=105/3=35$，$N_2=105/5=21$，$N_3=105/7=15$。然后计算 $y_1 \equiv 35^{-1} \bmod 3 = 2 \bmod 3$，$y_2 \equiv 21^{-1} \bmod 5 = 1 \bmod 5$，$y_3 \equiv 15^{-1} \bmod 7 = 1 \bmod 7$。最后计算 $x \equiv 2\times35\times2+3\times21\times1+2\times15\times1 \bmod 105 = 23 \bmod 105$

3. 二次剩余

定义 1.8 令 n 为正整数，若一整数 a 满足 $\gcd(a, n)=1$ 且 $x^2 \equiv a \bmod n$ 有解，则称 a 为模 n 的二次剩余(Quadratic Residue)；否则称 a 为模 n 的二次非剩余(Quadratic Non-residue)。

例 1.5 设 $n=7$，因为

$$1^2 \equiv 1 \bmod 7,\ 2^2 \equiv 4 \bmod 7$$
$$3^2 \equiv 2 \bmod 7,\ 4^2 \equiv 2 \bmod 7$$
$$5^2 \equiv 4 \bmod 7,\ 6^2 \equiv 1 \bmod 7$$

所以 1、2、4 是模 7 的二次剩余，而 3、5、6 是模 7 的二次非剩余. 容易证明，如 p 是素数，则模 p 的二次剩余的个数为 $(p-1)/2$，模 p 的二次非剩余的个数也为 $(p-1)/2$。可以利用欧拉判别法则来判别一个数是否是模 p 的二次剩余。

定理 1.6(欧拉判别法则) 设 p 是奇素数，如果 a 是模 p 的二次剩余，则 $a^{\frac{p-1}{2}} \equiv 1 \bmod p$。如果 a 是模 p 的二次非剩余，则 $a^{\frac{p-1}{2}} \equiv -1 \bmod p$。

为了更方便地判别一个数是否是模 p 的二次剩余，可以利用勒让德(Legendre)符号。

定义 1.9 设 p 是奇素数，a 是整数，勒让德符号 $\left(\frac{a}{p}\right)$ 定义为

$$\left(\frac{a}{p}\right)=\begin{cases}1, & a\text{ 是模 }p\text{ 的二次剩余}\\ -1, & a\text{ 是模 }p\text{ 的二次非剩余。}\\ 0, & p\text{ 整除 }a\text{，即 }p\mid a\end{cases}$$

根据欧拉判别法则，可以容易得到 $\left(\frac{a}{p}\right)\equiv a^{\frac{p-1}{2}} \bmod p$。

勒让德符号具有下列性质：

(1) $\left(\frac{1}{p}\right)=1$，$\left(\frac{-1}{p}\right)=(-1)^{\frac{p-1}{2}}$，$\left(\frac{2}{p}\right)=(-1)^{\frac{p^2-1}{8}}$。

(2) 如果 $a\equiv b \bmod p$，则 $\left(\frac{a}{p}\right)=\left(\frac{b}{p}\right)$。

(3) $\left(\frac{a+p}{p}\right)=\left(\frac{a}{p}\right)$。

(4) 如果 $(a, p)=1$，则 $\left(\frac{a^2}{p}\right)=1$。

(5) $\left(\frac{a_1a_2\cdots a_n}{p}\right)=\left(\frac{a_1}{p}\right)\left(\frac{a_2}{p}\right)\cdots\left(\frac{a_n}{p}\right)$。

二次互反律在计算勒让德符号中具有重要的作用。

定理 1.7(二次互反律) 如果 p、q 都是奇素数，$p\neq q$，则 $\left(\frac{q}{p}\right)=(-1)^{\frac{p-1}{2}\frac{q-1}{2}}\left(\frac{p}{q}\right)$

例 1.6 设 $p=223$，$a=105$。由于 $105=3\times5\times7$，有

$$\left(\frac{105}{223}\right)=\left(\frac{3}{223}\right)\left(\frac{5}{223}\right)\left(\frac{7}{223}\right)$$

根据二次互反律，则

$$\left(\frac{3}{223}\right)=(-1)^{\frac{223-1}{2}\times\frac{3-1}{2}}\left(\frac{223}{3}\right)=(-1)\left(\frac{1}{3}\right)=-1$$

$$\left(\frac{5}{223}\right)=(-1)^{\frac{223-1}{2}\times\frac{5-1}{2}}\left(\frac{223}{5}\right)=\left(\frac{3}{5}\right)=(-1)^{\frac{5-1}{2}\times\frac{3-1}{2}}\left(\frac{5}{3}\right)=\left(\frac{2}{3}\right)=(-1)^{\frac{3^2-1}{8}}=-1$$

$$\left(\frac{7}{223}\right)=(-1)^{\frac{223-1}{2}\times\frac{7-1}{2}}\left(\frac{223}{7}\right)=-\left(\frac{6}{7}\right)=-\left(\frac{2}{7}\right)\left(\frac{3}{7}\right)=-(-1)^{\frac{7^2-1}{8}}(-1)^{\frac{7-1}{2}\times\frac{3-1}{2}}\left(\frac{7}{3}\right)$$

$$=\left(\frac{1}{3}\right)=1$$

所以，$\left(\frac{105}{223}\right)=1$。

在勒让德符号的计算中，要求 p 是素数，现将其推广到一般形式。

定义 1.10 设 m 是大于 1 的奇数，$m=p_1p_2\cdots p_r$ 是 m 的素数分解，a 是整数，雅可比符号 $\left(\frac{a}{m}\right)$ 定义为 $\left(\frac{a}{m}\right)=\left(\frac{a}{p_1}\right)\left(\frac{a}{p_2}\right)\cdots\left(\frac{a}{p_r}\right)$，其中 $\left(\frac{a}{p_r}\right)$ 是勒让德符号。

定义中 m 是奇数，所以 p_1，p_2，…，p_r 都是奇素数。p_1，p_2，…，p_r 可能有重复。

雅可比符号具有下列性质：

(1) $\left(\frac{1}{m}\right)=1$。

(2) 如果 $a\equiv b \bmod m$，则 $\left(\frac{a}{m}\right)=\left(\frac{b}{m}\right)$。

(3) 如果$(a, m)=1$，则 $\left(\frac{a^2}{m}\right)=1$。

(4) $\left(\frac{a+m}{m}\right)=\left(\frac{a}{m}\right)$。

(5) $\left(\frac{a_1a_2\cdots a_n}{m}\right)=\left(\frac{a_1}{m}\right)\left(\frac{a_2}{m}\right)\cdots\left(\frac{a_n}{m}\right)$。

(6) $\left(\frac{-1}{m}\right)=(-1)^{\frac{m-1}{2}}$。

(7) $\left(\frac{2}{m}\right)=(-1)^{\frac{m^2-1}{8}}$。

值得注意的是，如果雅可比符号为-1，可以判断 a 是模 m 的二次非剩余；但如果雅可比符号为1，不能判断 a 是模 m 的二次剩余。例如5是模21的二次非剩余，但$\left(\frac{5}{21}\right)=\left(\frac{5}{3}\right)\left(\frac{5}{7}\right)=1$。当 m 是一个奇素数时，雅可比符号和勒让德符号是一致的。雅可比符号也存在二次互反律。

定理1.8　如果 m、n 都是奇数，则 $\left(\frac{n}{m}\right)=(-1)^{\frac{m-1}{2}\frac{n-1}{2}}\left(\frac{m}{n}\right)$。

1.3.2　近世代数

在近世代数领域，群(Group)、环(Ring)和域(Field)是核心的研究对象。这些概念主要涉及一些能够执行代数运算的元素集合及其内部的运算规则。

1. 群

定义1.11　群是一个包含定义明确的二元运算(比如加法或乘法)的集合。该概念可以通过以下特性来描述：

(1) 封闭性：若集合 G 中的元素 a 和 b 满足 $a+b$ 同样属于 G，则称这个集合具有封闭性。

(2) 结合律：在 G 中，任意三个元素 a、b、c 都满足结合律，即$(a+b)+c=a+(b+c)$。

(3) 单位元：G 中存在一个特殊元素 e，对于 G 中的任何元素 a，满足 $a+e=e+a=a$。

(4) 逆元：G 中的任意元素 a 都有对应的逆元，与之结合后得到单位元 e，即 $a+a'=a'+a=e$。

如果集合 G 满足上述性质，则称其为一个群，记为$(G, +)$。当群中的运算是加法，称之为加法群；若群中的运算是乘法，则称之为乘法群。群可以是有限的，也可以是无限的，有限群的元素个数称为群的阶。

如果群$(G, +)$的运算还遵循交换律，即对于任意的元素 a 和 b，都满足 $a+b=b+a$，那么这样的群被称为交换群或Abel群。

群中的求幂运算是指重复使用群中的运算，例如$a^4=a+a+a+a$。规定$a^0=e$。如果一个群的所有元素都可以表示为a的幂a^k(k为整数)，则这样的群称为循环群，其中a被称为该群的生成元。

定义1.12　群中元素的阶：给定群G中的元素a，满足$a^i=e$的最小正整数i即为元素a的阶。这里的e是群的单位元。

2. 环和域

定义1.13　设R是定义了两个二元运算(+和×)的集合(为了简便，下面称运算+为加法，运算×为乘法)，如果这两个运算满足下列性质，R就叫做一个环，记为$(R, +, \times)$。

(1) $(R, +)$是一个交换群。

(2) 乘法的封闭性：如果a和b都属于R，则$a\times b$也属于R。

(3) 乘法的结合律：对于R中的任意元素a、b和c，都有$(a\times b)\times c=a\times(b\times c)$。

(4) 分配律：对于R中任意元素a、b和c，$(a+b)\times c=a\times c+b\times c$，$c\times(a+b)=c\times a+c\times b$。

如果环$(R, +, \times)$对于乘法满足交换律，即对R中的任意元素a和b，都有$a\times b=b\times a$，则称环R为一个交换环。

如果一个交换环$(R, +, \times)$满足下列性质，R就叫做一个整环。

(1) 乘法单位元：R中存在一个元素1，对于R中任意元素a，都有$a\times 1=1\times a=a$。

(2) 无零因子：如果R中元素a和b，$a\times b=0$，则$a=0$或者$b=0$(这里的0指加法的单位元)。

定义1.14　设F是定义了两个二元运算(+和×)的集合，如果这两个运算满足下列性质，F就叫做一个域，记为$(F, +, \times)$。

(1) $(F, +)$是一个交换群。

(2) 非零元构成乘法交换群。

(3) 满足分配律。

如果一个域中的元素是有限的，则称这个域是一个有限域；否则称这个域是一个无限域。

3. 指数与原根

定义1.15　设n是大于1的正整数，如果$(a, n)=1$，则使同余式$a^d\equiv 1 \bmod n$成立的最小正整数d称为a对模m的指数(或阶)。如果a对模n的指数是$\varphi(n)$，则a称为模n的一个原根(本原元)。对于任意模n，原根并不一定存在。模n的原根存在的充分必要条件是$n=2, 4, p^\alpha, 2p^\alpha$，其中$p$是奇素数，$\alpha\geqslant 1$。原根的个数为$\varphi(\varphi(n))=\varphi(n-1)$。

下面的定理给出了求原根的一个方法。

定理1.9　设$\varphi(n)$的不同素因子为$q_1, q_2, \cdots, q_k$，$(g, n)=1$，则g是模n的一个原根的充分必要条件是$g^{\frac{\phi(n)}{q_i}}\neq 1 \bmod n$，$i=1, 2, \cdots, k$。

例1.7　设$n=11$，则$\phi(11)=10=2\times 5$，$q_1=2$，$q_2=5$。所以g是模11的原根的充分必要条件是$g^{\frac{10}{2}}\neq 1 \bmod 11$，$g^{\frac{10}{5}}\neq 1 \bmod 11$，即$g^5\neq 1 \bmod 11$，$g^2\neq 1 \bmod 11$。

下面逐一验证1、2、3、4、5、6、7、8、9、10是否是模11的原根。

$$1^5 \equiv 1 \bmod 11$$

$$2^5 \equiv 10 \bmod 11$$

$$2^2 \equiv 4 \bmod 41$$

所以2是模11的一个原根。

此外，根据性质：如果$(d, \phi(n))=1$，那么g和g^d具有相同的阶，可以求出其他的原根$2^3 \equiv 8 \bmod 11$，$2^7 \equiv 7 \bmod 11$，$2^9 \equiv 6 \bmod 11$。所以，模11的原根有$\phi(\phi(11))=\phi(10)=4$个，分别为2、6、7、8。

1.3.3 计算复杂性理论

现代密码学的安全基础是建立在计算复杂性理论的模型上，这种密码体系的安全性依赖于某些计算困难的问题假设。这意味着，使用常规的计算方法无法高效地解决这些问题。计算复杂性理论提供了对问题解决难度的精确定义，将问题和算法的复杂性进行了详尽的分类。本小节主要介绍密码学中常用的计算复杂性理论的一些基本概念和主要结论。

1. 图灵机(Turing Machine)

为了精确定义算法的有效性，艾伦·图灵(Alan Turing)发明了一种非常通用的计算模型——图灵机。图灵机至今在计算复杂性理论研究中仍有广泛的应用。首先，我们简单描述一下确定性单带图灵机，然后提供其正式的数学定义。

图灵机可以被视作计算机的一种理想化数学模型。如图1.2所示，它由一条无限长的磁带和一个读写头组成。这个磁带被划分为无限多个连续的单元格，每个单元格可以存储一个符号。读写头能在磁带上移动，读取或写入符号。在图灵机的模型中，计算过程由一组规则(即算法)控制，这些规则确定了在给定符号下读写头的操作(读取、写入、移动)以及图灵机的状态转换。通过这样的模型，图灵机为理解和定义算法的有效性和计算复杂性提供了一个强有力的理论框架。在密码学中，这种模型用于分析不同密码算法的安全性和效率，尤其是在评估潜在的加密和解密过程的可行性和复杂性时，图灵机的理论成为了一个不可或缺的工具。

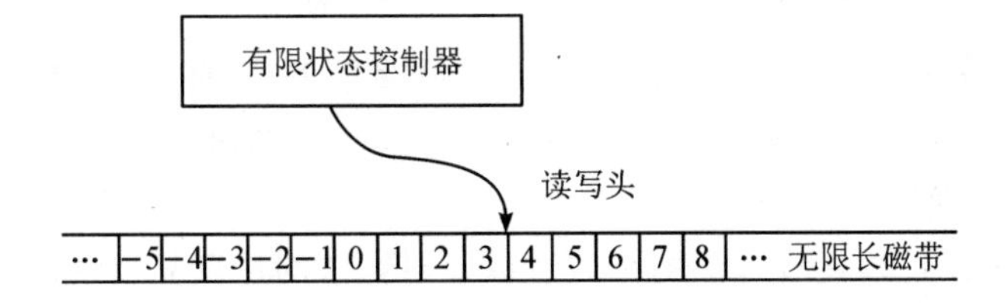

图1.2 确定性单带图灵机示意图

磁带被划分为一系列小方格，每个小方格可写上一个二进制数(0或1)或空。有限状态控制器控制读写头读写磁带的操作，沿着磁带或左或右地移动。在每一离散时刻读写头处于一个具体的内部状态(所有可能的状态数是有限的)。图灵机求解一个问题时，读写头扫描一个有限个字符的串。每读一个字符，图灵机由现在所处状态s和所读字符b转移到状态s'和写字符b'代替b(允许$b'=b$)，且按指令规定读写头向左或向右移动一格或保持原位不动。如果图灵机从初始状态开始，一步接一步地合法移动，完成对输入串的扫描，最终满足终止条件而停止，则称图灵机识别了该输入。否则，图灵机在某一点没有合法移动，就会因没有识别输入而停止移动。为识别一个输入，图灵机 M 在停机之前移动的步数称为 M 的运行时间或 M 的时间复杂性，记为 T_M。若 n 是输入字符串的长度，显然 $T_M(n) \geqslant n$。用 S_M 表示图灵机 M 在写操作中读写头访问的磁带单元数目，也就是空间复杂性。

定义 1.16 若 L 是图灵机 M 的可识别语言，对于任一输入数据 $x \in L$，M 在有限时刻 $K(x)$ 停机，图灵机 M 的计算复杂性定义为

$$T_M(n) = \max_{x;\ |x|=n} [K(x)]$$

由于算法的计算复杂性是正整数的函数，因此，要比较两个算法的计算复杂性主要是比较当 n 充分大时，它们随 n 增大而增大的量级。为此，需要引进计算复杂性理论中常用的符号 O 和 Θ。

定义 1.17 设 $f(n)$ 和 $g(n)$ 为两个正整数函数，若存在正整数 n_0 和常数 c，使得当 $n \geqslant n_0$ 时有 $f(n) \leqslant cg(n)$，则记作 $f(n)=O(g(n))$；若 $f(n)=O(g(n))$，$g(n)=O(f(n))$，则记作 $f(n)=\Theta(g(n))$。

$f(n)=O(g(n))$ 的含意是：当 n 充分大时，$f(n)$ 增长的量级小于等于 $g(n)$ 增长的量级。$f(n)=\Theta(g(n))$ 的含意是：当 n 充分大时，$f(n)$ 和 $g(n)$ 增长的量级相同。

定理 1.10 O 和 Θ 有下列性质：

(1) 如果 $f(n)=O(g(n))$，$g(n)=O(h(n))$，则 $f(n)=O(h(n))$；如果 $f(n)=\Theta(g(n))$，$g(n)=\Theta(h(n))$，则 $f(n)=\Theta(h(n))$。

(2) 如果 $f(n)=n^d+c_1n^{d-1}+\cdots+c_{d-1}n+c_d$ 是一个 d 次多项式，则 $f(n)=\Theta(n^d)$，$f(n)=O(n^{d'})$，$d' \geqslant d$。

(3) 对任一多项式 $p(n)$ 及任一大于 1 的整数 m，有 $p(n)=O(m^n)$。

下面列出各种函数的增长量级(用函数(增长量级)表示)，按从小到大的次序排列为：常数(1)，对数函数($\log n$)，线性函数(n)，二次函数(n^2)，d 次函数(n^d)，多项式函数($n^d(1 \leqslant d \leqslant \infty)$)，亚指数函数($2^{\log n}$)，指数函数($2^n$，$10^n$)。

定义 1.18 设 $f_M(n)$ 和 $f_{M'}(n)$ 为图灵机 M 和 M' 的计算复杂性，若 $f_M(n)=O(f_{M'}(n))$，则称算法 M 比算法 M' 有效；若 $f_M(n)=\Theta(f_{M'}(n))$，则称算法 M 和 M' 是等效的；若存在正整数 d，使 $f_M(n)=O(n^d)$，则称 M 为多项式时间算法，在密码学中，通常认为多项式时间算法为有效算法；若 $f_M(n)=\Theta(2^{\log n})$，则称 M 为亚指数时间算法；若 $f_M(n)=\Theta(2^n)$ 或 $\Theta(10^n)$，则称 M 为指数时间算法。亚指数和指数时间算法也被称为超多项式时间算法，被认为不是有效算法。

应用符号 O 和 Θ 可以比较算法的有效性以及对算法的计算复杂性进行分类。要说明一点，从理论上讲，不是任何两个算法都能比较的，但在实际中，求解一个实际问题的不同算法一般都是可以比较的。

2. 问题的计算复杂性分类

衡量一个问题难度的关键指标，是由解决该问题的最有效算法的计算复杂性所决定。鉴于一个问题可能存在多种算法解决方案，且各自的计算复杂性不尽相同，理论上我们将问题的计算复杂性定义为解决该问题的所有可能算法中最高效那个的计算复杂性。然而，

在实际中，证明某一算法为解决特定问题的最有效算法通常是极其困难的。因此，我们常常将已知的最有效算法按计算复杂性进行分类，大致分为三个类别：P 类(Polynomial Time，即确定性多项式时间可解类)、NP 类(Nondeterministic Polynomial Time，即不确定性多项式时间可解类)以及 NP 完全类(NP-Complete，即不确定性多项式时间可解完全类)。P 类问题被认为是易解问题，而 NP 类和 NP 完全类问题则被视为难解或极其困难的问题。在密码学领域，后两类问题尤其受到关注，因为它们的解决方案在计算上通常是不可行的。

在更具体的语境中，许多问题可以转化为语言的成员识别问题。为此，我们给出了对于语言成员识别问题的分类定义，以此来更准确地判断问题的计算复杂性。通过这种方式，我们能够对不同类型的问题提供更精确的复杂性评估，从而更好地理解和应对在密码学和其他计算领域中遇到的挑战。

定义 1.19 一个语言 L 的成员识别问题属于 P 类问题，若存在一个可解该问题的图灵机 M 和一个正多项式 $p(n)$，使得 M 的计算复杂性 $f_M(n)=O(p(n))$，所有 P 类问题构成的集记作 P。

定义 1.20 一个语言 L 的成员识别问题属于 NP 类问题，若存在一个$\{0, 1\}^* \times \{0, 1\}^*$的子集 $\mathrm{RL}=\{(x, y)\}$（称为一个布尔关系）及一个正多项式 $p(n)$满足下列两个条件：

(1) RL 的成员识别问题属于 P 类问题。

(2) $x\in L$ 当且仅当存在一个 y，其长 $y\leqslant p(x)$，且$(x, y)\in \mathrm{RL}$。这样的 y 称为是 $x\in L$ 的证据。所有 NP 类问题构成的集记作 NP。

定义 1.21 对于任意 $x\in L$，若存在一个多项式时间可计算函数 $f(x)$，使得 $f(x)\in L'$，称语言 L 可多项式时间内化为另一语言 L'，这时也称语言 L 的成员识别问题可多项式时间内化为语言 L'的成员识别问题。

定义 1.22 一个语言 L 的成员识别问题属于 NP 完全类问题，若它属于 NP 类，且每个 NP 类语言成员识别问题都可多项式时间内化为语言 L 的成员识别问题。所有 NP 完全类问题构成的集记作 NPC。

一般说来，若语言 L 可在多项式时间内化为语言 L'，则认为 L 的成员识别问题不比 L'的成员识别问题难。故 NP 完全类问题被认为是最难的问题。

定义 1.23 一个概率算法(图灵机)称为概率多项式时间算法。若存在一个多项式 $p(n)$，对任一 $x\in\{0, 1\}^*$，有 $P_r\{K(x)\leqslant p(x)\}=1$。换句话说，对所有扔硬币结果 r 都有 $K_r(x) \leqslant p(x)$。

定义 1.24 称一个多项式时间概率算法 M 可解一个语言 L 的成员识别问题，若对任一输入数据 $x\in\{0, 1\}^*$，有

(1) 若 $x\in L$，则 $P_r\{b(x)=1\}\geqslant 2/3$。

(2) 若 $x\notin L$，则 $P_r\{b(x)=0\}\geqslant 2/3$。

定义 1.25 若存在一个可解语言 L 的成员识别问题的多项式时间概率算法，则称一个语言 L 的成员识别问题属于 BPP 类问题。所有 BPP 类问题构成的集记作 BPP，即“Bounded-error”(有限错误)，“Probadilistic”(基于概率的)和“Polynomial time”(多项式时间)。

由于多项式时间算法可以看作概率多项式时间算法的特殊情形，所以 $P\neq \mathrm{BPP}$，但是

$P \neq \mathrm{BPP}$ 是否成立还未得到证明。在现代密码学中，普遍认为概率多项式时间算法也是有效算法，基于这一观点所设计的密码系统有更强的抗攻击能力。

思考题 1

1. 解释为什么密码学在信息时代变得越来越重要。
2. 阐述保密通信模型中的基本组成部分，并解释每个部分的作用。
3. 列出并比较对称密钥加密和非对称密钥加密的主要区别。
4. 举例说明一个你认为的理想加密算法应具备的特点。
5. 给出两个对称密钥加密的实例，并简要描述它们的工作原理。
6. 解释非对称密钥加密的一个主要优势和一个潜在的缺点。
7. 描述穷举攻击的原理，并解释为何它对某些加密系统构成威胁。
8. 列举三种不同的密码攻击方式，并举例说明每种方式的应用场景。
9. 简述数论在密码学中的应用。
10. 解释近世代数对于构建加密算法的重要性。
11. 讨论计算复杂度理论在评估密码系统安全性中的作用。
12. 设计一个简单的加密算法，并说明其安全性如何受到密码攻击方式的影响。
13. 假设你是一名密码分析师，描述你如何利用数论来破解一个简单的加密算法。
14. 讨论在设计一个新的密码系统时，如何平衡加密效率和安全性。
15. 求(105，95)。
16. 求 $\phi(10)$。
17. 求 9 在模 32 下的乘法逆元。
18. 求同余式组$\begin{cases} x \equiv 1 \bmod 5 \\ x \equiv 5 \bmod 6 \\ x \equiv 4 \bmod 7 \\ x \equiv 10 \bmod 11 \end{cases}$的解。
19. 判断 8 是否是模 67 的二次剩余。
20. 求出模 41 的所有原根。
21. 设 $f(n)=O(\log 2^n)$，$g(n)=O(n^2)$，$h(n)=O(2^{\log 2^n})$，求出下列函数的增长量级，并给出证明：

(1) $f(n)+g(n)$　　　　(2) $f(n)g(n)$

(3) $f(n)h(n)$　　　　(4) $f(g(n))$，设 $f(n)$ 为增函数

第2章 传统密码

古典密码体制是加密和解密使用相同密钥的密码体制。虽然在现在看来，很多古典密码体制在安全性方面存在明显的不足，但它们在密码学的发展历史中占有不可忽视的地位，其设计思想对现代密码的设计仍具有一定的借鉴作用。

本章将深入探讨古典密码学的两大核心技术：置换(Permutation)和代替(Substitution)。置换密码通过重新排列明文中的字符来实现加密，而代替密码则是通过将明文中的字符替换为其他字符或符号来实现加密。这些方法虽简单，但它们构成了密码学的基础，并在历史上被广泛应用。为了更好地理解这些技术，我们将介绍几种著名的古典密码体制，它们在密码学的演变历程中扮演了重要的角色，并继续启发着当代密码学的创新与发展。

2.1 置换密码

在置换密码体制中，明文中的字符或字母的顺序被重新排列，而字符或字母本身保持不变。这种重新排列的结果形成了密文，置换密码也被称为换位密码。从数学的角度来看，置换密码的密钥实质上是一种置换函数。这种密码的特点是不改变明文中字符的出现频率，因此，通过对比密文中字符的频率与明文语言的统计模型，可以识别出使用置换密码加密的文本。例如，如果一段加密信息中的单字母频率与英语模型相匹配，而双字母频率却不匹配，那么这段密文很可能是用置换密码加密的。

最基本的置换密码的例子是明文倒置法。这种方法将明文中的字母按逆序排列，再将其分割为固定长度的字母组，从而形成密文。例如：

明文："never accept failure no matter how often it visits you"

密文："uoy stisiv ti netfo woh rettam on erulia tfpecca reven"

尽管倒置法是一种简单的置换密码，但它很容易受到攻击。要攻击置换密码，需要对密文中的字母进行重新排列。密码分析者通过调整字母的顺序，试图使密文中的字母按照最高出现频率形成一些 n 字母的组合。这个过程涉及尝试不同长度 n 的字母组合，直到找到正确的换位模式。这种方法的核心在于，通过分析和试验，找出字母重排的模式，从而恢复出原始的明文。

2.2 代替密码

代替密码是一种基本的加密技术，它通过将明文中的每个字符替换为密文字母表中的另一个字符来实现加密。这个过程涉及使用一个密钥 k 与明文字符进行特定的运算，从而生成密文。在解密时，接收者对密文执行逆运算，以恢复原始的明文。代替密码的主要形式包括单表代替密码和多表代替密码。

2.2.1 单表代替密码

在单表代替密码体系中，加密和解密的过程仅使用一个固定的密文字母表。这个密文字母表用于将明文字母表中的每个字母一对一地映射到一个唯一的密文字母。设 A 和 B 分别为含 n 个字母的明文字母表和密文字母表，即

$$A=\{a_0, a_1, \cdots, a_{n-1}\}$$
$$B=\{b_0, b_1, \cdots, b_{n-1}\}$$

单表代替密码定义了一个由 A 到 B 的一一映射 $f: A \to B$: $f(a_i)=b_i$。设明文为 $m=(m_0, m_1, \cdots, m_{n-1})$，则密文为 $c=(f(m_0), f(m_1), \cdots, f(m_{n-1}))$。下面介绍四种具体的单表代替密码体制。

1. 加法密码

加法密码的映射函数为

$$f(a_i)=b_i=a_j$$
$$j\equiv(i+k) \bmod n$$

其中，$a_i\in A$，k 是满足 $0<k<n$ 的正整数。

如果取消息空间$\mathcal{M}$、密文空间$\mathcal{C}$和密钥空间$\mathcal{K}$都为$\mathbb{Z}_q$。对任意消息 $m\in\mathcal{M}$和密钥 $k\in\mathcal{K}$，加法密码的加密算法可以表示为

$$c=E_k(m)\equiv(m+k) \bmod q$$

解密算法可以表示为

$$m=D_k(c)\equiv(c-k) \bmod q$$

如果取消息空间$\mathcal{M}$、密文空间$\mathcal{C}$和密钥空间$\mathcal{K}$都为$\mathbb{Z}_{26}$，则可以利用加法密码来加密普通英文句子，但首先需要建立英文字母与模 26 剩余之间的对应关系，如表 2.1 所示。

表 2.1 英文字母与模 26 剩余之间的对应关系

字母	a	b	c	d	e	f	g	h	i	j	k	l	m
数字	0	1	2	3	4	5	6	7	8	9	10	11	12
字母	n	o	p	q	r	s	t	u	v	w	x	y	z
数字	13	14	15	16	17	18	19	20	21	22	23	24	25

例 2.1 设 $k=3$，明文为 alice。首先将明文中的字母对应于相应的整数，即 a 对应 0、1

对应11、i对应8、c对应2、e对应4。然后对每一个整数执行加密运算 $c\equiv(m+3)\bmod 26$，得

$$(0+3)\bmod 26\equiv 3\bmod 26$$
$$(11+3)\bmod 26\equiv 14\bmod 26$$
$$(8+3)\bmod 26\equiv 11\bmod 26$$
$$(2+3)\bmod 26\equiv 5\bmod 26$$
$$(4+3)\bmod 26\equiv 7\bmod 26$$

最后再将加密后的整数转换为相应的字母，得到密文dolfh。

如果要对密文进行解密，首先将密文中的字母对应于相应的整数，即 d 对应3、o 对应14，l 对应11、f 对应5、h 对应7。然后对每一个整数进行解密运算 $m\equiv(c-3)\bmod 26$，得

$$(3-3)\bmod 26\equiv 0\bmod 26$$
$$(14-3)\bmod 26\equiv 11\bmod 26$$
$$(11-3)\bmod 26\equiv 8\bmod 26$$
$$(5-3)\bmod 26\equiv 2\bmod 26$$
$$(7-3)\bmod 26\equiv 4\bmod 26$$

最后再将解密后的整数转换为相应的字母，得到明文alice。这就是著名的凯撒(Caesar)密码。

加法密码(模 q)是不安全的，可以利用密钥穷举攻击来破译，主要原因在于密钥空间太小，只有 q 种可能的情况。

2. 乘法密码

乘法密码的映射函数为 $f(a_i)=b_i=a_j$，$j=ik\bmod n$，其中，k 与 n 互素。因为仅当 $(k, n)=1$ 时，k 才存在乘法逆元，才能正确解密。

如果取消息空间 $\mathcal{M}$ 和密文空间 $\mathcal{C}$ 都为 $\mathbb{Z}_q$，密钥空间 $\mathcal{K}$ 为 $\mathbb{Z}_q^*$。对任意消息 $m\in\mathcal{M}$ 和密钥 $k\in\mathcal{K}$，乘法密码的加密算法可以表示为

$$c=E_k(m)\equiv mk\bmod q$$

解密算法可以表示为

$$m=D_k(c)\equiv ck^{-1}\bmod q$$

乘法密码(模 q)也是不安全的，密钥空间也很小，只有 $\varphi(q)$ 种可能的情况。

3. 仿射密码

乘法密码和加法密码相结合便构成仿射密码，其映射函数为

$$f(a_i)=b_i=a_j$$
$$j=(k_1+ik_2)\bmod n$$

其中，$0<k_1<n$ 且 $(k_2, n)=1$。

如果取消息空间 $\mathcal{M}$ 和密文空间 $\mathcal{C}$ 都为 $\mathbb{Z}_q$，密钥空间 $\mathcal{K}$ 为 $\mathbb{Z}_q\times\mathbb{Z}_q^*$。对任意消息 $m\in\mathcal{M}$ 和密钥 $(k_1, k_2)\in\mathcal{K}$，仿射密码的加密算法可以表示为

$$c=E_k(m)\equiv(k_1+mk_2)\bmod q$$

解密算法可以表示为

$$m=D_k(c)\equiv(c-k_1)k_2^{-1}\bmod q$$

显然，加法密码和乘法密码都是仿射密码的特例。仿射密码的密钥空间也不大，只有 $q\phi(q)$ 种可能的情况。

4. 密钥短语代替密码

这种密码选用一个英文短语或者单词串作为密钥，称为密钥字或密钥短语，例如 happy new year，去掉其中的重复字母，得到一个无重复字母的子母串，即 hapynewr，把它依次写在明文字母表之下，而后再将字母表中未在字母串中出现过的字母依次写于此短语之后，就可以构造一个字母替换表，如表 2.2 所示。

表 2.2 密钥短语代替密码表

字母	a	b	c	d	e	f	g	h	i	j	k	l	m
代替字母	h	a	p	y	n	e	w	r	b	c	d	f	g
字母	n	o	p	q	r	s	t	u	v	w	x	y	z
代替字母	i	j	k	l	m	o	q	s	t	u	v	x	z

当选择密钥短语代替密码和上面的密钥进行加密时，若明文为 hello，则密文为 rnffj。不同的密钥字可以得到不同的替换表，对于明文为英文单词时，密钥短语密码最多可能有 $26! = 4\times10^{26}$ 个不同的替换表。

单表代替密码的主要弱点之一是其较小的密钥空间。更为关键的是，它未能隐藏明文字符的出现频率，从而为密码破译提供了便利。在语言学中，无论是英文的字母还是中文的汉字，每个字符的出现频率都是不同的。在足够大的统计范围内，可以观察到每个字符出现的频率具有一定的稳定性。例如，英文中某些字母如“E”和“T”出现的频率远高于其他字母。此外，汉字也表现出类似的频率分布特点。加密时，仅仅对字符进行简单的替换而不改变这些频率特征时，密码分析者可以通过分析这些频率模式来破译密码。为了具体说明这一点，表 2.3 展示了英文字母的出现频率。这种频率分析是破解单表代替密码的关键方法之一，因此在设计更安全的密码系统时，隐藏或扰乱原始文本中字符的出现频率成为一个重要的考虑因素。

表 2.3 英文字母的出现频率

字母	频率	字母	频率
a	0.082	n	0.067
b	0.015	o	0.075
c	0.028	p	0.019
d	0.043	q	0.001
e	0.127	r	0.060
f	0.022	s	0.063
g	0.020	t	0.091
h	0.061	u	0.028
i	0.070	v	0.010

续表

字母	频率	字母	频率
j	0.002	w	0.023
k	0.008	x	0.001
l	0.040	y	0.020
m	0.024	z	0.001

例 2.2　已知利用仿射密码加密后的密文为 fmdlrhrskfprhhfxrkviviizrslezykdvsprkavo。这些密文的频率分析见表 2.4。

表 2.4　密文中出现字母的频率

字母	频率	字母	频率
a	1	n	0
b	0	o	1
c	0	p	2
d	2	q	0
e	1	r	6
f	3	s	3
g	0	t	0
h	3	u	0
i	3	v	4
j	0	w	0
k	4	x	1
l	2	y	1
m	1	z	2

虽然这里只有 40 个字母，但它足以分析仿射密码。从表 2.4 可以看出，r 出现了 6 次，k 和 v 出现了 4 次，f、h、i 和 s 出现了 3 次。根据表 2.3 知道，在英文中，e 和 t 是两个出现频率最高的字母，可以首先猜测 r 是 e 的密文，k 是 t 的密文。根据仿射密码的加密算法得

$$17 \equiv (k_1 + 4k_2) \bmod 26$$

$$10 \equiv (k_1 + 19k_2) \bmod 26$$

这个同余式组有唯一解 $k_1=5$，$k_2=3$，从而得到了加密算法为

$$c \equiv (5 + 3m) \bmod 26$$

解密算法为

$$m \equiv (c-5)3^{-1} \equiv [(c-5) \times 9] \bmod 26$$

利用所得解密算法解密上述密文得

alicesentamessagetobobbyencryptionmethod

当然，有时候可能不会有这么幸运，需要猜测多次才能得到正确的明文。

2.2.2 多表代替密码

多表代换密码首先将明文 m 分为 n 个字母构成的分组 $m_1, m_2, \cdots, m_j$，加密算法可以表示为

$$c_i=(Am_i+B)\bmod q,\ i=1,2,\cdots,j$$

其中，(A, B)是密钥，A 是$\mathbb{Z}_q$ 上的 $n\times n$ 可逆矩阵，满足 $\gcd(|A|, N)=1$（$|A|$是行列式）。$B=(b_1, b_2, \cdots, b_n)\in\mathbb{Z}_q^n$，$c_i=(y_1, y_2, \cdots, y_n)\in\mathbb{Z}_q^n$，$m_i=(x_1, x_2, \cdots, x_n)\in\mathbb{Z}_q^n$。解密算法可以表示为

$$m_i=A^{-1}(c_i-B)\bmod q,\ i=1,2,\cdots,j$$

例 2.3 设 $n=3$，$q=26$

$$A=\begin{pmatrix}11 & 2 & 19\\ 5 & 23 & 25\\ 20 & 7 & 17\end{pmatrix},\ B=\begin{pmatrix}0\\1\\2\end{pmatrix}$$

明文为“your pin no is four one two six”，将明文分成 3 个字母组成的分组“you rpi nno is four one two six”，得

$$m_1=\begin{pmatrix}24\\14\\20\end{pmatrix},\ m_2=\begin{pmatrix}17\\15\\8\end{pmatrix},\ m_3=\begin{pmatrix}13\\13\\14\end{pmatrix},\ m_4=\begin{pmatrix}8\\18\\5\end{pmatrix},$$

$$m_5=\begin{pmatrix}14\\20\\17\end{pmatrix},\ m_6=\begin{pmatrix}14\\13\\4\end{pmatrix},\ m_7=\begin{pmatrix}19\\22\\14\end{pmatrix},\ m_8=\begin{pmatrix}18\\8\\23\end{pmatrix}.$$

执行解密运算得

$$c_1=A\begin{pmatrix}24\\14\\20\end{pmatrix}+\begin{pmatrix}0\\1\\2\end{pmatrix}=\begin{pmatrix}22\\7\\10\end{pmatrix},\ c_2=A\begin{pmatrix}17\\15\\8\end{pmatrix}+\begin{pmatrix}0\\1\\2\end{pmatrix}=\begin{pmatrix}5\\7\\11\end{pmatrix},$$

$$c_3=A\begin{pmatrix}13\\13\\14\end{pmatrix}+\begin{pmatrix}0\\1\\2\end{pmatrix}=\begin{pmatrix}19\\13\\19\end{pmatrix},\ c_4=A\begin{pmatrix}8\\18\\5\end{pmatrix}+\begin{pmatrix}0\\1\\2\end{pmatrix}=\begin{pmatrix}11\\8\\9\end{pmatrix},$$

$$c_5=A\begin{pmatrix}14\\20\\17\end{pmatrix}+\begin{pmatrix}0\\1\\2\end{pmatrix}=\begin{pmatrix}23\\20\\9\end{pmatrix},\ c_6=A\begin{pmatrix}14\\13\\4\end{pmatrix}+\begin{pmatrix}0\\1\\2\end{pmatrix}=\begin{pmatrix}22\\2\\25\end{pmatrix},$$

$$c_7=A\begin{pmatrix}19\\22\\14\end{pmatrix}+\begin{pmatrix}0\\1\\2\end{pmatrix}=\begin{pmatrix}25\\16\\20\end{pmatrix},\ c_8=A\begin{pmatrix}18\\8\\23\end{pmatrix}+\begin{pmatrix}0\\1\\2\end{pmatrix}=\begin{pmatrix}1\\18\\3\end{pmatrix}.$$

密文为“whk fhl tnt lij xuj wcz zqu bsd”。

解密时，先求出

$$A^{-1}=\begin{pmatrix}11 & 2 & 19\\ 5 & 23 & 25\\ 20 & 7 & 17\end{pmatrix}^{-1}=\begin{pmatrix}10 & 23 & 7\\ 15 & 9 & 22\\ 5 & 9 & 21\end{pmatrix}$$

执行解密运算得

$$m_1=A^{-1}\left(\begin{pmatrix}22\\7\\10\end{pmatrix}-\begin{pmatrix}0\\1\\2\end{pmatrix}\right)=\begin{pmatrix}24\\14\\20\end{pmatrix},\ m_2=A^{-1}\left(\begin{pmatrix}5\\7\\11\end{pmatrix}-\begin{pmatrix}0\\1\\2\end{pmatrix}\right)=\begin{pmatrix}17\\15\\8\end{pmatrix},$$

$$m_3=A^{-1}\left(\begin{pmatrix}19\\13\\19\end{pmatrix}-\begin{pmatrix}0\\1\\2\end{pmatrix}\right)=\begin{pmatrix}13\\13\\14\end{pmatrix},\ m_4=A^{-1}\left(\begin{pmatrix}11\\8\\9\end{pmatrix}-\begin{pmatrix}0\\1\\2\end{pmatrix}\right)=\begin{pmatrix}8\\18\\5\end{pmatrix},$$

$$m_5=A^{-1}\left(\begin{pmatrix}23\\20\\9\end{pmatrix}-\begin{pmatrix}0\\1\\2\end{pmatrix}\right)=\begin{pmatrix}14\\20\\17\end{pmatrix},\ m_6=A^{-1}\left(\begin{pmatrix}22\\2\\25\end{pmatrix}-\begin{pmatrix}0\\1\\2\end{pmatrix}\right)=\begin{pmatrix}14\\13\\4\end{pmatrix},$$

$$m_7=A^{-1}\left(\begin{pmatrix}25\\16\\20\end{pmatrix}-\begin{pmatrix}0\\1\\2\end{pmatrix}\right)=\begin{pmatrix}19\\22\\14\end{pmatrix},\ m_8=A^{-1}\left(\begin{pmatrix}1\\18\\3\end{pmatrix}-\begin{pmatrix}0\\1\\2\end{pmatrix}\right)=\begin{pmatrix}18\\8\\23\end{pmatrix}$$

也就是说，明文为“you rpi nno isf our one two six”。

2.3　恩尼格玛密码机

恩尼格玛密码机(Enigma)是由德国人阿瑟·谢尔比乌斯(Arthur Scherbius)于20世纪初发明的一种能够进行加密和解密操作的机器。Enigma这个名字在德语里是“谜”的意思。谢尔比乌斯使用能够转动的圆盘和电路，创造出了人类手工所无法实现的高强度密码。在刚刚发明之际，Enigma被用在了商业领域，后来到了纳粹时期，德国国防军采用了Enigma，并将其改良后用于军事用途。

Enigma是一种由键盘、齿轮、电池和灯泡所组成的机器，通过这一台机器就可以完成加密和解密两种操作。发送者和接收者各自拥有一台Enigma。发送者用Enigma将明文加密，将生成的密文通过无线电发送给接收者。接收者将接收到的密文用自己的Enigma解密，从而得到明文。由于发送者和接收者必须使用相同的密钥才能够完成加密通信，因此发送者和接收者会事先收到一份叫做国防军密码本的册子。国防军密码本中记载了发送者和接收者所使用的每日密码，发送者和接收者需要分别按照密码本的指示来设置Enigma。Enigma的构造如图2.1所示。Enigma能够对字母表中的26个字母进行加密和解密操作，但由于图示复杂，这里将字母的数量简化为4个。按下输入键盘上的一个键后，电信号就会通过复杂的电路，最终点亮输出用的灯泡。

每当按下Enigma上的一个键，就会点亮一个灯泡。操作Enigma的人可以在按键的同时读出灯泡所对应的字母，然后将这个字母写在纸上。这个操作在发送者一侧是加密，在接收者一侧则是解密。只要将键和灯泡的读法互换一下，在Enigma上就可以用完全相同

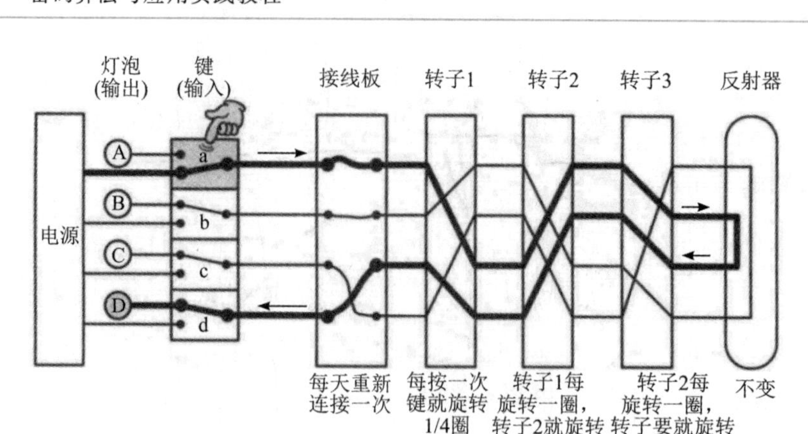

图 2.1 Enigma 的构造

的方法来完成加密和解密两种操作了。

接线板(Plugboard)是一种通过改变接线方式来改变字母对应关系的部件。接线板上的接线方式是根据国防军密码本的每日密码来决定的，在一天之中不会改变。

在电路中，我们还看到有 3 个称为**转子**(Rotor)的部件。转子是一个圆盘状的装置，其两侧的接触点之间通过电线相连。尽管每个转子内部的接线方式是无法改变的，但转子可以在每输入一个字母时自动旋转。当输入一个字母时，转子 1 就旋转 1/4 圈(当字母表中只有 4 个字母时)。转子 1 每旋转 1 圈，转子 2 就旋转 1/4 圈，而转子 2 每旋转 1 圈，转子 3 就旋转 1/4 圈。这 3 个转子都是可以拆卸的，在对 Enigma 进行设置时可以选择转子的顺序以及它们的初始位置。

下面我们来详细讲解一下 Enigma 的加密步骤。图 2.2 展示了发送者将一个包含 5 个字母的德语单词 nacht(夜晚)进行加密并发送的过程。

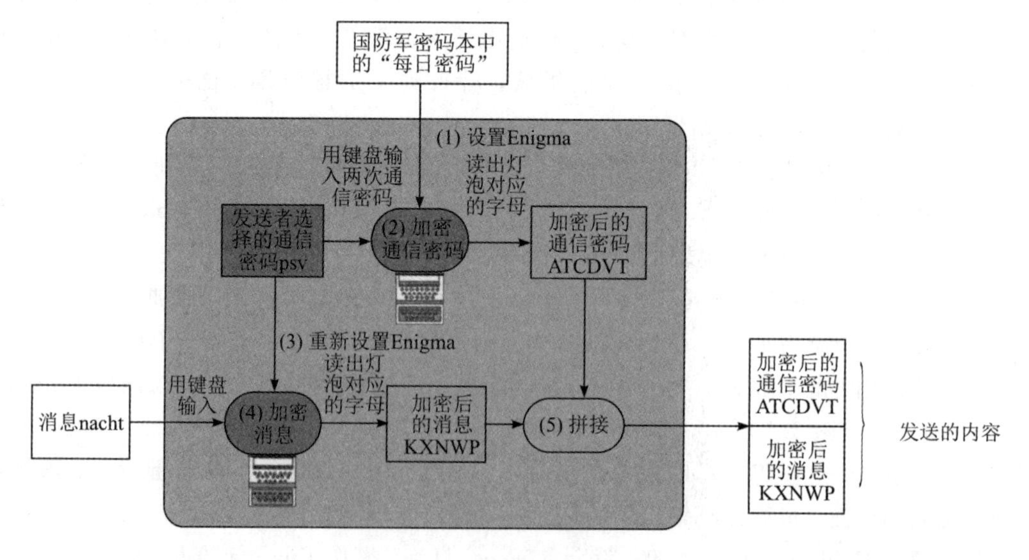

图 2.2 用 Enigma 加密 nacht

在进行通信之前，发送者和接收者双方都需要持有国防军密码本，国防军密码本中记载了发送者和接收者需要使用的每日密码。

(1) 设置 Enigma。发送者查阅国防军密码本，找到当天的每日密码，并按照该密码来设置 Enigma。具体来说，就是在接线板上接线，并将3个转子进行排列。

(2) 加密通信密码。接下来，发送者需要想出3个字母，并将其加密。这3个字母称为通信密码。

通信密码的加密也是通过 Enigma 完成的。假设发送者选择的通信密码为 psv，则发送者需要在 Enigma 的键盘上输入两次该通信密码，也就是说需要输入 psvpsv 这6个字母。发送者每输入一个字母，转子就会旋转，同时灯泡亮起，发送者记下亮起的灯泡所对应的字母。输入全部6个字母之后，发送者就记下了它们所对应的密文，在这里假设密文是 ATCDVT(密文用大写字母来表示)。

(3) 重新设置 Enigma。接下来，发送者根据通信密码重新设置 Enigma。

通信密码中的3个字母实际上代表了3个转子的初始位置。每一个转子的上面都印有字母，可以根据字母来设置转子的初始位置。通信密码 psv 就表示需要将转子1、2、3分别转到 p、s、v 所对应的位置。

(4) 加密消息。接下来，发送者对消息进行加密。发送者将消息(明文)逐字从键盘输入，然后从灯泡中读取所对应的字母并记录下来。这里是输入 nacht 这5个字母，并记录下所对应的5个字母(如 KXNWP)。

(5) 拼接。接下来，发送者将加密后的通信密码 ATCDVT 与加密后的消息 KXNWP 进行拼接，即 ATCDVTKXNWP，并将其作为电文通过无线电发送出去。

思考题2

1. 描述置换密码的工作原理，并给出一个具体的例子。
2. 设计一个简单的置换密码，并邀请同学尝试破解。
3. 解释单表代替密码和多表代替密码的区别，并给出各自的实例。
4. 创建一个单表代替密码，加密一段简短的文本，并邀请他人解密。
5. 使用多表代替密码加密同一明文两次，展示结果的不同。
6. 解释为什么多表代替密码比单表代替密码更为安全。
7. 描述恩尼格玛密码机的工作原理及其在历史上的重要性。
8. 设计一个简化版的恩尼格玛机加密流程，并尝试手工加密一段信息。
9. 比较置换密码、单表代替密码、多表代替密码以及恩尼格玛密码机在安全性和实用性方面的优缺点。
10. 设计一个场景，比如第二次世界大战通信，选择最合适的密码类型进行加密通信，并解释选择的理由。
11. 加法密码的加密算法为 $c=(m+5)\bmod 26$，试对明文 data 加密，并使用解密算法 $m=(c-5)\bmod 26$ 验证加密结果。
12. 仿射密码的加密算法为 $c=(5m+7)\bmod 26$，试对明文 swpu 加密，并使用解密算

法 $m=[5^{-1}(c-7)]\bmod 26$ 验证加密结果。

13. 设由仿射密码对一个明文加密得到的密文为 stqdylwqhkejyxychletqcwcqyt-cygtnhycftexeukejcfqtg，又已知明文的前两个字符是 un。试对该密文进行解密。

14. 在多表代换密码中 $A=\begin{pmatrix}3 & 13 & 21 & 9\\ 15 & 10 & 6 & 25\\ 10 & 17 & 4 & 8\\ 1 & 23 & 7 & 2\end{pmatrix}$，$B=\begin{pmatrix}1\\ 21\\ 8\\ 17\end{pmatrix}$，加密算法为 $c_i=(Am_i+B)\bmod 26$。试对明文 cryptography is the core technology of information security 加密，并使用 $m_i=[A^{-1}(\xi_i-B)]\bmod 26$ 验证加密结果，其中 $A^{-1}=\begin{pmatrix}26 & 13 & 20 & 5\\ 0 & 10 & 11 & 0\\ 9 & 11 & 15 & 22\\ 9 & 22 & 6 & 25\end{pmatrix}$。

分组密码

分组密码，作为现代密码学的核心分支之一，扮演着至关重要的角色。它的主要特征包括高效的加密处理能力、卓越的安全特性，以及易于标准化实施。这类密码技术不仅在保密通信领域中起着至关重要的作用，确保通过加密手段传递的消息保持机密，同时在密码学的多个其他方面也有着广泛的应用。

本章将深入探索分组密码的关键要素，涵盖其基本理论、设计准则以及工作模式。这些概念构成了理解分组密码的坚实基础，并揭示了它在信息安全保护方面的有效性。我们将着重介绍一些标志性的分组密码算法，例如数据加密标准(DES)和高级加密标准(AES)。DES一度是使用最广泛的加密方法，而AES则是现代加密技术的重心，广泛应用于多种安全协议和系统中。通过对这些算法的详细分析，我们不仅可以洞察它们的历史背景和发展轨迹，还能够深入理解分组密码在密码学演变中的重要地位。

在这一探索过程中，我们会看到分组密码如何从最初的概念演变成一个多面且高效的安全工具，它如何适应并满足不断增长的信息安全需求，以及它在当代数字世界中无处不在的应用。通过这样的学习，可以更全面地理解密码学的现状和未来发展方向。

3.1 分组密码的概念

分组密码将消息序列进行等长分组(比如每组消息的长度为 n 比特)，然后用同一个密钥对每个分组进行加密。记 $\mathcal{V}_n$ 为所有 n 比特向量组成的集合，m 为明文，c 为密文。一个分组长度为 n 比特的分组密码的定义如下。

定义 3.1 一个 n 比特分组密码是一种满足下列条件的函数：

$$E:\mathcal{V}_n\times\mathcal{K}\to\mathcal{V}_n$$

对于每个密钥 $k\in\mathcal{K}$，$E(m,k)$是一个从 $\mathcal{V}_n$ 到 $\mathcal{V}_n$ 的一个可逆映射，记为 $E_k(m)$，称为加密算法。它的逆映射称为解密算法，记为 $D_k(c)$。

分组密码在现代信息通信中的应用具有显著优势。首先，它们便于标准化，因为信息通常以块的形式处理和传输；其次，分组密码能够有效地实现并行处理，这意味着一个密文块的传输错误不会影响到其他块的传输，丢失某个密文块也不会妨碍随后密文块的正确解密。然而，直接使用分组密码对每个明文块单独加密会有两个明显的缺陷：一是无法隐蔽数据模式，即相同的明文块会产生相同的密文块；二是无法抵抗重放、嵌入和删除等攻击。尽管如此，这些缺点可以通过采用特定的分组密码操作模式来解决。

有效的分组密码设计需要满足以下要求：

(1) 分组长度必须足够大，以防止敌手通过明文穷举攻击破解密码。

(2) 密钥长度应足够长，以避免密钥穷举攻击，同时也不能过长，以免影响密钥管理和加密速度。

(3) 由密钥决定的置换算法必须足够复杂，以实现明文和密钥的充分扩散和混淆，从而防止敌手通过简单关系进行密码分析，例如线性攻击和差分攻击。

(4) 加密和解密算法应尽可能简单，以便快速实现软件和硬件的加解密。

(5) 数据扩展应尽可能小，理想情况下，明文和密文长度相同。使用随机化加密技术可能会引入数据扩展，即密文长度超过明文。

(6) 差错传播应尽量减少。

实现这些要求并非易事，但分组密码设计遵循两个基本原则：混淆(Confusion)和扩散(Diffusion)。这两个原则旨在抵抗敌手对密码体制的统计分析攻击。混淆的目的是使密钥与明文以及密文之间的依赖关系变得极为复杂，以至于密码分析者难以利用。扩散的目的是确保密钥的每一位都影响密文的多个位，以阻止逐段破译密钥，同时确保明文的每一位也影响多个密文位，以隐藏明文的统计特性。

乘积密码是实现混淆和扩散原则的有效方法。其基本理念是通过组合一些简单但单独不足以提供全面保护的操作，来构建复杂的加密函数。这些简单操作包括移位、转换(如异或)、线性变换、算术运算、模乘和简单替代等。通过这种方法，乘积密码能够在保护信息安全的同时满足上述提到的各项要求。

定义 3.2 乘积密码是指通过结合两种或两种以上的基本密码变换来实现的一种密码，这种密码比单个组成部分更为安全。

合理选择多个变换构成的乘积密码可实现良好的混淆和扩散。分组密码算法一般采用迭代的方式来使用乘积密码，其主要的结构类型有两种：Feistel 网络和 SP(Substitution-Permutation)网络。

Feistel 网络是一种迭代密码，如图 3.1 所示。它将明文平均分为左半部分 L_0 和右半部分 R_0，经过 $r(r\geqslant 1)$轮迭代完成整个操作过程。假设第 $i-1$ 轮的输出为 L_{i-1} 和 R_{i-1}，这作为第 i 轮的输入，得到第 i 轮的输出为

$$L_i=R_{i-1}$$
$$R_i=L_{i-1}\oplus f(R_{i-1}, k_i)$$

其中，k_i 是第 i 轮的子密钥，由加密密钥 k 通过一定的算法生成。Feistel 网络结构的代表是数据加密标准(DES)。

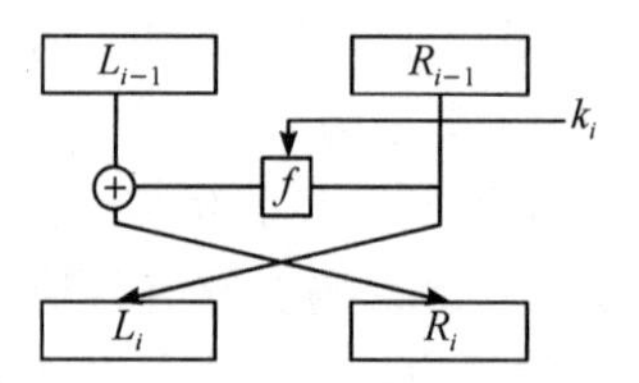

图 3.1 Feistel 网络示意图

在SP网络中，S代表替代(Substitution)，也称为混淆层，其主要职责是增加密码的复杂度和不可预测性。通过这种方式，它把明文或中间步骤的数据转换成看似随机的输出，从而使攻击者难以直接从密文推断出明文。另一方面，P代表置换(Permutation)，亦被称为扩散层。置换层的主要功能是将S层的输出数据重新排列，使得原始数据的每个部分都能对最终的密文产生影响。这种重新排列增加了数据的扩散效果，进一步增强了密码的安全性。

SP网络是一种乘积密码，其安全性来源于这两种操作的多次迭代使用。在每次迭代中，都会顺序执行替代和置换操作，这样的结构确保了高度的安全性和效率。迭代的次数取决于特定的加密算法设计，每一次迭代都进一步增强了密文的抵抗力以应对各种密码攻击，包括统计分析和差分攻击等。

高级加密标准(AES)就是SP结构的一个典型代表。AES通过重复的替代和置换过程，将简单的明文转化为高度复杂和安全的密文。这种结构的有效性和安全性已经被广泛认可，并被用于从个人数据保护到政府级的安全通信的多种加密应用中。AES的成功示范了SP网络在现代密码学中的重要性和实用性。

3.2 工作模式

在分组密码中，四种最常用的工作模式包括：电码本模式(Electronic Codebook，ECB)、密码分组链接模式(Cipher Block Chaining，CBC)、密码反馈模式(Cipher Feedback，CFB)和输出反馈模式(Output Feedback，OFB)。这些模式各具特点，应用于不同的加密需求和场景。

将明文表示为$m=m_1m_2\cdots m_t$，密文表示为$c=c_1c_2\cdots c_t$，其中m_i和$c_i(1\leqslant i\leqslant t)$都为$n$比特长的分组。下面逐一介绍这四种工作模式。

1. 电码本模式(ECB)

ECB模式是一种基本的分组加密方式。在这种模式下，明文被划分为等长的明文块，每个明文块独立加密。加密过程中，相同的明文块会产生相同的密文块，这一特性使得电码本模式容易受到某些攻击，特别是当明文包含重复内容时。加密后，所有加密的密文块被按顺序连接起来，形成最终的密文。电码本模式因其简单性而被广泛使用，但在需要更高安全性的场景下，可能不是最佳选择。

如图3.2所示，在这种模式中，每一个密文块都不受其他明文块的影响，加密过程为

$$c_i=E_k(m_i)$$

解密过程为

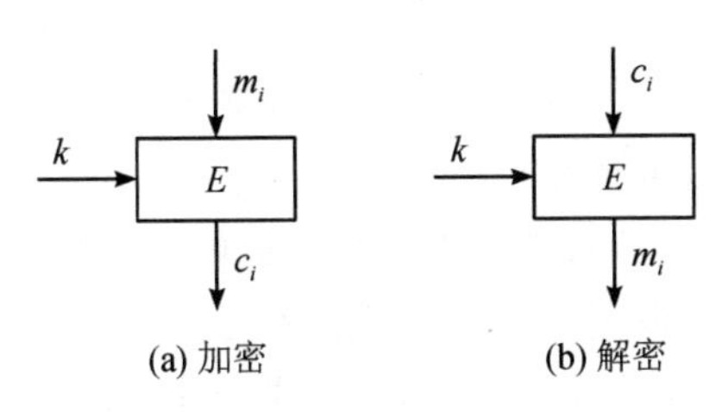

图3.2 电码本模式

$$m_i = D_k(c_i)$$

电码本模式是块加密的一种基本运行模式，它具有以下几个显著特点：

(1) 重复明文块产生重复密文块。

在ECB模式中，相同的明文块会生成相同的密文块。这意味着，如果两个或更多的明文块相同，它们的密文块也会是相同的。这一特性可能会暴露明文数据的某些模式，从而使加密过程变得更容易被攻击者识别和分析。

(2) 明文块的变化仅影响对应的密文块。

明文中任何一个块的变化(标记为 m_i)，只会影响到与之对应的密文块(标记为 c_i)，而不会对其他密文块产生影响。这意味着每个块的加密是相互独立的，这在一定程度上简化了加密和解密的过程。

(3) 单个比特错误仅影响对应块的解密。

在传输过程中，如果某个密文块发生了单个比特的错误，这种错误只会影响到该密文块的解密结果，而不会影响到其他块的解密。

综上，ECB模式适合于加密短数据，例如一个会话密钥，因为它在处理短信息时可以提供快速且有效的加密。

2. 密码分组链接模式(CBC)

CBC模式在加密处理之前，先将当前明文分组与前一个密文块进行按比特异或运算。这种模式增加了密文之间的依赖性，使得每个密文块都与前面所有的明文块相关。这种方法显著提高了加密过程的安全性，因为它消除了ECB模式中重复明文产生重复密文的问题。通过这种方式，即使是相同的明文块，由于与不同的密文块组合，也会生成不同的密文，从而增强了加密数据的安全性。如图3.3所示，这种模式必须选择一个初始向量 $\boldsymbol{c}_0 = \mathrm{IV}$，用于加密第一块明文。加密过程为

$$c_i = E_k(m_i \oplus c_{i-1})$$

解密过程为

$$m_i = D_k(c_i) \oplus c_{i-1}$$

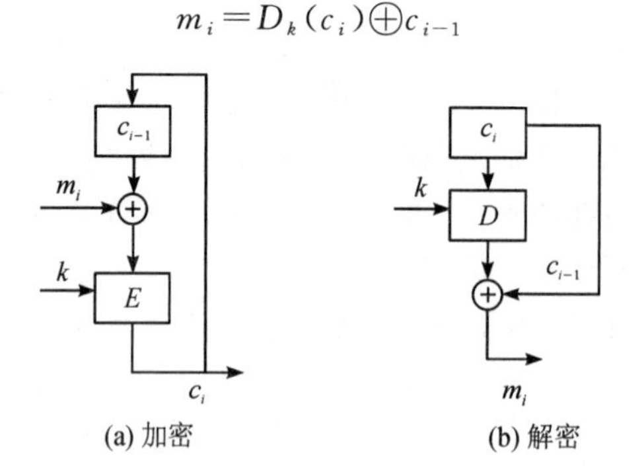

图3.3 密码分组链接模式

密码分组链接模式具备以下特征：

(1) 隐蔽数据模式。在这种模式中，即使是相同的明文块，也会产生不同的密文块。这样做有效地隐蔽了明文中的数据模式，增强了加密信息的安全性。

(2) 密文块的依赖性。每个密文块 c_i 不仅取决于相应的明文块 m_i，还依赖于所有前面的明文块。因此，密文块的顺序非常重要，任何重排都会影响解密过程的正确性。

(3) 错误传播。在CBC模式中，密文块中的单个比特错误会影响后续至多两个密文块 c_i 和 c_{i+1} 的解密。这意味着一个小的错误会有连锁反应，会影响后续的数据块。

(4) 明文变化的影响。如果某个明文块 m_i 发生变化，它将导致所有后续的密文块发生改变。这增加了加密算法的复杂性，但同时也提高了其安全性。

3. 密码反馈模式(CFB)

如果需要加密固定长度的明文，例如按比特或字节进行加密，这种模式就显得尤为重要。与密码分组链接模式不同，CFB每次加密固定数量的比特。密码反馈模式在加密和解密过程中有其特定的操作流程，如图3.4所示。这种模式特别适用于需要高度灵活性和适应性的场景，例如在不同长度的数据加密中。这种模式必须选择一个初始向量 $I_1=\mathrm{IV}$，设需要加密的明文长度为 r 比特，对于明文块 m_i，首先计算 $o_i=E_k(I_i)$，然后选取 o_i 最左侧的 r 比特 o_r，计算密文

$$c_i=m_i\oplus o_r$$

最后将 c_i 移入移位寄存器的最右端。

对接收到的密文块 c_i，计算

$$m_i=c_i\oplus o_r$$

其中，o_r、o_i 和 I_i 的计算和加密时一致。值得注意的是，这里要使用加密算法加密 I_i 得到 o_i。

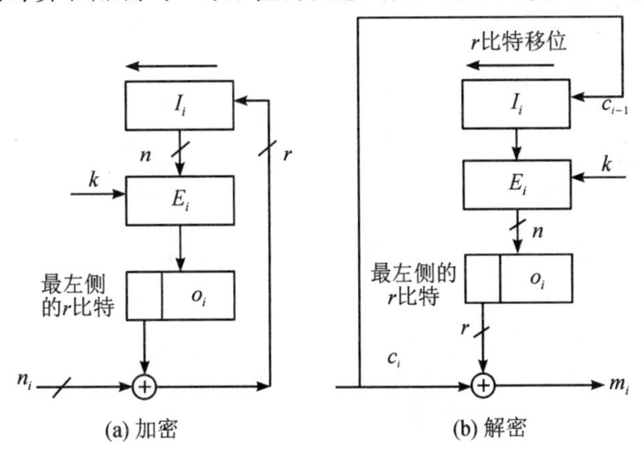

图3.4　密码反馈模式

密码反馈模式具备以下显著特征：

(1) 格式灵活性。

在密码反馈模式中，加密明文的长度 r 可以根据用户的需求来设定，这使得该模式能够适应不同格式的加密需求。

(2) 密文依赖性。

每一个密文块 c_i 不仅依赖于对应的明文块 m_i，还依赖于所有前面的明文分组。因此，密文序列的任何重排都会影响到解密过程的正确性。为了正确解密一个密文块，所有之前的密文块也必须是正确的。

(3) 错误传播影响。

在任何一个密文块 c_i 中出现的单个或多个比特错误会影响到该密文块及其后续所有密文块的解密过程。

4. 输出反馈模式(OFB)

输出反馈模式是一种用于需要避免错误传播的应用场景的加密模式。它与密码反馈模式在功能上有所相似，例如同样可以加密不同尺寸的分组。然而，OFB模式的不同之处在于反馈的不是密文，而是加密函数的输出。这意味着，在这种模式下，加密函数实际上充当了密钥流生成器的角色。这种模式的具体加密和解密过程展示了一种独特的加密机制，如图3.5所示。这种模式的设计有效地减少了错误在加密过程中的传播，适用于对错误敏感的通信环境。这种模式必须选择一个初始向量 $I_1=\mathrm{IV}$，设需要加密的明文长度为 r 比特，对于明文块 m_i，首先计算

$$o_i=E_k(I_i),$$

然后选取 o_i 最左侧的 r 比特 o_r，计算密文

$$c_i=m_i\oplus o_r$$

最后，将 o_i 移入移位寄存器的最右端。对接收到的密文 c_i，计算

$$m_i=c_i\oplus o_r$$

其中，o_r、o_i 和 I_i 的计算和加密时一致。

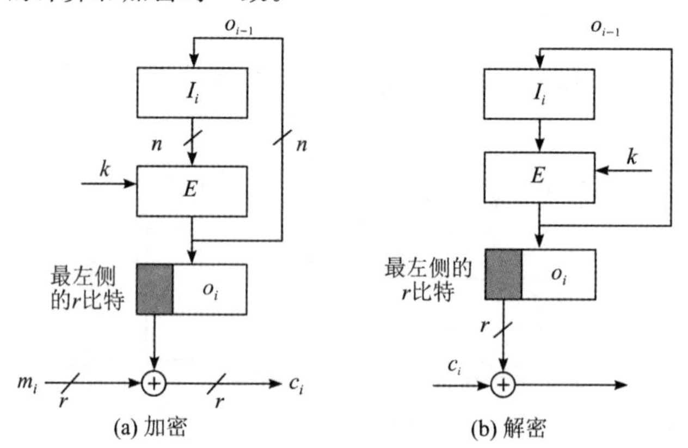

图 3.5 输出反馈模式

输出反馈模式在密码学中具有以下显著特点：

(1) 格式适应性。

输出反馈模式的一个关键优势是其对用户不同格式要求的适应性。在需要重复使用同一密钥 k 的情况下，尽管初始向量(IV)不必保密，但为了防止每次加密过程使用相同的密钥流，IV必须进行变化。通过改变初始向量，可以确保产生不同的密钥流，从而增强加密过程的安全性。

(2) 独立的密钥流。

输出反馈模式的另一个特点是密钥流的独立性。在这种模式下，密钥流与明文块是独立的。这意味着对于明文块 m_i 的任何改变，仅会导致对应的密文块 c_i 发生变化，而不会影响其他密文块。这种特性使得加密过程更加安全，因为单一的明文更改不会导致整个密文序列的变化。

(3) 错误的非传播性。

输出反馈模式还具有重要的特性，即错误不会传播。在这种模式下，如果任何一个密文块 c_i 中出现一个或多个比特错误，这些错误仅会影响明文中相应位置的错误，并不会在

明文的其他部分造成连锁反应。这意味着错误的局部性，减少了因单一错误导致的整体信息损失的可能性。

综上所述，输出反馈模式通过其独特的特性，如格式适应性、独立的密钥流和错误的非传播性，提供了一种灵活且安全的加密方法，适用于各种不同的加密需求和环境。

3.3 数据加密标准 DES

数据加密标准(Data Encryption Standard，DES)是历史上最知名的分组密码算法之一。它标志着商用密码算法时代的开端，是第一代公开发布并详细说明实现细节的商用密码算法。DES 在 1977 年被美国正式采纳为联邦信息处理标准(FIPS)，并授权用于政府非密级通信。

3.3.1 DES 的提出

DES 的发展历程如下：

(1) **征集和选定过程**:1973 年 5 月 15 日，美国国家标准局(NBS)，即现今的美国国家标准与技术研究所(NIST)，发起了公开征集标准密码算法的活动。此举旨在确定一系列设计准则，以确保算法的安全性、明确性、通用性和经济性。具体准则包括：算法必须高度安全，完全公开且易于理解，安全性依赖于密钥而非算法本身，对所有用户有效，适用于多种应用场景，实现成本经济，高效且易于验证，以及方便出口等。

(2) **IBM 的 Lucifer 算法**。最终，IBM 公司提交的一种基于 1971—1972 年研发的 Lucifer 加密算法的改进版本被选中。1975 年 3 月 17 日，NBS 公开了该算法的全部细节。

(3) **评估与采纳**。1976 年，NBS 委派了两个小组对提出的标准进行评估。1976 年 11 月 23 日，DES 被正式采纳为联邦信息处理标准，并授权用于非军事场合的政府通信。随后，在 1977 年 1 月 15 日，DES 的官方文档 FIPS PUB 46 发布。

(4) **广泛应用**。1979 年，美国银行协会批准了 DES 的使用。到 1980 年，美国国家标准研究所(ANSI)也批准了 DES 作为私人领域的标准，称为 DEA(ANSI X.392)。1987 年，国际化标准组织(ISO)下属的国际销售金融标准组将 DES 纳入国际认证标准，并应用于密钥管理。

(5) **标准的审查与更新**。DES 规定每五年进行一次审查，并计划在十年后采用新的标准。1994 年 1 月的最新评估决定，自 1998 年 12 月起，DES 不再作为联邦加密标准。

这一历史悠久的加密算法，不仅在安全技术的发展上起到了里程碑作用，也促进了密码学及其在各领域应用的广泛普及。

3.3.2 DES 的构造

DES 是一种基于迭代分组密码的加密算法。它使用的是 64 位的密钥，但实际上只有 56 位用于加密，剩下的 8 位用于奇偶校验。这种加密算法专门设计用来加密 64 位长度的明文，从而生成同样长度的 64 位密文。DES 的核心特点之一是其轮函数的设计，采用了被称为 Feistel 结构的方法，整个加密过程包括 16 轮迭代。

DES 加密的总体框架可由图 3.6 清晰展示。在加密过程中，首先将 64 位的明文输入到算法中。然后，这些数据经过一系列复杂的转换和置换操作，在每一轮中都会与子密钥(由原始密钥生成)进行结合。每一轮都包括扩展置换、与子密钥结合、S 盒置换和 P 盒置换等步骤，这些步骤共同作用于数据，逐步变换原始明文。经过 16 轮这样的迭代之后，最终输出的是 64 位的密文。

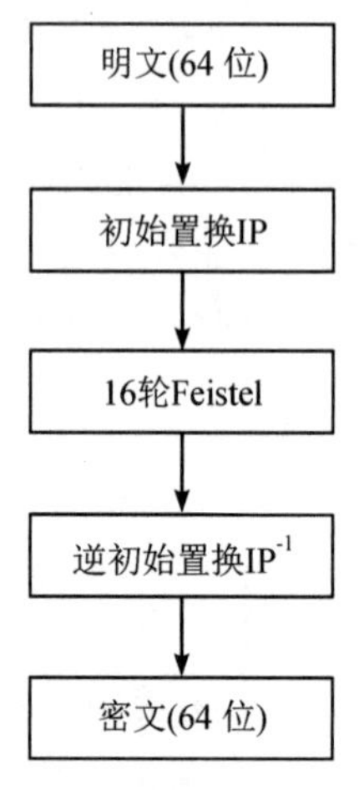

图 3.6 DES 加密框图

值得注意的是，DES 的每一轮运算都不同，依赖于不同的子密钥。这些子密钥是通过一个称为密钥调度算法的过程从原始 64 位密钥中产生的。尽管 DES 在当今的加密标准中被认为不够安全，由于其密钥长度较短，容易受到穷举攻击，但它在密码学的历史上仍占有重要的地位，并为后来的加密标准奠定了基础。

(1) 给定一个明文 m，首先通过一个固定的初始置换 IP 作用于 m 得到 m_0，然后将 m_0 分成左右两部分，记为 $m_0=L_0R_0$，其中 L_0 是 m_0 的前 32 比特，R_0 是 m_0 的后 32 比特。初始置换 IP 的作用是将一个 64 比特的消息中的各个比特进行换位，目的是将消息中各个比特的顺序混淆。设 $m=m_1m_2\cdots m_{64}$，则 $\mathrm{IP}(m)=x_{58}x_{50}\cdots x_7$，即置换后的第 1 位为原消息的第 58 位，置换后的第 2 位为原消息的第 50 位，依次类推，置换后的第 64 位为原消息的第 7 位，具体细节如表 3.1 所示。

表 3.1 初始置换 IP

IP							
58	50	42	34	26	18	10	2
60	52	44	36	28	20	12	4
62	54	46	38	30	22	14	6
64	56	48	40	32	24	16	8
57	49	41	33	25	17	9	1
59	51	43	35	27	19	11	3
61	53	45	37	29	21	13	5
63	55	47	39	31	23	15	7

(2) 结合密钥，对 L_0 和 R_0 进行 16 轮的迭代运算。每一轮的运算规则如下：

$$L_i = R_{i-1}$$
$$R_i = L_{i-1} \oplus f(R_{i-1}, k_i)$$

其中，$\oplus$表示两个比特串的按位异或；f 是一个非线性函数；k_1，k_2，…，k_{16} 都是由密钥 k 按照一定的规则生成，长度均为 48 比特。

具体的迭代过程如图 3.7 所示。

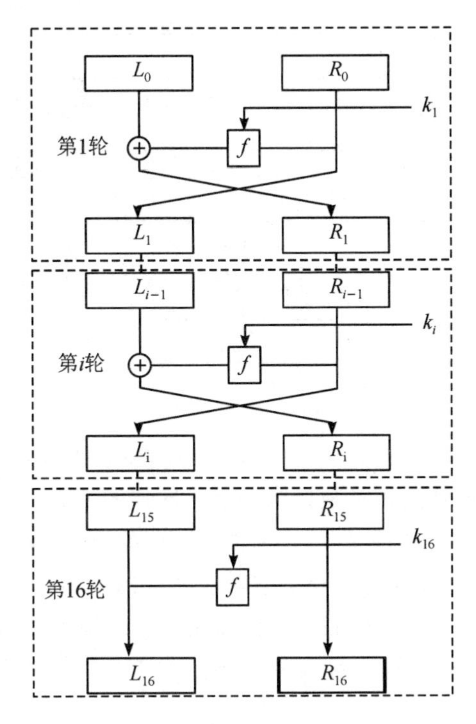

图 3.7 DES 迭代过程

DES 的核心是非线性函数 f，函数的输入有两个变量，一个是 32 比特的 R_{i-1}，另一个是 48 比特的 k_i，输出的结果为 32 比特，如图 3.8 所示。具体执行步骤如下：

① 首先利用扩展置换 E 将 R_{i-1} 扩展成一个 48 比特的串，然后将扩展后的结果与 48 比特的 k_i 进行异或运算，将所得的结果分成 8 个 6 比特的串，记为 $A = A_1A_2A_3A_4A_5A_6A_7A_8$。扩展置换 E 如表 3.2 所示。

表 3.2 扩展置换 E

E					
32	1	2	3	4	5
4	5	6	7	8	9
8	9	10	11	12	13
12	13	14	15	16	17
16	17	18	19	20	21
20	21	22	23	24	25
24	25	26	27	28	29
28	29	30	31	32	1

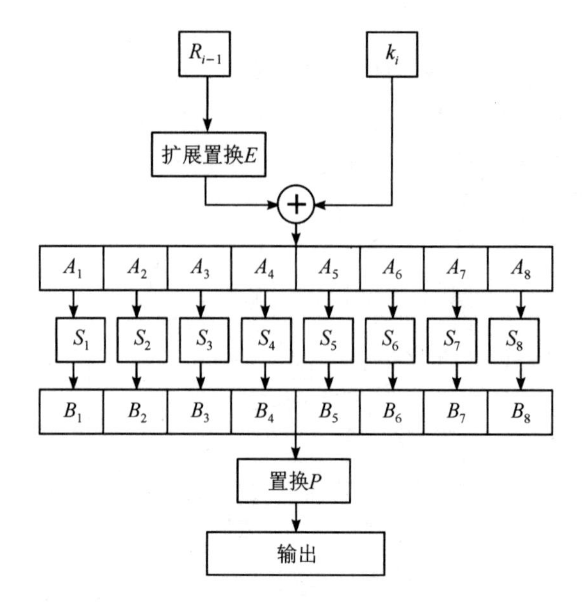

图 3.8　函数 f

② 将 A_1，…，A_8 分别作为 8 个 S 盒的输入，查表(表 3.3)得到输出 $B_i=S_i(A_i)$，$1\leqslant i\leqslant 8$。每个 S 盒都是将 6 比特的消息映射为一个 4 比特的消息。设 S_i 盒的输入为 6 比特串 $x=x_1x_2x_3x_4x_5x_6$，将 x_1x_6 转换成十进制的 0～3 的某个数，它对应表中的行号，将 $x_2x_3x_4x_5$ 转换成十进制 0～15 的某个数，它对应表中的列号，利用行号和列号查询 S_i 表得到一个整数，将该整数转换成二进制就是输出结果。例如，S_1 盒的输入为 110011，则行号为 11(第 3 行)，列号为 1001(第 9 列)，查得整数为 11，转换成二进制为 1011，这就是 S_1 盒的输出结果。

表 3.3　DES 的 S 盒

	0	1	2	3	4	5	6	7	8	9	10	11	12	13	14	15	
0	14	4	13	1	2	15	11	8	3	10	6	12	5	9	0	7	S_1
1	0	15	7	4	14	2	13	1	10	6	12	11	9	5	3	8	
2	4	1	14	8	13	6	2	11	15	12	9	7	3	10	5	0	
3	15	12	8	2	4	9	1	7	5	11	3	14	10	0	6	13	
0	15	1	8	14	6	11	3	4	9	7	2	13	12	0	5	10	S_2
1	3	13	4	7	15	2	8	14	12	0	1	10	6	9	11	5	
2	0	14	7	11	10	4	13	1	5	8	12	6	9	3	2	15	
3	13	8	10	1	3	15	4	2	11	6	7	12	0	5	14	9	
0	10	0	9	14	6	3	15	5	1	13	12	7	11	4	2	8	S_3
1	13	7	0	9	3	4	6	10	2	8	5	14	12	11	15	1	
2	13	6	4	9	8	15	3	0	11	1	2	12	5	10	14	7	
3	1	10	13	0	6	9	8	7	4	15	14	3	11	5	2	12	

续表

	0	1	2	3	4	5	6	7	8	9	10	11	12	13	14	15	
0	7	13	14	3	0	6	9	10	1	2	8	5	11	12	4	15	S_4
1	13	8	11	5	6	15	0	3	4	7	2	12	1	10	14	9	
2	10	6	9	0	12	11	7	13	15	1	3	14	5	2	8	4	
3	3	15	0	6	10	1	13	8	9	4	5	11	12	7	2	14	
0	2	12	4	1	7	10	11	6	8	5	3	15	13	0	14	9	S_5
1	14	11	2	12	4	7	13	1	5	0	15	10	3	9	8	6	
2	4	2	1	11	10	13	7	8	15	9	12	5	6	3	0	14	
3	11	8	12	7	1	14	2	13	6	15	0	9	10	4	5	3	
0	12	1	10	15	9	2	6	8	0	13	3	4	14	7	5	11	S_6
1	10	15	4	2	7	12	9	5	6	1	13	14	0	11	3	8	
2	9	14	15	5	2	8	12	3	7	0	4	10	1	13	11	6	
3	4	3	2	12	9	5	15	10	11	14	1	7	6	0	8	13	
0	4	11	2	14	15	0	8	13	3	12	9	7	5	10	6	1	S_7
1	13	0	11	7	4	9	1	10	14	3	5	12	2	15	8	6	
2	1	4	11	13	12	3	7	14	10	15	6	8	0	5	9	2	
3	6	11	13	8	1	4	10	7	9	5	0	15	14	2	3	12	
0	13	2	8	4	6	15	11	1	10	9	3	14	5	0	12	7	S_8
1	1	15	13	8	10	3	7	4	12	5	6	11	0	14	9	2	
2	7	11	4	1	9	12	14	2	0	6	10	13	15	3	5	8	
3	2	1	14	7	4	10	8	13	15	12	9	0	3	5	6	11	

③ 运行完 8 个 S 盒后，得到 32 比特的串 $B=B_1B_2B_3B_4B_5B_6B_7B_8$，再将这 32 比特的串使用置换运算 P 就得到了函数 f 的输出结果。置换运算 P 如表 3.4 所示。

表 3.4 置换 P

P			
16	7	20	21
29	12	28	17
1	15	23	26
5	18	31	10
2	8	24	14
32	27	3	9
19	13	30	6
22	11	4	25

(3) 最后一轮迭代后，左右两个 32 比特串并不交换，即得到了比特串 $R_{16}L_{16}$。对 $R_{16}L_{16}$ 应用初始置换 IP 的逆初始置换 IP^{-1}，就获得密文 c。逆初始置换 IP^{-1} 如表 3.5 所示。

表 3.4 逆初始置换 IP^{-1}

IP^{-1}							
40	8	48	16	56	24	64	32
39	7	47	15	55	23	63	31
38	6	46	14	54	22	62	30
37	5	45	13	53	21	61	29
36	4	44	12	52	20	60	28
35	3	43	11	51	19	59	27
34	2	42	10	50	18	58	26
33	1	41	9	49	17	57	25

在非线性函数 f 中，每轮都会用到一个 48 比特的子密钥 k_i，这些子密钥是由初始密钥 k 生成的，具体过程如图 3.9 所示。

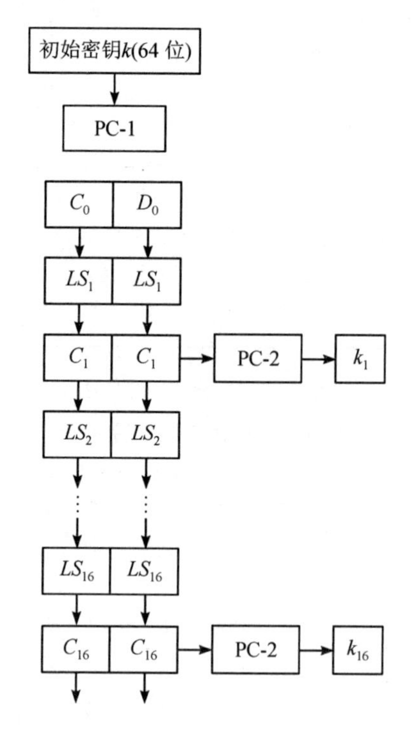

图 3.9 子密钥生成

(1) 给定一个 64 比特的初始密钥 k，利用置换 PC-1(如表 3.6 所示)得到有效的 56 位密钥，然后将这 56 位密钥分成左右两部分，前 28 比特记为 C_0，后 28 比特记为 D_0。经过这次置换，初始密钥的第 8 位，第 16 位，…，第 64 位消失了。这 8 位的主要功能是进行奇偶校验。这 8 个比特的定义如下：若其前面 7 个比特中有奇数个 1 则该比特为 0，反之为 1。

表 3.6 置换 PC-1

PC-1						
57	49	41	33	25	17	9
1	58	50	42	34	26	18
10	2	59	51	43	35	27
19	11	3	60	52	44	36
63	55	47	39	31	23	15
7	62	54	46	38	30	22
14	6	61	53	45	37	29
21	13	5	28	20	12	4

(2) 对于第 i 轮，$1\leqslant i\leqslant 16$，首先计算

$$C_i = \mathrm{LS}_i(C_{i-1})$$

$$D_i = \mathrm{LS}_i(D_{i-1})$$

其中，LS_i 表示左循环移位，当 $i=1, 2, 9, 16$ 时，左循环移 1 位，当 $i=3, 4, 5, 6, 7, 8, 10, 11, 12, 13, 14, 15$ 时，左循环移 2 位。

然后执行置换 PC-2，如表 3.7 所示。这是一个压缩置换，它将一个 56 比特串压缩成一个 48 比特串。最后将置换后的结果输出为第 i 轮的子密钥 k_i。

表 3.7 置换 PC-2

PC-2					
14	17	11	24	1	5
3	28	15	6	21	10
23	19	12	4	26	8
16	7	27	20	13	2
41	52	31	37	47	55
30	40	51	45	33	48
44	49	39	56	34	53
46	42	50	36	29	32

DES 的解密采用同一算法实现，把密文 c 作为输入，逆序使用子密钥，即以 k_{16}，k_{15}，…，k_1 的顺序使用子密钥，输出的将是明文 m。

3.3.3 DES 的安全性

DES 的安全性一直受到密集关注和批评。在 DES 的结构中，初始置换 IP 和逆初始置换 IP^{-1} 各被使用一次，目的是打乱数据顺序，但它们对加密效果的贡献相对较小。与之形成鲜明对比的是，S 盒作为 DES 的核心部件，提供了非线性变换，对加密过程起到了关键作用。

自 DES 算法正式公开后，它的安全性受到了广泛的关注和批评。最普遍的批评观点集

中于 DES 的密钥长度过短。DES 的有效密钥长度仅为 56 比特，使其难以抵御穷举密钥攻击，实践证明，这种担忧是有根据的。

1977 年，Diffie 和 Hellman 提出了一种制造每秒能测试 10^6 个密钥的大规模芯片的构想。据估计，这样的机器大约一天内就能搜遍 DES 的整个密钥空间，制造成本约为两千万美元。到了 1993 年，Session 和 Wiener 提出了一个更精细的密钥搜索机器设计，基于并行处理的密钥搜索芯片，每秒测试 5×10^7 个密钥。这种芯片的造价仅为 10.5 美元，组成 5760 个芯片的系统成本约 10 万美元，平均 1.5 天即可找到密钥。如果部署 10 套这样的系统，成本将达到 100 万美元，但搜索时间可减少至 3.5 小时。这些事实表明，DES 在这种攻击面前是脆弱的。

DES 的 56 位短密钥还面临着另一个严峻的现实挑战：国际互联网的超级计算能力。1997 年 1 月 28 日，RSA 数据安全公司通过互联网发起了一场名为“密钥挑战”的竞赛，提供一万美元奖金破解一段用 56 位密钥加密的 DES 密文。Rocke Verser 设计了一款分布式穷举搜索程序，通过互联网运行。该计划吸引了数万名志愿者参与，最终于 1997 年 6 月 17 日晚上 10 点 39 分由 Inetz 公司的 Michael Sanders 成功破解密钥，揭示出明文信息。这一事件表明，依靠互联网的分布式计算能力，穷举方法破解 DES 已成为现实，暴露了计算能力增强对算法密钥长度的影响。

1998 年 7 月，电子前沿基金会(EFF)使用一台价值 25 万美元的计算机在 56 小时内破解了 56 比特密钥的 DES。1999 年 1 月，该基金会在 RSA 数据安全会议期间仅用 22 小时 15 分钟破解了另一个 DES 密钥。

除了穷举攻击，攻击 DES 的主要方法还包括差分攻击、线性攻击和相关密钥攻击等，其中线性攻击被认为是最有效的一种。具体攻击方法的细节可以在相关文献中找到，此处不详述。尽管 DES 存在这些不足，但作为第一个公开的密码算法，它成功地完成了它的历史使命，在密码学发展史上占据着重要的地位。

3.3.4 多重 DES

若一个分组密码容易遭受穷举密钥搜索攻击，那么通过对同一消息进行多次加密可以显著增强其安全性。多重 DES 是一种采用此策略的实现，它通过多个不同的密钥对明文执行多次 DES 加密。这种方法能够有效增加密钥的总量，从而显著提高其抵御穷举密钥搜索攻击的能力。

多重加密可以视为一个包含多个加密层级的系统，这些层级串联起来，但每个层级的密码不必完全独立。在这个系统中，每个层级既可以使用一个分组密码的加密函数，也可以使用对应的解密函数。这样的设计使得整个加密过程更为复杂和安全。

多重 DES 的两个主要变体是双重 DES 和三重 DES。双重 DES 通过两次加密来增强安全性，而三重 DES 则进一步扩展这个概念，实施三次加密过程。这两种方法都旨在增强传统 DES 算法的安全性，使其更难被穷举密钥搜索攻击破解。在这些系统中，密钥的组合和顺序的多样性为加密提供了额外的强度和复杂度。例如，三重 DES 通过使用两个或三个不同的密钥，对数据进行三次连续的 DES 加密，极大地提高了安全性。通过这种方式，多重 DES 成为了一种强大而有效的工具，用于保护信息免受先进攻击手段的威胁。

双重 DES 和三重 DES 如图 3.10 所示。

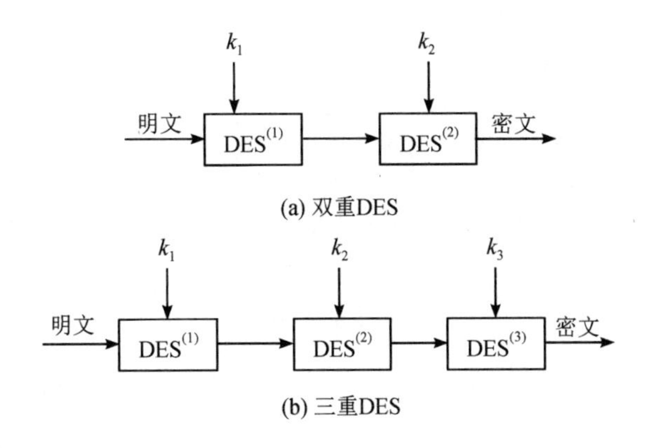

图 3.10 多重 DES

三重 DES 算法中包含三个密码组件，每个组件可以是一个加密函数或解密函数。特别地，当第一个和第三个密钥相同时（$k_1=k_3$），这种形式被称作双密钥三重 DES。研究表明，虽双重 DES 的安全性并不直接等同于单重 DES，但主要因为存在一种名为中间相遇攻击的攻击方法，这对双重 DES 的安全性构成了严重威胁。因此，在实际应用中，通常不采用双重 DES。而三重 DES 则能有效抵抗中间相遇攻击，因此在 DES 的标准报告 FIPS 46-3 中推荐使用双密钥三重 DES。即使 AES 已经公布，三重 DES 仍被视为一种安全且有效的加密算法。

3.4 高级加密标准 AES

高级加密标准(AES)的发起始于 1997 年 4 月 15 日，由美国国家标准技术研究所提出。这一举措旨在确定一种新的分组密码，以替代 DES，用于保护政府的敏感信息。新的加密标准旨在取代旧的 DES 和三重 DES，成为新的美国联邦信息处理标准。AES 的基本要求是比三重 DES 更快，同时具有至少与三重 DES 相同的安全性。它的分组长度设定为 128 比特，密钥长度则为 128 比特、192 比特和 256 比特。到了 1998 年 8 月，NIST 公布了 15 个候选算法。在评估候选算法时，NIST 主要考虑安全性、效率和算法的实现特性。安全性是首要条件，要求候选算法能够抵抗已知的密码攻击，且没有明显的安全漏洞。在确保安全性的基础上，效率成为重要的评估因素，包括算法在不同平台的计算速度和内存需求等。算法的实现特性还包括灵活性，如在多种环境中的安全有效运行，以及作为序列密码、杂凑算法的潜力等。算法还必须能够通过软件和硬件两种方式高效、快速实现。经过两年多的公开分析、评测和比较，NIST 于 2000 年 10 月宣布比利时的 Joan Daemen 和 Vincent Rijmen 提交的 Rijndael 算法为最终获胜者。2001 年 11 月，NIST 正式公布 AES。自此，许多原先使用 DES 或其变体算法的安全产品开始逐渐转向使用 AES。

Rijndael 算法的原型是 Square 算法，其设计针对差分分析和线性分析提出了宽轨迹策略。宽轨迹策略是一种设计用于密钥交替分组密码轮变换的手段，它有效地结合了高效率和对差分及线性密码分析的抵抗能力。这种策略的引入使 Rijndael 算法在安全性和效率方面都表现出色，从而成为值得信赖的加密标准。

3.4.1 AES的数学基础

AES算法的分组长度为128比特，密钥长度有三种选择，分为128比特、192比特和256比特。AES算法中最基本的运算单位是字节，即一个8比特串。设$X=x_0x_1\cdots x_{126}x_{127}$是$AES$的输入串，首先将其划分为16个字节，称为字节数组，形式如下：

$$X=a_0\,a_1\,a_2\cdots a_{15}$$

$$a_0=\{x_0,\ x_1,\ \cdots,\ x_7\}$$

$$a_1=\{x_8,\ x_9,\ \cdots,\ x_{15}\}$$

$$\vdots$$

$$a_{15}=\{x_{120},\ x_{121},\ \cdots,\ x_{127}\}$$

该形式可以扩展到更长的序列(如192比特和256比特的密钥)，一般有：

$$a_n=\{x_{8n},\ x_{8n+1},\ \cdots,\ x_{8n+7}\}$$

我们将每一字节看作是有限域GF(2^8)上的一个元素，分别对应于一个次数不超过7的多项式。如$b_7b_6b_5b_4b_3b_2b_1b_0$可表示为多项式$b_7x^7+b_6x^6+b_5x^5+b_4x^4+b_3x^3+b_2x^2+b_1x^1+b_0$，还可以将每个字节表示为一个十六进制数，即每4比特表示为一个十六进制数，代表较高位的4比特的符号仍在左边。例如，01101011可表示为$6B$。它们之间的运算为GF(2^8)中的运算。

从同构意义上看，有限域GF(2^8)是唯一的。这里，我们用传统的多项式表示法来表示GF(2^8)中的元素。在多项式表示中，GF(2^8)中的两个元素的和仍然是一个次数不超过7的多项式，其系数为相加的两个元素对应系数的模2加(按比特异或)。GF(2^8)中两个元素的积为相乘的两个元素模一个GF(2)上的8次不可约多项式的积。在AES中，这个8次多项式为

$$m(x)=x^8+x^4+x^3+x+1$$

类似地，4个字节的向量可以表示为系数在GF(2^8)上的次数小于4的多项式。其中元素的加法为4字节向量的逐比特异或，乘法运算为模多项式$m(x)=x^4+1$的乘法。因此，两个次数小于4的多项式的乘积仍然是一个次数小于4的多项式，即

$$(a_3x^3+a_2x^2+a_1x+a_0)\times(b_3x^3+b_2x^2+b_1x+b_0)=(c_3x^3+c_2x^2+c_1x+c_0)$$

其中

$$c_0=a_0b_0+a_1b_3+a_2b_2+a_3b_1$$

$$c_1=a_0b_1+a_1b_0+a_2b_3+a_3b_2$$

$$c_2=a_0b_2+a_1b_1+a_2b_0+a_3b_3$$

$$c_3=a_0b_3+a_1b_2+a_2b_1+a_3b_0$$

上述运算可以写成矩阵形式，即

$$\begin{pmatrix}c_0\\c_1\\c_2\\c_3\end{pmatrix}=\begin{pmatrix}b_0&b_3&b_2&b_1\\b_1&b_0&b_3&b_2\\b_2&b_1&b_0&b_3\\b_3&b_2&b_1&b_0\end{pmatrix}\begin{pmatrix}a_0\\a_1\\a_2\\a_3\end{pmatrix}$$

注意，$m(x)$并不是GF(2^8)上的不可约多项式，因此在上述乘法运算规则下，并不是每一个多项式都有乘法逆元。AES算法中选择了一个固定的次数小于4的多项式，这个多

项式在上述乘法运算下有逆元。

AES算法的运算都是在一个称为状态(State)的二维字节数组上进行。一个状态由四行组成，每一行包括 N_b 个字节，N_b 等于分组长度除以32。用 s 表示一个状态矩阵，每一个字节的位置由行号 r（范围是 $0 \leqslant r < 4$）和列号 c（范围是 $0 \leqslant c < N_b$）唯一确定，记为 $s_{r,c}$ 或 $s[r, c]$。在该标准中 $N_b=4$，即 $0 \leqslant c < 4$。

在加密和解密的初始阶段将输入字节数组 in_0，in_1，…，in_{15} 复制到如图3.11所示的状态矩阵中。加密或解密的运算都在该状态矩阵上进行，最后的结果将被复制到输出字节数组 out_0，out_1，…，out_{15}。

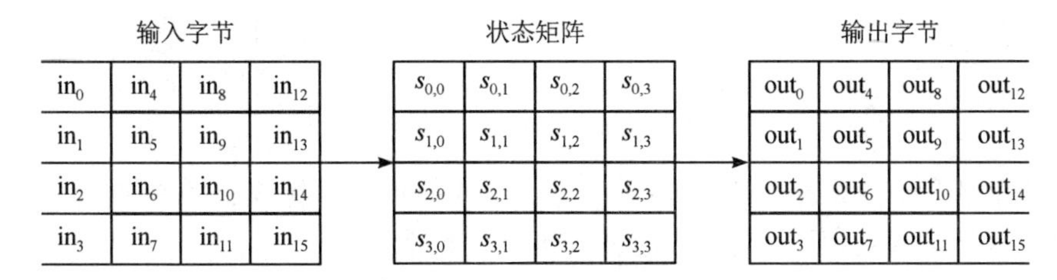

图3.11 状态矩阵、输入和输出

在加密和解密的初始阶段，输入数组in按照下述规则复制到状态矩阵中：

$$s_{r,c}=in_{r+4c} \qquad \text{for } 0 \leqslant r \leqslant 4 \text{ 且 } 0 \leqslant c \leqslant N_b$$

在加密和解密的结束阶段，状态矩阵将按照下述规则被复制到输出数组out中：

$$out_{r+4c}=s_{r,c} \qquad \text{for } 0 \leqslant r \leqslant 4 \text{ 且 } 0 \leqslant c \leqslant N_b$$

类似地，密钥也可用一个以字节为元素的矩阵来表示，该矩阵有4行，列数记为 N_k，N_k 等于密钥长度除以32。

对于AES算法，算法的轮数 N_r 依赖于 N_k。当 $N_k=4$ 时，$N_r=10$；当 $N_k=6$ 时，$N_r=12$；当 $N_k=8$ 时，$N_r=14$。

3.4.2 AES加密算法

AES加密算法的核心包括四种变换操作：字节替代变换(SubBytes)、行移位变换(ShiftRows)、列混合变换(MixColumns)和轮密钥加变换(AddRoundKey)。相应地，在AES解密过程中，这些变换的逆操作被采用，分别是逆字节替代变换(InvSubBytes)、逆行移位变换(InvShiftRows)、逆列混合变换(InvMixColumns)，而轮密钥加变换的逆操作实际上与原操作相同。下面对这些变换及其在加密和解密中的作用进行详细介绍。

1. 字节替代变换(SubBytes)

字节替代变换是AES加密中的一个非线性步骤。它通过一个称为S盒的特定表对状态矩阵中的每个字节进行替换。这个S盒是基于两个可逆变换构成的，确保了加密过程的不可预测性和安全性。在解密过程中，逆字节替代变换(InvSubBytes)则通过S盒的逆变换来还原原始字节。

这些变换共同作用于AES算法中，确保了其强大的加密能力。每个变换都针对特定的加密需求设计，从而在保持加密强度的同时，也保证了算法的效率和可行性。通过这样的多层变换，AES能够有效抵御各种已知的密码攻击方法，确保加密信息的安全。

(1) 首先，将字节看作有限域 GF(2^8)上的元素，映射到自己的乘法逆元(模多项式为 $m(x)=x^8+x^4+x^3+x+1$)，规定元素 00 映射到自身。

(2) 其次，将(1)的结果作如下 GF(2)上的可逆仿射变换：

$$
\begin{pmatrix} b_0' \\ b_1' \\ b_2' \\ b_3' \\ b_4' \\ b_5' \\ b_6' \\ b_7' \end{pmatrix}
=
\begin{pmatrix}
1 & 0 & 0 & 0 & 1 & 1 & 1 & 1 \\
1 & 1 & 0 & 0 & 0 & 1 & 1 & 1 \\
1 & 1 & 1 & 0 & 0 & 0 & 1 & 1 \\
1 & 1 & 1 & 1 & 0 & 0 & 0 & 1 \\
1 & 1 & 1 & 1 & 1 & 0 & 0 & 0 \\
0 & 1 & 1 & 1 & 1 & 1 & 0 & 0 \\
0 & 0 & 1 & 1 & 1 & 1 & 1 & 0 \\
0 & 0 & 1 & 1 & 1 & 1 & 1 & 1
\end{pmatrix}
\begin{pmatrix} b_0 \\ b_1 \\ b_2 \\ b_3 \\ b_4 \\ b_5 \\ b_6 \\ b_7 \end{pmatrix}
+
\begin{pmatrix} 1 \\ 1 \\ 0 \\ 0 \\ 0 \\ 1 \\ 1 \\ 0 \end{pmatrix}
$$

这里的字节替代变换相当于 DES 中的 S 盒。我们也可以将该变换制作成表格的形式，这样就可以直接进行查询了。制作成的表格如表 3.8 所示。

表 3.8 AES 的 S 盒

		y															
		0	1	2	3	4	5	6	7	8	9	A	B	C	D	E	F
x	0	63	7C	77	7B	F2	6B	6F	C5	30	01	67	2B	FE	D7	AB	76
	1	CA	82	C9	7D	FA	59	47	F0	AD	D4	A2	AF	9C	A4	72	C0
	2	B7	FD	93	26	36	3F	F7	CC	34	A5	E5	F1	71	D8	31	15
	3	04	C7	23	C3	18	96	05	9A	07	12	80	E2	EB	27	B2	75
	4	09	83	2C	1A	1B	6E	5A	A0	52	3B	D6	B3	29	E3	2F	84
	5	53	D1	00	ED	20	FC	B1	5B	6A	CB	BE	39	4A	4C	58	CF
	6	D0	EF	AA	FB	43	4D	33	85	45	F9	02	7F	50	3C	9F	A8
	7	51	A3	40	8F	92	9D	38	F5	BC	B6	DA	21	10	FF	F3	D2
	8	CD	0C	13	EC	5F	97	44	17	C4	A7	7E	3D	64	5D	19	73
	9	60	81	4F	DC	22	2A	90	88	46	EE	B8	14	DE	5E	0B	DB
	A	E0	32	3A	0A	49	06	24	5C	C2	D3	AC	62	91	95	E4	79
	B	E7	C8	37	6D	8D	D5	4E	A9	6C	56	F4	EA	65	7A	AE	08
	C	BA	78	25	2E	1C	A6	B4	C6	E8	DD	74	1F	4B	BD	8B	8A
	D	70	3E	B5	66	48	03	F6	0E	61	35	57	B9	86	C1	1D	9E
	E	E1	F8	98	11	69	D9	8E	94	9B	1E	87	E9	CE	55	28	DF
	F	8C	A1	89	0D	BF	E6	42	68	41	99	2D	0F	B0	54	BB	16

通过查表可以得到字节替代变换的输出。如果状态中的一个字节为 xy，则 S 盒中的第 x 行第 y 列的字节就是字节替代变换的输出结果。例如，6B 经过字节替代变换将变为 7F。

2. 逆字节替代变换(InvSubBytes)

逆字节替代变换是 AES 加密中的一个重要步骤，它实际上是字节替代变换的逆过程。

这个变换首先涉及对每个字节执行仿射变换的逆操作，接着对得到的结果求取在有限域$GF(2^8)$中的乘法逆元。为了简化这个过程，通常会预先制作一个查询表格。这个表格详细列出了所有可能字节值的逆字节替代结果，便于快速查找。

具体来说，在进行逆字节替代变换时，如果要查询一个特定字节的值，比如“7F”，可以使用该字节的高四位“7”来确定表格的行号，用低四位“F”来确定列号。根据这个规则，可以在表格中快速找到“7F”的逆字节替代值，即“6B”。这种方法大大简化了逆变换的计算过程，使得 AES 加密过程更加高效和实用。此表格(如表 3.9)成为了 AES 解密过程中不可或缺的一部分，为解密过程提供了必要的快速参考。

表 3.9 AES 的逆 S 盒

		y															
		0	1	2	3	4	5	6	7	8	9	A	B	C	D	E	F
x	0	52	09	6A	D5	30	36	A5	38	BF	40	A3	9E	81	F3	D7	FB
	1	7C	E3	39	82	9B	2F	FF	87	34	8E	43	44	C4	DE	E9	CB
	2	54	7B	94	32	A6	C2	23	3D	EE	4C	95	0B	42	FA	C3	4E
	3	08	2E	A1	66	28	D9	24	B2	76	5B	A2	49	6D	8B	D1	25
	4	72	F8	F6	64	86	68	98	16	D4	A4	5C	CC	5D	65	B6	92
	5	6C	70	48	50	FD	ED	B9	DA	5E	15	46	57	A7	8D	9D	84
	6	90	D8	AB	00	8C	BC	D3	0A	F7	E4	58	05	B8	B3	45	06
	7	D0	2C	1E	8F	CA	3F	0F	02	C1	AF	BD	03	01	13	8A	6B
	8	3A	91	11	41	4F	67	DC	EA	97	F2	CF	CE	F0	B4	E6	73
	9	96	AC	74	22	E7	AD	35	85	E2	F9	37	E8	1C	75	DF	6E
	A	47	F1	1A	71	1D	29	C5	89	6F	B7	62	0E	AA	18	BE	1B
	B	FC	56	3E	4B	C6	D2	79	20	9A	DB	C0	FE	78	CD	5A	F4
	C	1F	DD	A8	33	88	07	C7	31	B1	12	10	59	27	80	EC	5F
	D	60	51	7F	A9	19	B5	4A	0D	2D	E5	7A	9F	93	C9	9C	EF
	E	A0	E0	3B	4D	AE	2A	F5	B0	C8	EB	BB	3C	83	53	99	61
	F	17	2B	04	7E	BA	77	D6	26	E1	69	14	63	55	21	0C	7D

3. 行移位变换(ShiftRows)

行移位变换对一个状态的每一行进行循环左移，其中第一行保持不变，第二行循环左移 1 个字节，第三行循环左移 2 个字节，第四行循环左移 3 个字节。

4. 逆行移位变换(InvShiftRows)

逆行移位变换是行移位变换的逆变换，它对状态的每一行进行循环右移，其中第一行保持不变，第二行循环右移 1 个字节，第三行循环右移 2 个字节，第四行循环右移 3 个字节。

5. 列混合变换(MixColumns)

列混合变换将状态矩阵中的每一列视为系数在$GF(2^8)$上的次数小于 4 的多项式与同

一个固定的多项式 $a(x)$ 进行模多项式 $m(x)=x^4+1$ 的乘法运算。在 AES 中，$a(x)$为

$$a(x)=\{03\}x^3+\{01\}x^2+\{01\}x+\{02\}$$

由前面的讨论可知，列混合运算可以写成 GF(2^8)上的矩阵乘法形式，即

$$\begin{pmatrix} b_0 \\ b_1 \\ b_2 \\ b_3 \end{pmatrix} = \begin{pmatrix} 02 & 03 & 01 & 01 \\ 01 & 02 & 03 & 01 \\ 01 & 01 & 02 & 03 \\ 03 & 01 & 01 & 02 \end{pmatrix} \begin{pmatrix} a_0 \\ a_1 \\ a_2 \\ a_3 \end{pmatrix}$$

其中，各分量之间的乘法和加法均为有限域 GF(2^8)上的运算。

6. 逆列混合变换(InvMixColumns)

逆列混合变换是列混合变换的逆，它将状态矩阵中的每一列视为系数在 GF(2^8) 上的次数小于 4 的多项式与同一个固定的多项式 $a^{-1}(x)$ 进行模多项式 $m(x)=x^4+1$ 的乘法运算。$a^{-1}(x)$为

$$a^{-1}(x)=\{0B\}x^3+\{0D\}x^2+\{09\}x+\{0E\}$$

同样，这也可以写成 GF(2^8)上的矩阵乘法形式，即

$$\begin{pmatrix} b_0 \\ b_1 \\ b_2 \\ b_3 \end{pmatrix} = \begin{pmatrix} 0E & 0B & 0D & 09 \\ 09 & 0E & 0B & 0D \\ 0D & 09 & 0E & 0B \\ 0B & 0D & 09 & 0E \end{pmatrix} \begin{pmatrix} a_0 \\ a_1 \\ a_2 \\ a_3 \end{pmatrix}$$

其中，各分量之间的乘法和加法均为有限域 GF(2^8)上的运算。

7. 轮密钥加变换(AddRoundKey)

在轮密钥加变换中，将状态矩阵与子密钥矩阵的对应字节逐比特异或。其中，每一个轮的子密钥由初始密钥通过密钥扩展算法得到。轮密钥加变换的逆变换就是其本身，因为其中仅使用了异或运算。

如果要利用 AES 加密一个明文，首先要将明文分组复制到状态矩阵，经过初始的轮密钥加后，执行 N_r-1 轮函数来变换状态矩阵，然后执行最后一轮(也就是第 N_r 轮)函数变换。最后一轮函数变换与前 N_r-1 轮函数变换不同之处在于这一轮没有列混合变换。最后将状态矩阵中的各字节按顺序输出就得到了密文。AES 加密过程的伪代码表示如下。

```
Cipher(byte in[4 * Nb], byte out[4 * Nb], word w[Nb * Nr+1])
begin
    byte state[4, Nb]
    state=in
    AddRoundKey(state, w[0, Nb-1])
    for round=1 step 1 to Nr-1
       SubBytes(state)
       ShiftRows(state)
       MixColumns(state)
       AddRoundKey(state, w[round * Nb, (round+1) * Nb-1])
    end for
    SubBytes(state)
```

```
    ShiftRows(state)
    AddRoundKey(state, w[Nr * Nb, (Nr+1) * Nb-1])
    Out=state
end
```

以密钥长度为128比特为例，图3.12给出了AES具体的加密和解密过程。

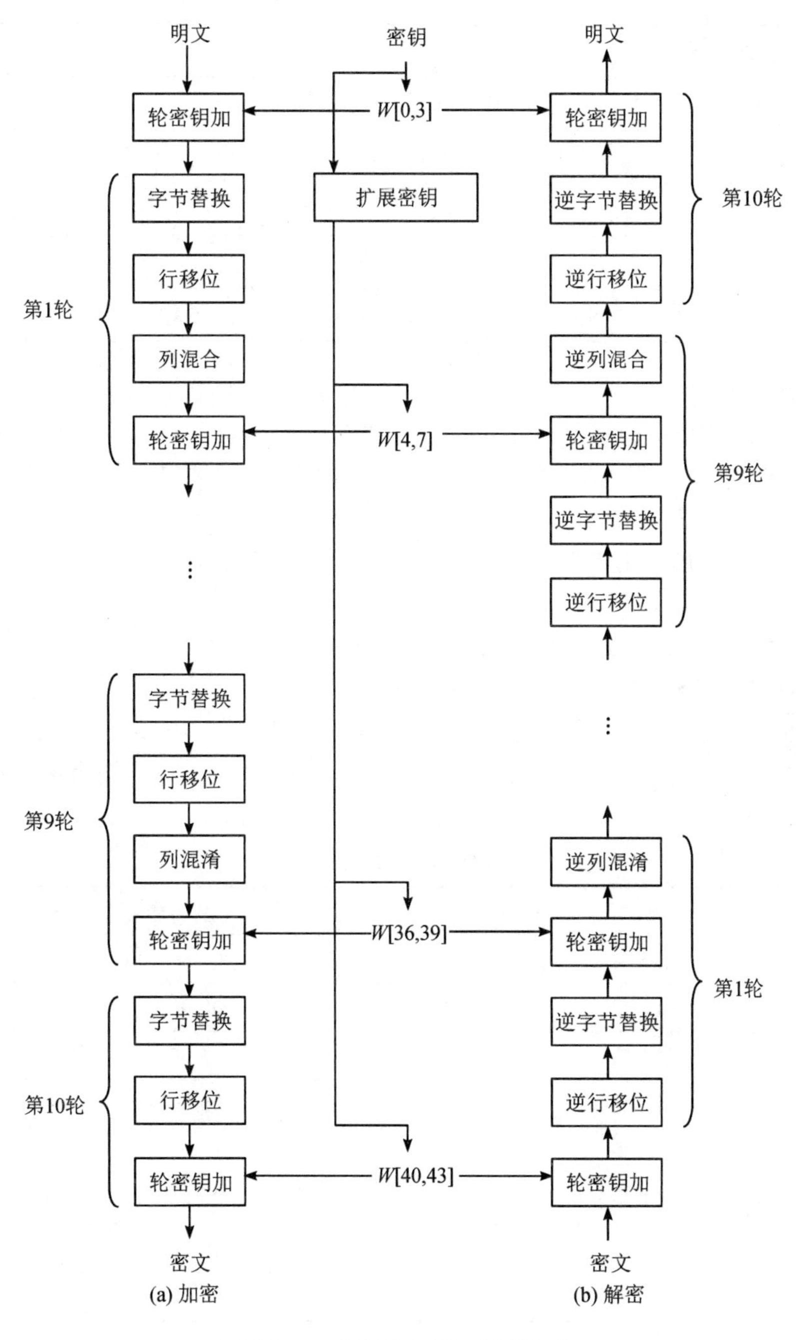

图3.12 AES的加密和解密过程

密钥扩展算法总共生成$N_b(N_r+1)$个字，该算法需要一个N_b个字组成的初始集合，

N_r 轮中的每一轮需要 N_b 个字的密钥数据。类似于状态矩阵，密钥也用状态矩阵形式进行编排，编排结果的每一列分别作为一个字，记为 $w[i]$，$0 \leqslant i < N_b(N_r+1)$，其中前 N_k 个字的加密密钥就是种子密钥，后面的字是根据前面的字递归定义的。每轮使用的子密钥如表 3.10 所示。

表 3.10 子密钥的使用情况

轮数	字
初始轮	$w[0]$ $w[1]$ $w[2]$ $w[3]$
第 1 轮	$w[4]$ $w[5]$ $w[6]$ $w[7]$
第 2 轮	$w[8]$ $w[9]$ $w[10]$ $w[11]$
⋮	⋮
第 N_r 轮	$w[4N_r]$ $w[4N_r+1]$ $w[4N_r+2]$ $w[4N_r+3]$

由伪代码可知，前 N_k 字由种子密钥直接填充，即 $w[0]$、$w[1]$、$w[2]$和 $w[3]$连接起来就是种子密钥。接下来的每个字 $w[i]$，等于其前一个字 $w[i-1]$与 N_k 个位置之前的字 $w[i-N_k]$的异或。对于 N_k 的整数倍位置的字，在异或之前，要对 $w[i-1]$进行一次变换，该变换由下面三个步骤组成：

(1) 将 $w[i-1]$循环左移 1 个字节(RotWord 操作)。例如，(a_0, a_1, a_2, a_3)循环左移 1 个字节后变为(a_1, a_2, a_3, a_0)。

(2) 将第(1)步的结果做一次字替代变换(SubWord 操作)，即对字中的 4 个字节分别查表 3.8 就可以得到结果。

(3) 将第(2)步的结果异或上一个轮常数。轮常数字数组 Rcon$[i]$的值为$(x^{i-1}$, 00, 00, 00)，其中 i 从 1 开始，而不是 0，x^{i-1} 是有限域 GF(2^8)上 x(x 记为{02})的指数幂。表 3.11 给出了密钥长度为 128 比特时的轮常数值。

表 3.11 轮常数值

轮数	轮常数值
第 1 轮	01 00 00 00
第 2 轮	02 00 00 00
第 3 轮	04 00 00 00
第 4 轮	08 00 00 00
第 5 轮	10 00 00 00
第 6 轮	20 00 00 00
第 7 轮	40 00 00 00
第 8 轮	80 00 00 00
第 9 轮	1B 00 00 00
第 10 轮	36 00 00 00

需要注意，256比特密钥($N_k=8$)的密钥扩展过程与128比特和192比特密钥的稍有不同。如果$N_k=8$且$i-4$是N_k的整数倍，异或之前要对$w[i-1]$做一次字替代变换。

3.4.3 AES的安全性

在AES加密算法中，设计者采取了一系列复杂且高效的技术手段，以增强其安全性并抵御各种已知攻击。首先，AES在每轮加密中使用了不同的常数，这一措施有效消除了密钥的对称性，进而增加了破解的难度；其次，算法中应用了非线性的密钥扩展算法，这种算法设计确保了即使是相似的密钥也会产生截然不同的扩展密钥序列，从而降低了相同密钥出现的可能性。

更进一步，AES算法在加密和解密过程中采用了不同的变换，有效地消除了弱密钥(Weak Keys)和半弱密钥(Semi-Weak Keys)存在的可能性。弱密钥是指某些特定的密钥，它们在加密过程中可能导致安全性降低，而半弱密钥则是一对密钥，使得用其中一个加密的信息能够被另一个相对容易地解密。AES通过其独特的设计，有效地避免了这类问题。

经过广泛的验证和分析，AES加密算法被证实能有效地抵抗当前已知的多种攻击方法。这些攻击包括但不限于差分攻击(一种通过比较两个相似明文的密文差异来找出密钥的方法)、相关密钥攻击(攻击者尝试利用特定关系的密钥之间的关联性来破解加密系统)和插值攻击(利用数学插值方法来猜测密钥)。AES的这些防御措施确保了其作为一种加密标准的可靠性和安全性，使其成为当今广泛使用的加密技术之一。

思考题3

1. 描述分组密码的基本概念，并解释其与流密码的主要区别。
2. 选择两种不同的分组密码工作模式，比较它们的优缺点及适用场景。
3. 解释DES的历史背景和为什么它被提出来替换早期的加密方法。
4. 描述DES加密过程中的关键步骤，并说明每个步骤的作用。
5. 针对DES的安全性，讨论它的弱点和面临的主要安全威胁。
6. 解释多重DES的工作原理及其相比单重DES在安全性上的改进。
7. 描述AES算法的数学基础，包括它所依赖的主要数学概念和原理。
8. 详细描述AES加密过程的每个步骤，包括密钥扩展、轮密钥加、字节替代、行移位和列混淆等。
9. 讨论AES的安全性，包括它如何抵抗各种已知的加密攻击。
10. 手动执行一轮DES或AES加密算法的过程，给定明文和密钥，展示加密的每一步。
11. 使用不同的工作模式(如ECB、CBC、CFB等)对相同的明文进行加密，并比较结果的差异。
12. 证明：在DES中，如果$y=\mathrm{DES}_k(x)$，则$\bar{y}=\mathrm{DES}_{\bar{k}}(\bar{x})$，其中$\bar{x}$、$\bar{y}$、$\bar{k}$表示$x$、$y$、$k$逐位取反，即0变为1，1变为0。
13. 在DES中，若$\mathrm{DES}_k(x)=\mathrm{DES}_k^{-1}(x)$，则称$k$为弱密钥。试找出四个DES的弱密

钥，并给出证明。

14. 证明：系数在 GF(2^8)上的多项式 $b_3x^3+b_2x^2+b_1+b_0$ 是模 x^4+1 可逆的，当且仅当矩阵

$$\begin{pmatrix} b_0 & b_3 & b_2 & b_1 \\ b_1 & b_0 & b_3 & b_2 \\ b_2 & b_1 & b_0 & b_3 \\ b_3 & b_2 & b_1 & b_0 \end{pmatrix}$$

在 GF(2^8)可逆的。

第4章

Hash 函数与消息认证码

散列函数(Hash Function)，在密码学中也被广泛称为杂凑函数或哈希函数。它的主要功能是将任意长度的数据转换成一个固定长度的数字“指纹”。这个“指纹”是由输入的数据或消息压缩成一个更小、固定格式的摘要来生成的。散列函数通过复杂的算法将输入数据混合、打乱，从而产生一个唯一的输出，即散列值(Hash Values)，有时也称为哈希码(Hash Codes)、哈希和(Hash Sums)或简称哈希(Hashes)。这些散列值对于原始数据来说是独特的，即便是极小的输入差异也能导致完全不同的散列值。

消息认证码(Message Authentication Code，MAC)，作为密码学中的另一个重要工具，也被称作消息鉴别码、文件消息认证码或信息认证码。它通过特定的算法生成一段信息，用于验证消息的完整性和身份认证。在实现消息认证码算法时，常用的是带密钥的散列函数(HMAC)。散列函数结合了密钥的安全性和哈希函数的高效性。

本章将深入探讨散列函数的概念和作用，特别是两种广泛使用的散列函数：MD5(Message-Digest Algorithm 5)和 SHA(Secure Hash Algorithm)。这两种散列函数在维护数字数据的完整性和安全性方面扮演着关键角色。接着，我们将分析针对哈希函数的各种攻击方式，这些攻击尝试破坏哈希函数的唯一性和不可逆性。然后，我们将转向探讨消息认证码的理论和实践，详细介绍 MAC 的概念、关键属性及其实现的主要方法。通过这些内容，读者将获得对散列函数和消息认证码的深入而全面的理解，认识到它们在现代加密和网络安全领域中的不可替代的作用。

4.1 Hash 的基本概念

4.1.1 Hash 的性质和迭代结构

Hash 函数在进行消息认证时必须具备以下性质：

(1) 输入的灵活性：函数能处理任意长度的输入数据。

(2) 输出的固定长度：无论输入数据的大小是多少，输出都是固定长度。

(3) 计算效率：对任意给定的 x，计算 $h(x)$应当容易实现。

(4) 单向性(One-Way)：对于任意给定的 z，找到满足 $h(x)=z$ 的 x 在计算上应当不可行。

(5) 抗弱碰撞性(Weak Collision Resistance)：已知 x，找到不同于 x 的 y，使得 $h(y)=h(x)$在计算上应当不可行。

(6) 抗强碰撞性(Strong Collision Resistance)：找到任意两个不同输入 x，y，使得 $h(y)=h(x)$在计算上应当不可行。

这些性质保证了 Hash 函数在消息认证中的有效性和安全性。单向性意味着从哈希值很难反向推导出原始消息，这对于使用秘密值的认证方法至关重要。抗弱碰撞性和抗强碰撞性确保敌手无法找到具有相同哈希值的不同消息，这在对消息摘要进行签名的场景中尤其重要。实际上，由于可能的消息数量是无限的，而可能的哈希值数量是有限的(例如SHA-1 的哈希值长度为 160 位)，不同的消息可能产生相同的哈希值，即碰撞是理论上存在的。但这些性质要求在实际计算中找到碰撞应当是不可行的。

1979 年，Merkle 基于压缩函数 f 提出了一个 Hash 函数的一般结构。目前使用的大多数 Hash 函数如 MD5、SHA 都是采用这种结构，如图 4.1 所示。其中函数的输入 m 被分为 L 个分组 M_0，M_1，…，M_{L-1}，每个分组的长度为 b 比特。如果最后一个分组的长度不够的话，需对其进行填充，最后一个分组还包括消息 m 的长度值。

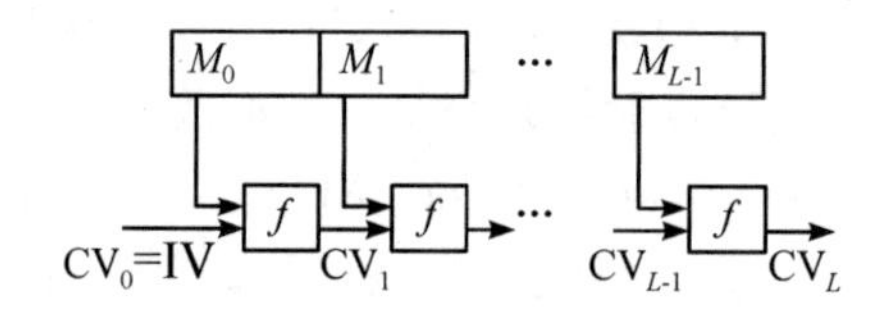

图 4.1 迭代型 Hash 函数的一般结构

算法中重复使用一个压缩函数 f，它的输入有两项，一项是上一轮(第 $i-1$ 轮)输出的 n 比特值 CV_{i-1}，称为链接变量(Chaining Variable)；另一项是算法在本轮(第 i 轮)要输入的 b 比特分组。f 的输出为 n 比特值 CV_i，CV_i 又作为下一轮的输入。算法开始时还需要对链接变量指定一个 n 比特长的初始值 IV，最后一轮输出的链接变量 CV_L 就是最终产生的 Hash 值。通常有 $b>n$，故称 f 为压缩函数。整个 Hash 函数的逻辑关系可表示为

$$CV_0 = IV$$
$$CV_i = f(CV_{i-1}, M_{i-1}),\ 1 \leqslant i \leqslant L$$
$$h(m) = CV_L$$

4.1.2 Hash 的应用

哈希函数在数字安全和数据处理领域扮演着不可或缺的角色，尤其在以下三个方面展现出其重要应用。

1. 数字签名(Digital Signature)

哈希函数能将任何长度的消息压缩成一个固定长度的消息摘要。这种消息摘要的大小通常远小于原消息本身，使得对摘要而非整个消息进行签名在效率上更具优势。在实际应用中，数字签名通常通过对这个压缩后的消息摘要进行处理来实现。这样的做法不仅节省了计算资源，同时还保持了消息内容的安全性。当需要验证消息的真实性时，接收方可以利用相同的哈希函数对消息进行哈希处理，然后将得到的摘要与发送方的数字签名进行对比。若两者相匹配，即可确认消息的完整性和来源的真实性。

2. 生成程序或文档的“数字指纹”

哈希函数在生成程序或文档的“数字指纹”方面也具有极高的价值。对程序或文档应用哈希运算，可以产生一个独特的“数字指纹”。这个“指纹”代表了原始数据的一个压缩性摘要。通过将这个“指纹”与安全存储的原始“指纹”进行比对，可以有效地检测程序或文档是否遭受了病毒感染或未经授权的修改。在数据完整性检查中，这种方法尤其有效。如果生成的哈希值与已保存的值相匹配，这表明数据未被篡改，保持了其原始状态；如果不匹配，则表明数据可能遭到了篡改。

3. 安全存储口令(Password Storage)

在用户身份验证和系统安全方面，哈希函数也发挥着关键作用。系统通过存储用户 ID 及其口令的哈希值，而非口令本身，从而大幅提高了安全性。当用户尝试登录系统时，系统会要求输入口令，随后重新计算输入口令的哈希值，并与系统中保存的哈希值进行对比。如果两者相等，系统则认为口令正确，允许用户登录；如果不相等，则拒绝用户的登录请求。这种方法的优势在于，即使数据被盗取，攻击者也无法直接从哈希值中恢复原始口令，从而有效地保护了用户的隐私和系统的安全。

综上所述，哈希函数在确保数字签名的高效性、保护数据完整性以及安全存储口令等方面发挥着至关重要的作用。通过其独特的数据处理能力，哈希函数成为了现代加密和网络安全领域的基石之一。

4.2　MD5 算法和 SHA 算法

1990 年，著名密码学家 Ron Rivest 设计了一种名为 MD4 的 Hash 算法，这一算法的开发没有依赖于任何特定的假设或现有的密码体制。由于其高效的运算速度和实用性，MD4 迅速受到了业界的广泛关注和青睐。然而，随着时间的推移，研究人员发现 MD4 存在安全性上的缺陷。为了解决这些问题，Rivest 对 MD4 进行了一系列的改进和优化，最终发展成为了我们现在所熟知的 MD5 算法。MD5 算法在安全性上的提升使其成为了一种广泛应用的 Hash 算法，尤其在数据完整性验证和数字签名等领域中得到了广泛应用。

与此同时，美国国家标准与技术研究所(NIST)也在积极推进 Hash 算法的发展。1993 年，NIST 公布了一种名为 SHA-0 的安全 Hash 算法(Secure Hash Algorithm)，并将其定为联邦信息处理标准(FIPS PUB 180)。然而不久后，研究人员发现 SHA-0 存在安全漏洞。针对这一问题，NIST 于 1995 年发布了修订版 FIPS PUB 180-1，通常称之为 SHA-1。SHA-1 算法能够处理长度小于 2^{64} 位的消息，并将其分为 512 位的分组进行处理，最终产生一个 160 位的 Hash 值。SHA-1 的推出，显著提高了 Hash 算法的安全性和可靠性。

随着信息技术的发展和对安全性需求的不断增长，NIST 于 2002 年发布了 FIPS PUB 180-2，引入了 SHA-2 家族。SHA-2 实际上包含了三个不同的 Hash 函数，即 SHA-256、SHA-384 和 SHA-512，其 Hash 值长度分别为 256 位、384 位和 512 位。这一系列的升级使得 SHA-2 家族成为了安全 Hash 算法的新标准。2004 年，为了适应双密钥 3DES 的密钥长度需求，NIST 又通过 FIPS PUB 180－2 的变更通知增加了 SHA-224。

随着对 Hash 函数安全性的不断探索和分析，NIST 于 2007 年启动了一项全球范围内的新一代 Hash 算法 SHA-3 的征集活动。经过三轮严格的评估，NIST 于 2012 年 10 月 2 日宣布，由 Guido Bertoni、Joan Daemen、Michaël Peeters 和 Gilles Van Assche 设计的 Keccak 算法获得了 SHA-3 算法的胜利。值得注意的是，SHA-3 并非是用来取代 SHA-2 的，因为到目前为止，SHA-2 并没有被发现有明显的弱点。SHA-3 的引入更多是作为对 SHA-2 的补充，为密码学领域提供更多的选择和灵活性，进一步增强整个信息安全体系的鲁棒性。

4.2.1 MD5

1. 算法描述

MD5 算法的输入为任意长度的消息(图 4.2 中为 K 比特)，对消息按 512 比特长进行处理，输出为 128 比特的 Hash 值。图 4.2 描述了该算法的处理过程，它遵循图 4.1 所示的一般结构。该处理过程包含以下几步：

(1) 填充消息。填充消息使其长度与 448 模 512 同余(即长度≡448 mod 512)。也就是说，填充后的消息长度比 512 的某整数倍少 64 比特，留出的 64 比特供第(2)步使用。即使消息长度满足了要求，仍然需要填充。因此，填充的比特数在 1 到 512 之间。填充由一个 1 后跟足够多个数的 0 组成。例如，如果消息长度为 704 比特，那么在其末尾需要添加 256 比特(1 后面跟 255 个 0)，以便把消息扩展到 960 比特(960 mod 512≡448)。

(2) 填充长度。用 64 比特表示填充前消息的长度，并将其附在步骤(1)所得结果之后(最低有效字节在前)。如果消息长度大于 2^{64}，则以 2^{64} 为模数取模。

上述两步所得消息的长度为 512 的整数倍，图 4.2 中用 512 比特的分组 M_0，M_1，…，M_{L-1} 来表示填充后的消息，所以填充后的消息总长度为 $L\times512$ 比特。消息总长度也可以通过长为 32 比特的字来表示，即填充后的消息可表示为 $Y[0, \cdots, N-1]$，其中 $N=L\times16$。

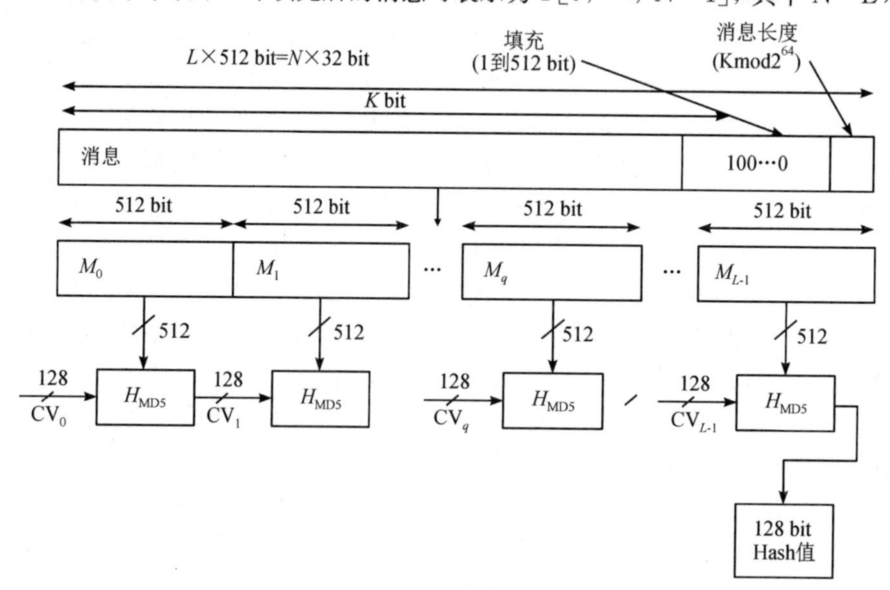

图 4.2 MD5 算法描述

(3) 初始化消息摘要缓冲区。MD5 的中间结果和最终结果保存于 128 比特的缓冲区中，缓冲区用 4 个 32 比特长的寄存器（A，B，C，D）表示，将这些寄存器初始化为下列 32 比特的整数(十六进制)：

A＝67452301

B＝EFCDAB89

C＝98BADCFE

D＝10325476

上述初始值按最低有效字节优先的顺序存储数据，也就是说将最低有效字节存储在低地址字节位置，即：

A：01 23 45 67

B：89 AB CD EF

C：FE DC BA 98

D：76 54 32 10

(4) 以 512 比特的分组(16 个字)为单位处理消息。Hash 函数的核心是压缩函数。在图 4.2 中压缩函数模块标记为 H_{MD5}。H_{MD5} 又由 4 轮运算组成，如图 4.3 所示。H_{MD5} 的 4 轮运算结构相同，但各轮使用的逻辑函数不同，分别为 F、G、H、I。每轮的输入为当前要处理的消息分组 M_q 和缓冲区的当前值 A、B、C、D，输出仍放在缓冲区中用以产生新的 A、

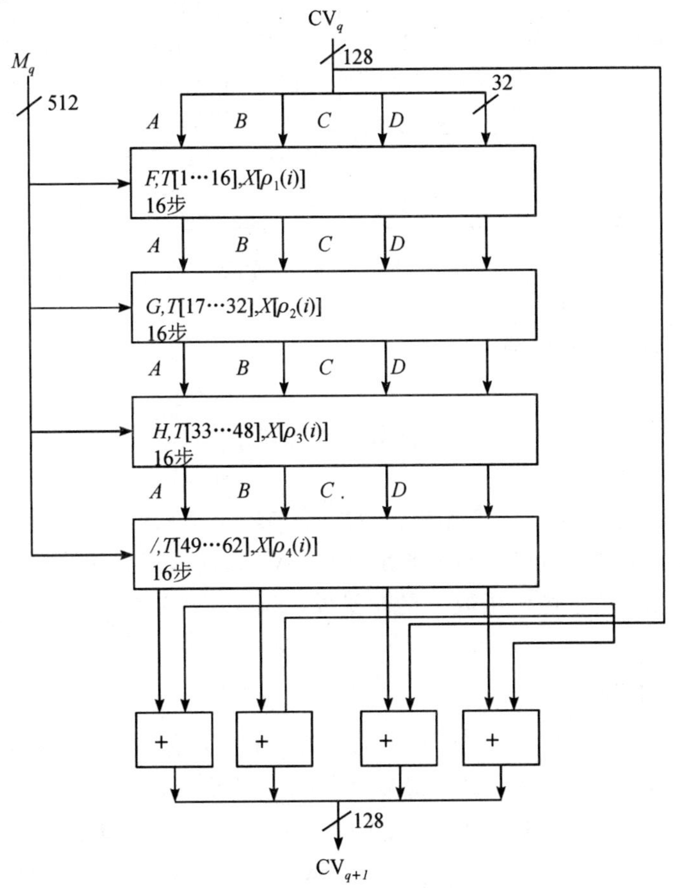

图 4.3　MD5 的分组处理过程

B、C、D。表 T 有 64 个元素，见表 4.1，4 轮分别使用 $T[1\cdots16]$，$T[17\cdots32]$，$T[33\cdots48]$，$T[49\cdots64]$。表 T 是通过正弦函数来构造的，T 的第 i 个元素 $T[i]$为 $2^{32}\times\text{abs}(\sin(i))$的整数部分，其中 i 是以弧度为单位。因为 abs(sin(i))在 0 到 1 之间，所以 $T[i]$可用 32 比特的字来表示。第 4 轮的输出再与第 1 轮的输入 CV_q 相加得到 CV_{q+1}，这里的相加是指缓冲区中的 4 个字与 CV_q 中对应的 4 个字分别模 2^{32} 相加。

表 4.1 从正弦函数构造的表 T

T[1]=D76AA478	T[17]=F61E2562	T[33]=FFFA3942	T[49]=F4292244
T[2]=E8C7B756	T[18]=C040B340	T[34]=8771F681	T[50]=432AFF97
T[3]=242070DB	T[19]=265E5A51	T[35]=699D6122	T[51]=AB9423A7
T[4]=C1BDCEEE	T[20]=E9B6C7AA	T[36]=FDE5380C	T[52]=FC93A039
T[5]=F57COFAF	T[21]=D62F105D	T[37]=A4BEEA44	T[53]=655B59C3
T[6]=4787C62A	T[22]=02441453	T[38]=4BDECFA9	T[54]=8F0CCC92
T[7]=A8304613	T[23]=D8A1E681	T[39]=F6BB4B60	T[55]=FFEFF47D
T[8]=FD469501	T[24]=E7D3FBC8	T[40]=BEBFBC70	T[56]=85845DD1
T[9]=698098D8	T[25]=21E1CDE6	T[41]=289B7EC6	T[57]=6FA87E4F
T[10]=8B44F7AF	T[26]=C33707D6	T[42]=EAA127FA	T[58]=FE2CE6E0
T[11]=FFFF5BB1	T[27]=F4D50D87	T[43]=D4EF3085	T[59]=A3014314
T[12]=895CD7BE	T[28]=455A14ED	T[44]=04881D05	T[60]=4E0811A1
T[13]=6B901122	T[29]=A9E3E905	T[45]=D9D4D039	T[61]=F7537E82
T[14]=FD987193	T[30]=FCEFA3F8	T[46]=E6DB99E5	T[62]=BD3AF235
T[15]=A679438E	T[31]=676F02D9	T[47]=1FA27CF8	T[63]=2AD7D2BB
T[16]=49B40821	T[32]=8D2A4C8A	T[48]=C4AC5665	T[64]=EB86D391

(5) 输出。消息的 L 个分组都被处理完后，最后一个分组的输出即是 128 比特的 Hash 值。

将 MD5 的处理过程归纳如下：

$CV_0=IV$

$CV_{q+1}=\text{SUM}_{32}(CV_q, f_I(M_q, f_H(M_q, f_G(M_q, f_F(M_q, CV_q)))))$

$MD=CV_L$

其中，IV 是第(3)步定义的缓冲区 ABCD 的初值，M_q 是消息的第 q 个 512 比特的分组，L 是消息分组的个数(包括填充的比特和长度域)，CV_q 为处理消息的第 q 个分组时所使用的链接变量，f_x 为使用基本逻辑函数 x 的轮函数，SUM_{32} 为对应字节执行模 2^{32} 加法运算，MD 为最终输出的 Hash 值。

2. MD5 的压缩函数

下面详细讨论压缩函数 H_{MD5} 的每一轮处理过程。H_{MD5} 的每一轮都对缓冲区 ABCD 进行 16 步迭代运算，每步迭代运算形式为(如图 4.4 所示)

$$a \leftarrow b + \text{CLS}_s(a + g(b, c, d) + X[k] + T[i])$$

其中，a、b、c、d 为缓冲区中的 4 个字，运算完后再循环右移 1 个字，就得到了这一步迭代的输出；g 是基本逻辑函数 F、G、H、I 之一；CLS_s 是 32 比特的变量循环左移 s 位，s 的取值见表 4.2；$X[k]=Y[q\times16+k]$，即消息第 q 个分组中的第 k 个字($k=0$，…，15)；

$T[i]$为表 T 中的第 i 个字，+为模 2^{32} 加法。

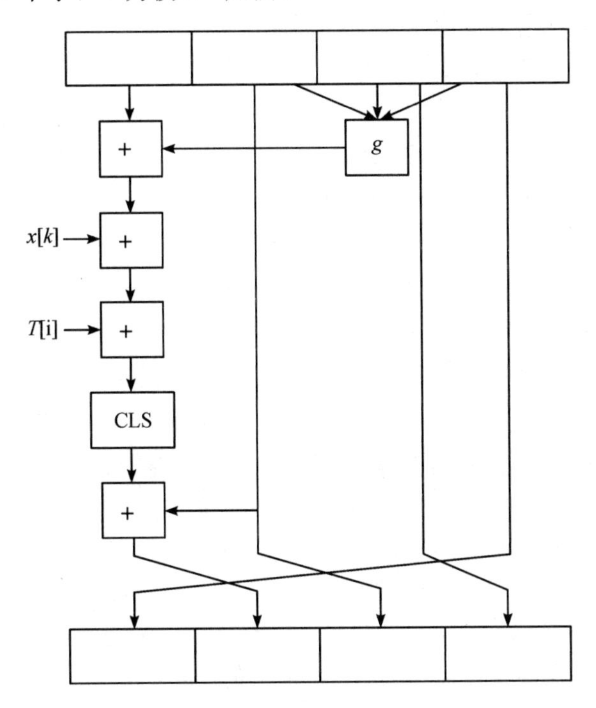

图 4.4　MD5 压缩函数中的一步迭代

表 4.2　压缩函数中每步循环左移位数表

轮数	步数															
	1	2	3	4	5	6	7	8	9	10	11	12	13	14	15	16
1	7	12	17	22	7	12	17	22	7	12	17	22	7	12	17	22
2	5	9	14	20	5	9	14	20	5	9	14	20	5	9	14	20
3	4	11	16	23	4	11	16	23	4	11	16	23	4	11	16	23
4	6	10	15	21	6	10	15	21	6	10	15	21	6	10	15	21

每轮使用一个基本逻辑函数，每个逻辑函数的输入是 3 个 32 比特的字，输出是一个 32 比特的字，其中的运算为逐比特的逻辑运算，即输出的第 n 个比特是 3 个输入的第 n 个比特的函数，函数的定义如表 4.3 所示，其中 $\wedge$，$\vee$，-，$\oplus$，分别为逻辑与、逻辑或、逻辑非和异或运算，表 4.4 给出了这 4 个函数的真值表。

表 4.3　MD5 中基本逻辑函数的定义

轮数	基本逻辑函数	$g(b, c, d)$
1	$F(b, c, d)$	$(b \wedge c) \vee (\bar{b} \wedge d)$
2	$G(b, c, d)$	$(b \wedge d) \vee (c \wedge \bar{d})$
3	$H(b, c, d)$	$b \oplus c \oplus d$
4	$I(b, c, d)$	$c \oplus (b \vee \bar{d})$

表 4.4 MD5 的基本逻辑函数的真值表

b	c	d	F	G	H	I
0	0	0	0	0	0	1
0	0	1	1	0	1	0
0	1	0	0	1	1	0
0	1	1	1	0	0	1
1	0	0	0	0	1	1
1	0	1	0	1	0	1
1	1	0	1	1	0	0
1	1	1	1	1	1	0

当前要处理的 512 比特的分组保存于 $Y[0\cdots15]$，其元素是一个 32 比特的字。$Y[i]$在每轮中恰好被使用一次，不同轮中其使用顺序不同。第 1 轮的使用顺序为初始顺序，第 2～4 轮的使用顺序由下列置换确定：$\rho_2(i)\equiv(1+5i)\text{mod}16$，$\rho_3(i)\equiv(5+3i)\text{mod}16$，$\rho_4(i)\equiv 7i\text{mod}16$，其中 $i=0$，…，15。T 中的每个字在每轮中恰好被使用一次，每步迭代只更新缓冲区 ABCD 中的一个字。因此，缓冲区的每个字在每轮中被更新四次。每轮都使用了循环左移，且不同轮中循环左移的位数不同，这些复杂的变换都是为了使函数具有抗碰撞性。

4.2.2 SHA-1 算法

1. SHA-1 算法描述

SHA-1 算法的输入为长度小于 2^{64} 比特的消息，对消息按 512 比特长的分组为单位进行处理，输出为 160 比特的 Hash 值。该算法的处理过程与 MD5 的处理过程(图 4.2)相似，但 Hash 值和链接变量的长度为 160 比特。SHA-1 的处理过程包含以下几步：

(1) 填充消息：与 MD5 的步骤(1)完全相同。

(2) 填充长度：用 64 比特表示填充前消息的长度，并将其附在步骤①所得结果之后(最高有效字节在前)。如果消息长度大于 2^{64}，则以 2^{64} 为模数取模。值得注意的是，在 MD5 中是按最低有效字节在前填充的。

(3) 初始化消息摘要缓冲区：SHA-1 的中间结果和最终结果保存于 160 比特的缓冲区中，缓冲区用 5 个 32 比特长的寄存器(A，B，C，D，E)表示，这些寄存器初始化为下列 32 比特的整数(十六进制)：A=67452301，B=EFCDAB89，C=98BADCFE，D=10325476，E=C3D2E1F0。其中，前四个值与 MD5 中使用的值相同，但在 SHA-1 中这些值是按最高有效字节优先的顺序存储的，也就是说将最高有效字节存储在低地址字节位置，即如下存储：A：67 45 23 01，B：EF CD AB 89，C：98 BA DC FE，D：10 32 54 76，E：C3 D2 E1 F0。

(4) 以 512 比特的分组(16 个字)为单位处理消息：SHA-1 的压缩函数由 4 轮运算组成，如表 4.5 所示。这 4 轮运算结构相同，但各轮使用的逻辑函数不同，分别为 f_1、f_2、f_3、f_4。每轮的输入为当前要处理的消息分组 M_q 和缓冲区的当前值 A、B、C、D、E，输出仍放在缓冲区中以产生新的 A、B、C、D、E。每轮使用一个加法常量 K_t，其中 $0\leqslant t\leqslant 79$ 表示迭代步数。80 个常量中实际上只有 4 个不同取值，如表 4.5 所示，其中$\lfloor x \rfloor$为 x 的整数部分。第 4 轮的输出再与第 1 轮的输入 CV_q 相加得到 CV_{q+1}，这里的相加是指缓冲区中的 5 个字与 CV_q 中对应的 5 个字分别模 2^{32} 相加。

表 4.5　加法常量 K_t

步数 t	K_t 的十六进制表达	K_t 的十进制表达
$0 \leqslant t \leqslant 19$	5A827999	$\lfloor 2^{30} \times \sqrt{2} \rfloor$
$20 \leqslant t \leqslant 39$	6ED9EBA1	$\lfloor 2^{30} \times \sqrt{3} \rfloor$
$40 \leqslant t \leqslant 59$	8F1BBCDC	$\lfloor 2^{30} \times \sqrt{5} \rfloor$
$60 \leqslant t \leqslant 79$	CA62C1D6	$\lfloor 2^{30} \times \sqrt{10} \rfloor$

(5) 输出：消息的 L 个分组都被处理完后，最后一个分组的输出即是 160 比特的 Hash 值。

我们可以将 SHA-1 的处理过程归纳如下：

$CV_0 = IV$

$CV_{q+1} = SUM_{32}(CV_q, ABCDE_q)$

$MD = CV_L$

其中，IV 是第(3)步定义的缓冲区 $ABCDE$ 的初值，$ABCDE_q$ 是处理第 q 个消息分组时最后一轮的输出，L 是消息分组的个数(包括填充的比特和长度域)，SUM_{32} 为对应字节执行模 2^{32} 加法运算，MD 为最终输出的 Hash 值。

2. SHA-1 的压缩函数

下面详细讨论 SHA-1 的压缩函数的每一轮处理过程。压缩函数的每一轮都对缓冲区 A、B、C、D、E 进行 20 步迭代运算，每步迭代运算形式为(如图 4.5 所示)：

$$A, B, C, D, E \leftarrow (E + f_t(B, C, D) + CLS_5(A) + W_t + K_t), A, CLS_{30}(B), C, D$$

其中，A、B、C、D、E 为缓冲区中的 5 个字，运算完后再循环右移 1 个字，就得到了这一步迭代的输出。t 是迭代的步数($0 \leqslant t \leqslant 79$)，$f_t(B, C, D)$是第 t 步使用的基本逻辑函数。CLS_s 是指 32 比特的变量循环左移 s 位。W_t 是从当前输入的 512 比特的分组导出的 32 比

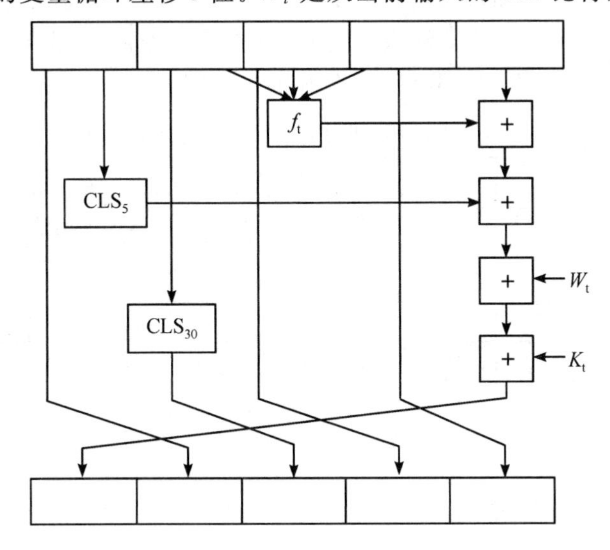

图 4.5　SHA-1 压缩函数中的一步迭代

特长的字，K_t 是加法常量(见表 4.5)，+为模 2^{32} 加法。

每轮使用一个基本逻辑函数，每个逻辑函数的输入是 3 个 32 比特的字，输出是一个 32 比特的字，其中的运算为逐比特的逻辑运算，即输出的第 n 个比特是 3 个输入的第 n 个比特的函数，函数的定义如表 4.6 所示，其中∧、∨、－、⊕分别为逻辑与、逻辑或、逻辑非和异或运算，表 4.7 给出了这些函数的真值表。

表 4.6 SHA-1 中基本逻辑函数的定义

步数	函数名称	函数值
$0 \leqslant t \leqslant 19$	$f_1 = f_t(\mathrm{B}, \mathrm{C}, \mathrm{D})$	$(B \wedge C) \vee (\bar{B} \wedge D)$
$20 \leqslant t \leqslant 39$	$f_2 = f_t(\mathrm{B}, \mathrm{C}, \mathrm{D})$	$B \oplus C \oplus D$
$40 \leqslant t \leqslant 59$	$f_3 = f_t(\mathrm{B}, \mathrm{C}, \mathrm{D})$	$(B \wedge C) \vee (B \wedge D) \vee (C \wedge D)$
$60 \leqslant t \leqslant 79$	$f_4 = f_t(\mathrm{B}, \mathrm{C}, \mathrm{D})$	$B \oplus C \oplus D$

表 4.7 SHA-1 的基本逻辑函数的真值表

B	C	D	f_1	f_2	f_3	f_4
0	0	0	0	0	0	0
0	0	1	1	1	0	1
0	1	0	0	1	0	1
0	1	1	1	0	1	0
1	0	0	0	1	0	1
1	0	1	0	0	1	0
1	1	0	1	0	1	0
1	1	1	1	1	1	1

图 4.6 显示了如何将当前输入的 512 比特的分组导出为 32 比特的字 W_t。W_t 的前 16 个值(即 W_0，W_1，…，W_{15})为当前输入分组的第 t 个字，其余值(即 W_{16}，W_{17}，…，W_{79})为 $W_t = \mathrm{CLS}(W_{t-16} \oplus W_{t-14} \oplus W_{t-8} \oplus W_{t-3})$，即前面 4 个 W_t 值异或后循环左移 1 位的结果。

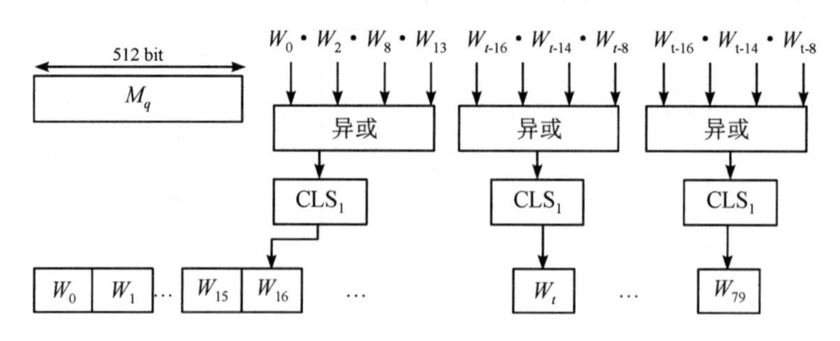

图 4.6 W_t 的产生过程

4.2.3 SHA-256 算法

本节介绍 SHA-256 算法。SHA-256 算法的输入为长度小于 2^{64} bit 的消息，对消息按

512 bit 长的分组为单位进行处理，输出为 256 bit 的 Hash 值。该算法的处理过程与 SHA-1 的处理过程比较相似。

1. SHA-256 算法描述

(1) 填充消息：与 SHA-1 算法的步骤(1)完全相同。

(2) 填充长度：与 SHA-1 算法的步骤(2)完全相同。

(3) 初始化缓冲区：SHA-256 的中间结果和最终结果保存于 256 bit 的缓冲区中，缓冲区用 8 个 32 bit 长的寄存器(A，B，C，D，E，F，G，H)表示，这些寄存器初始化为下列 32 bit 的整数(十六进制)：A＝6A09E667，B＝BB67AE85，C＝3C6EF372，D＝A54FF53A，E＝510E527F，F＝9B05688C，G＝1F83D9AB，H＝5BE0CD19。与 SHA-1 相同，这些值是按最高有效字节优先的顺序存储的。也就是说将最高有效字节存储在低地址字节位置，即如下存储：A：6A 09 E6 67，B：BB 67 AE 85，C：3C 6E F3 72，D：A5 4F F5 3A，E：51 0E 52 7F，F：9B 05 68 8C，G：1F 83 D9 AB，H：5B E0 CD 19。

(4) 以 512 bit 的分组(16 个字)为单位处理消息：SHA-256 的压缩函数由 64 轮运算组成，如图 4.7 所示。这 64 轮运算结构相同。每轮的输入为当前要处理的消息分组 M_q 和缓冲区的当前值 A、B、C、D、E、F、G、H，输出仍放在缓冲区中以产生新的 A、B、C、D、E、F、G、H。每轮使用一个加法常量 K_t，其中 $1 \leqslant t \leqslant 64$ 表示轮数。K_t 是取前 64 个素数的立方根的小数部分的二进制表示的前 32 比特，其作用是提供了 64 比特随机串集合以消除输入数据里的任何规则性，K_t 的具体取值如表 4.8 所示。第 64 轮的输出再与第 1 轮的输入 CV_q 相加得到 CV_{q+1}，这里的相加是指缓冲区中的 8 个字与 CV_q 中对应的 8 个字分别模 2^{32} 相加。

表 4.8　加法常量 K_t

K_1＝428A2F98	K_{17}＝E49B69C1	K_{33}＝27B70A85	K_{49}＝19A4C116
K_2＝71374491	K_{18}＝EFBE4786	K_{34}＝2E1B2138	K_{50}＝1E376C08
K_3＝B5C0FBCF	K_{19}＝0FC19DC6	K_{35}＝4D2C6DFC	K_{51}＝2748774C
K_4＝E9B5DBA5	K_{20}＝240CA1CC	K_{36}＝53380D13	K_{52}＝34B0BCB5
K_5＝3956C25B	K_{21}＝2DE92C6F	K_{37}＝650A7354	K_{53}＝391C0CB3
K_6＝59F111F1	K_{22}＝4A7484AA	K_{38}＝766A0ABB	K_{54}＝4ED8AA4A
K_7＝923F82A4	K_{23}＝5CB0A9DC	K_{39}＝81C2C92E	K_{55}＝5B9CCA4F
K_8＝AB1C5ED5	K_{24}＝76F988DA	K_{40}＝92722C85	K_{56}＝682E6FF3
K_9＝D807AA98	K_{25}＝983E5152	K_{41}＝A2BFE8A1	K_{57}＝748F82EE
K_{10}＝12835B01	K_{26}＝A831C66D	K_{42}＝A81A664B	K_{58}＝78A5636F
K_{11}＝243185BE	K_{27}＝B00327C8	K_{43}＝C24B8B70	K_{59}＝84C87814
K_{12}＝550C7DC3	K_{28}＝BF597FC7	K_{44}＝C76C51A3	K_{60}＝8CC70208
K_{13}＝72BE5D74	K_{29}＝C6E00BF3	K_{45}＝D192E819	K_{61}＝90BEFFFA
K_{14}＝80DEB1FE	K_{30}＝D5A79147	K_{46}＝D6990624	K_{62}＝A4506CEB
K_{15}＝9BDC06A7	K_{31}＝06CA6351	K_{47}＝F40E3585	K_{63}＝BEF9A3F7
K_{16}＝C19BF174	K_{32}＝14292967	K_{48}＝106AA070	K_{64}＝C67178F2

(5) 输出：消息的 L 个分组都被处理完后，最后一个分组的输出即是 256 bit 的 Hash 值。

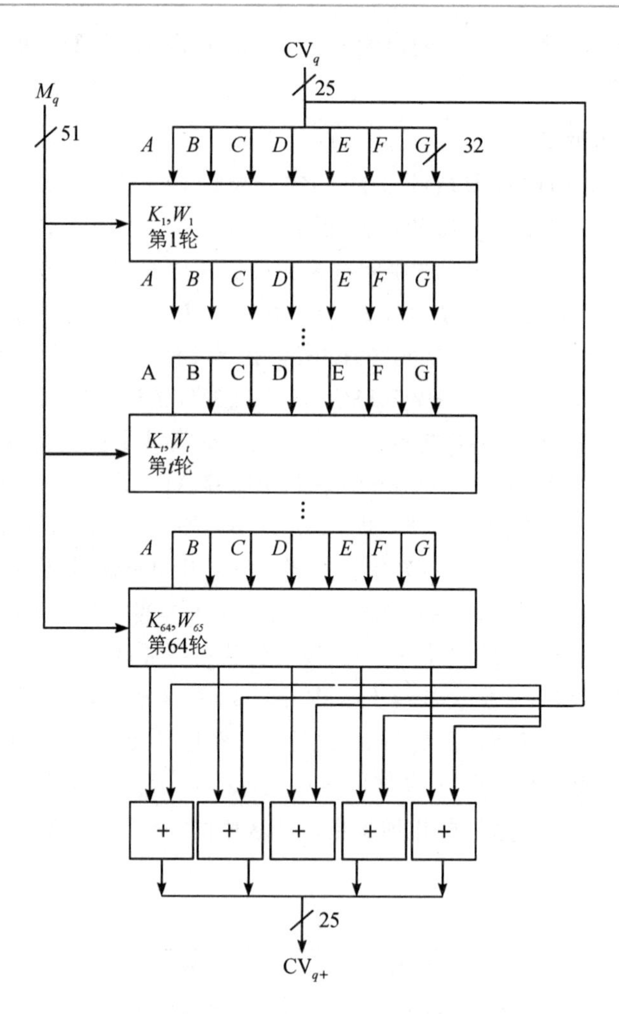

图 4.7　SHA-256 的分组处理过程

2. SHA-256 的轮函数

轮函数是 SHA-256 中最重要的部件，运算形式为如图 4.8 所示，即

$$A=\sum\nolimits_0(A)+\mathrm{Ma}(A,B,C)+\mathrm{Ch}(E,F,G)+H+\sum\nolimits_1(E)+W_t+K_t$$

$$B=A,\ C=B,\ D=C,$$

$$E=D+\mathrm{Ch}(E,F,G)+H+\sum\nolimits_1(E)+W_t+K_t$$

$$F=E,\ G=F,\ H=G$$

其中，t 是轮数，$1\leqslant t\leqslant 64$。

$$\mathrm{Ch}(E,F,G)=(E\wedge F)\oplus(\bar{E}\wedge C)$$

$$\mathrm{Ma}(A,B,,C)=(A\wedge B)\oplus(A\wedge C)\oplus(B\wedge C)$$

$$\sum\nolimits_0(A)=(A>>>2)\oplus(A>>>13)\oplus(A>>>22)$$

$$\sum\nolimits_1(E)=E>>>6)\oplus(E>>>11)\oplus(E>>>25)$$

其中，$\wedge$、$\vee$、-、$\oplus$，$>>>i$ 分别表示逻辑与、逻辑或、逻辑非、异或和将 32 bit 的变量循环右移 i 比特。

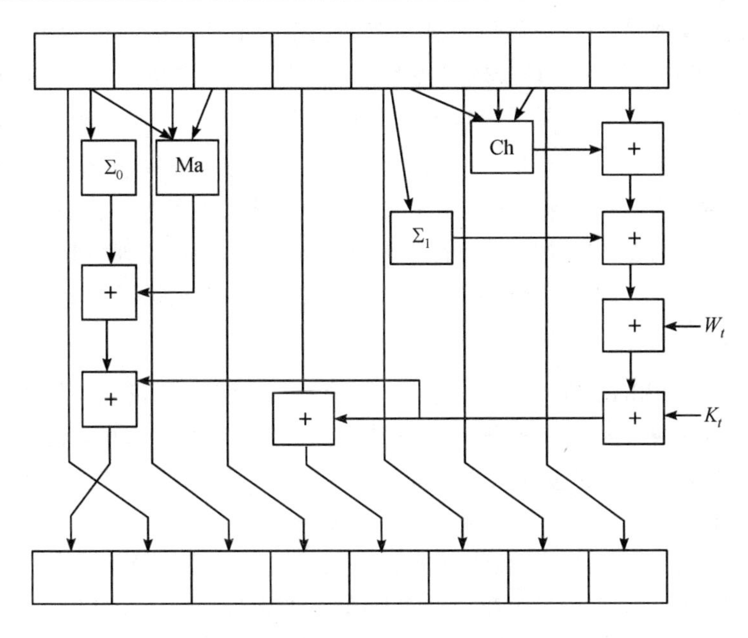

图 4.8　SHA-256 的轮函数

图 4.9 显示了如何将当前输入的 512 bit 的分组导出为 32 bit 的字 W_t。W_t 的前 16 个值(即 W_1, W_2, …, W_{16})为当前输入分组的第 t 个字，其余值(即 W_{17}, W_{18}, …, W_{64})为

$$W_t = W_{t-16} + \sigma_0(W_{t-15}) + W_{t-7} + \sigma_1(W_{t-2})$$

其中，$<<<i$ 为将 32 *bit* 的变量循环左移 i 比特，$\sigma_0(W)=W(>>>7)\oplus(W>>>18)\oplus(W<<<3)$，$\sigma_1(W)=(W>>>17)\oplus(W>>>19)\oplus(W<<<10)$。

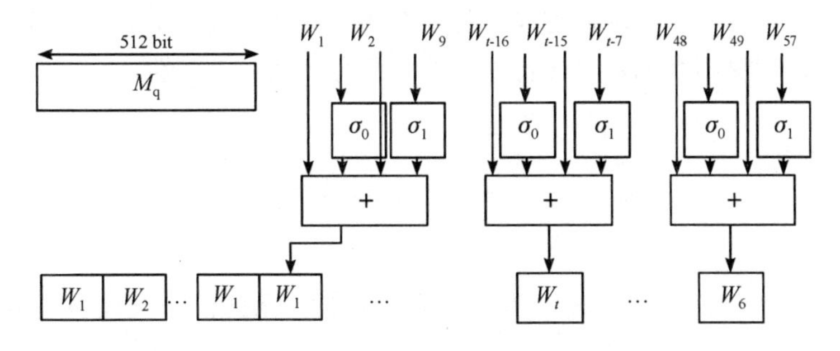

图 4.9　W_t 的产生过程

4.3　Hash 的攻击

评估哈希(Hash)函数的安全性的一个重要方法是考察攻击者发现碰撞消息对所需代价的大小。当攻击者熟悉哈希算法时，其主要目标是发现一对或更多对产生碰撞的消息。以下是分析哈希函数常用的几种方法。

1. 生日攻击(Birthday Attack)

生日攻击是一种分析哈希函数并计算碰撞消息的通用方法，它并不依赖于哈希函数的具体结构或任何代数弱点，而是基于消息摘要的长度。生日攻击的概念源自“生日悖论”，即在 23 人中至少有两人同日生日的概率超过 50%。在哈希函数的语境中，找到两个产生相同哈希值的不同消息的过程类似于寻找两个生日相同的人。基于这一概念，如果哈希函数 $F: X \to Y$ 将输入映射到一个包含 t 个值的集合 Y，那么随机选取 $\sqrt{t}$ 个元素就能以 50%的概率产生一个碰撞。因此，这种攻击暗示了安全消息摘要长度的下界。例如，40 bit 的消息摘要非常不安全，因为在 220 个随机哈希值中就有 50%的概率找到一个碰撞。通常，建议消息摘要的长度至少为 128 bit。例如，安全哈希算法 SHA-1 选择了 160 bit 的输出长度。

2. 差分攻击(Differential Attack)

差分分析最初由 Biham 和 Shamir 提出，用于分析迭代分组密码，其核心思想是通过分析明文差异对应的密文差异来推断可能的密钥。在哈希函数分析中，模差分分析更为有效，主要因为多数哈希函数的基本操作，包括每一步的操作，大都是模加运算。特别是每步的最后操作都是模加运算，这决定了最终输出的差分。

2004 年，在美国的密码学会议(Crypto 2004)上，来自中国山东大学的王小云教授的关于破解 MD5、HAVAL-128、MD4 和 RIPEMD 算法的报告震惊了全球密码学界。当时，尽管全球密码学界普遍认为 SHA-1 是安全的，但王小云不久后宣布了对 SHA-1 的成功攻击，再次震动了密码学界。王小云的攻击方法主要基于模差分分析。通过分析每个循环中模减差分和异或差分，她提出了一系列有效的新哈希函数攻击方法。虽然从技术上来说，MD5 和 SHA-1 的碰撞可以在短时间内被发现，并不意味着这两种算法完全失效，但王小云的研究无疑表明，在短时间内找到 MD5 和 SHA-1 的碰撞已经成为可能。

这些攻击方法不仅揭示了哈希函数的潜在脆弱性，而且促进了密码学领域对更加安全的哈希算法的研究和开发。随着计算能力的不断提升，哈希函数面临的安全挑战也在不断增加，这要求密码学家不断创新以保持加密技术的有效性和安全性。

4.4 消息认证码

信息安全的核心目标之一是确保消息的安全传输，保护信息免受各种攻击，如窃听、伪造或篡改。在这个数字化世界里，信息的保密性和完整性是至关重要的，尤其是在开放网络环境下。为了有效对抗这些安全威胁，消息认证(Message Authentication)技术发挥了至关重要的作用。它不仅在多种信息系统中确保了信息的安全，还在许多日常应用中提供了必要的保护。

消息认证的主要目的可以概括为两个方面：

(1) 验证信息来源的真实性(信息源认证)。这一方面的目标是确认信息确实来自声称的发送者。在数字通信中，信息可能来自不同的来源，而确认这些信息的真实来源对于保障信息的可靠性和信任度至关重要。信息源认证通过各种技术手段(如数字签名)来保证，确保接收方能够验证每条信息都是由合法来源发送的。

(2) 保证消息的完整性。这涉及验证信息在传输和存储过程中未被篡改、伪造或以其他方式破坏。消息的完整性对于保持信息的可靠性和准确性至关重要。任何信息的未授权

修改都可能导致严重的安全隐患，甚至是灾难性的后果。例如，在金融交易中，即使是微小的信息篡改也可能导致巨大的经济损失。

在现代的网络环境中，实现有效的消息认证是一项挑战，它要求综合使用加密技术、散列函数、数字签名等多种工具和算法。通过这些技术，可以对发送的每条消息进行加密处理，确保只有合法的接收方方能够解密并阅读原始内容。同时，数字签名和散列函数等工具可以用来验证信息是否在传输过程中被篡改，从而确保信息的完整性。总而言之，消息认证在保障信息安全领域中扮演了不可或缺的角色。它不仅保护了信息免受未授权的访问，还确保了信息的真实性和完整性。随着网络技术的不断发展和网络攻击手段的不断进步，消息认证的方法和技术也在不断地演化和升级，以适应日益增长的安全需求。

4.4.1　消息认证码的概念和属性

消息认证码(MAC，Message Authentication Code)是一种消息认证技术，它利用消息和双方共享的密钥通过认证函数来生成一个固定长度的数据块，并将该数据块附加在消息后。如图 4.10 所示，发送方 A 和接收方 B 共享密钥 K，若 A 向 B 发送消息 M，则 A 计算 MAC$=C(K, M)$，其中 C 是认证函数，MAC 是消息认证码(也称 MAC)。原始消息和 MAC 一起发送给接收方。接收方对收到的消息 M'用相同的密钥进行相同认证函数的计算得出新的 MAC′，然后将接收到的 MAC 与其计算出的 MAC′进行比较。如果假定只有收发双方知道该密钥，那么若接收到的 MAC 与计算得出的 MAC′相等，则：

(1) 接收方可以相信消息未被修改，因为攻击者能够改变消息，但他不能伪造对应的 MAC 值，而攻击者不知道只有发送方和接收方才知道的密钥。

(2) 接收方可以确信消息来自真正的发送方，因为除发送方和接收方外无其他第三方知道密钥，因此第三方不能产生正确的消息和 MAC 值。

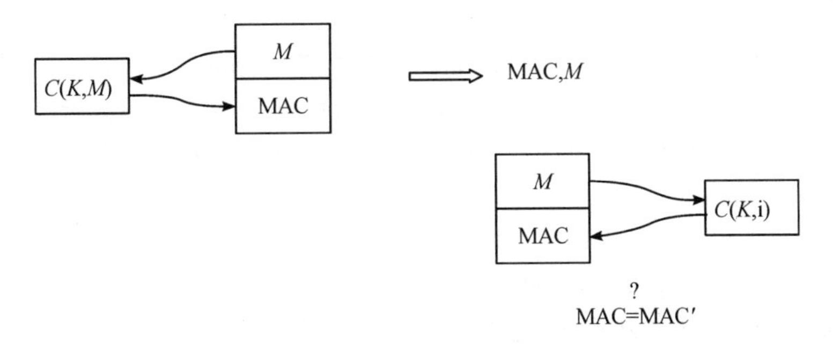

图 4.10　消息认证码的执行过程

即使涉及共享密钥 K，MAC 函数不同于加密算法。两者的本质区别是 MAC 算法不要求可逆但加密算法则必须是可逆的；另外输出的结果也有区别。MAC 函数输出的 MAC 是定长，而加密算法输出的密文长度与明文长度有关。但是，MAC 函数也可以利用加密函数来构造。

使用 MAC 的动机通常为：A 和 B 想确保他们能检测到传输过程中对消息 M 的任何修改。为此，B 计算的 MAC 是消息和共享私钥 K 的函数，并将消息 M 和验证标签 MAC 一起发送给 A。A 在接收到 MAC‖M 时将对这两者进行验证。由于这是一个对称设定，A 在发送消息时所执行的操作与 B 完全相同：他只需使用收到的消息和对称密钥重新计算认证标签即可。

此系统的底层假设为：如果消息 M 在传输过程中被修改了，则 MAC 计算会得到一个错误结果，进而提供了消息完整性的安全服务。此外，A 现在可以确定 B 就是消息的发起人，因为只有拥有相同私钥 K 的双方才有可能计算 MAC。如果敌手在传输过程中修改了消息，他不可能计算出有效的 MAC，因为他没有密钥。任何恶意或无意(比如由于传输错误而造成的)地伪造消息的行为都可以被接收者检测到，因为这种情况下 MAC 会验证失败。从 A 的角度而言，这意味着 B 一定生成了 MAC。从安全服务来说，这也提供了消息验证安全服务。

MAC 具有以下的属性：

(1) 密码学校验和：给定一个消息，MAC 可以生成一个密码学安全的验证标签。

(2) 对称性：MAC 基于秘密对称密钥，签名方和验证方必须共享一个密钥。

(3) 任意的消息大小：MAC 可以接受任意长度的消息。

(4) 固定的输出长度：MAC 生成固定长度的验证标签。

(5) 消息完整性：在传输过程中对消息的任何修改都能被接收者检测到。

(6) 消息验证：接收方可以确定消息的来源。

(7) 不具有不可否认性：由于 MAC 是基于对称原理的，所以它不提供不可否认性。

值得注意的是，MAC 不提供任何不可否认性。由于两个通信方共享一个相同的密钥，所以无法向中立的第三方(比如法官)证明某个消息与其 MAC 最初来自于 A 还是 B。因此，如果 A 或 B 中有一个不诚实，MAC 是不能提供任何保护的。由于这种情况下一个对称密钥并不是与一个人绑定，而是与两方相关，因此在出现分歧的情况下，法官无法区分 A 和 B 中的哪一个撒谎了。

4.4.2 基于 Hash 的消息认证码

由于 MD5 和 SHAl 等这样的散列函数软件执行速度通常比对称分组密码算法要快，因此现在越来越多地利用散列函数来设计 MAC。目前已提出了许多基于散列函数的消息证算法，其中 HMAC(RFC 2104)是实际应用中使用最多的方案，如广泛使用的安全协议 SS(Secure Socket Layer)就使用 HMAC 来实现消息认证功能。HMAC 已作为 FIPS 198 标准发布。

在 RFC2104 中给出了 HMAC 的设计目标：

(1) 不用修改就可以使用适合的散列函数，而且散列函数在软件方面表现很好；

(2) 当发现或需要运算速度更快或更安全的散列函数时，可以很容易地实现底层散列函数的替换。

(3) 密钥的使用和操作简单。

(4) 保持散列函数原有的性能，设计和实现过程没有使之出现明显降低。

(5) 若已知嵌入的散列函数的强度，则完全可以知道认证函数抗密码分析的强度。

前两个目标是 HMAC 为人们所接受的重要原因。HMAC 将散列函数看成“黑盒”有两个好处：一是实现 HMAC 时可将现有的散列函数作为一个模块，这样可以对许多 HMAC 代码预先封装，并在需要时直接使用；二是若希望替代 HMAC 中的散列函数，则只需删去现有的散列函数模块并加入新的模块，如需要更快的散列函数就可以这样处理。更重要的原因是如果嵌入的散列函数的安全受到威胁，那么只需用更安全的散列函数替换嵌入的散列函数，仍可保持HMAC的安全性。最后一个目标实际是HMAC优于其他基于散列函数的认证算法的主要方面，只要嵌入的散列函数有合理的密码分析强度，则可以证明HMAC是安全的。

HMAC算法的实现过程如图4.11所示。图中H表示嵌入的散列函数，IV表示初始链接变量，M表示HMAC的消息输入，L表示M中的分组数，Y_i表示M的第i个分组，b表示每个分组包含的比特数，n表示嵌入的散列函数产生的散列码长度，K表示密钥，一般来说，K的长度不小于n。如果密钥长度大于b，则将密钥作为散列函数的输入而产生一个n位的密钥，K*表示密钥K在左边填充若干个0后所得的结果，ipad表示一个字节的0x36重复b/8次后的结果，opad表示字节0x5C重复b/8次后的结果。

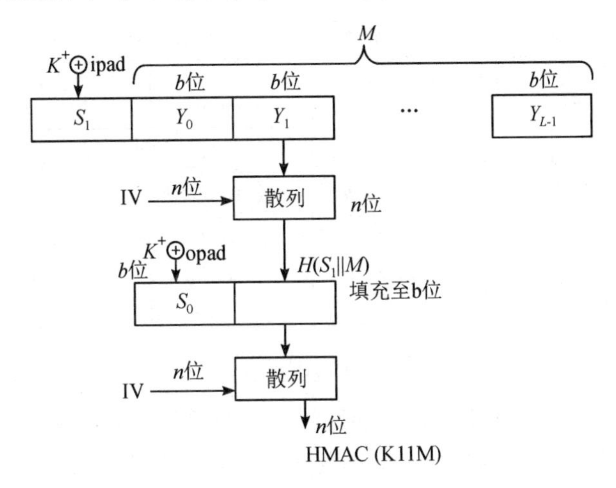

图4.11 HMAC实施过程

HMAC可描述为

$$HMAC(K, M) = H[(K^{+} \oplus opad) \| H[(K^{+} \oplus ipad) \| M]]$$

(1) 在K左边填充若干0得到b位的K^{+}。

(2) 步骤(1)得到的K^{+}与ipad执行按位异或操作产生b位的分组S_1。

(3) 将消息M附加到S_1后。

(4) 对步骤(3)产生的结果用散列函数H计算消息摘要。

(5) K^{+}与opad执行按位异或操作产生b位的分组S_0。

(6) 将步骤(4)生成的消息摘要附于S_0后。

(7) 对步骤(6)产生的结果用散列函数H计算消息摘要，并输出该函数值。

需要强调的是，K^{+}与ipad异或后，其信息位有一半发生变化；同样，K^{+}与opad异或后，其信息位一半发生了变化。HMAC的密钥长度可以是任意长度，最小推荐长度为n比特，因为小于n比特时会显著降低函数的安全性，大于n比特也不会增加安全性。密钥应该随机选取，或者由密码性能良好的伪随机数产生器生成，且需定期更新。

4.4.3 基于DES的消息认证码

CBC-MAC(FIPS PUB113)建立在DES之上，是使用最广泛的MAC算法之一，它也是一个 ANSI 标准(X. 917)。该认证算法采用 DES 运算的密文块链接(CBC)方式，其初始向量为 0，需要认证的数据(如消息、记录、文件和程序等)分成连续的 64 位的分组 D_1，D_2，…，D_v，若最后分组不足 64 位，可在其后填充 0 直至成为 64 位的分组。利用 DES 加密算法和密钥，计算数据认证码(DAC)的过程如图 4.12 所示。

$$O_1 = E(K, D_1)$$
$$O_2 = E(K, [D_1 \oplus O_1])$$
$$O_3 = E(K, [D_3 \oplus O_2])$$
$$\vdots$$
$$O_N = E(K, [D_N \oplus O_{N-1}])$$

其中，DAC 可以是整个块 O_N，也可以截取其最左边的 m 位，其中 $16 \leqslant m \leqslant 64$。

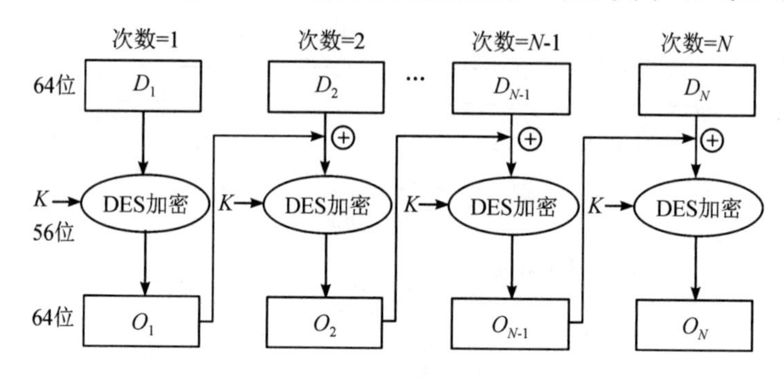

图 4.12 数据认证算法

依据数据认证算法(FIPS PUB 113)的思想，可选用其他分组密码算法(如 AES 等)代替 DES 算法来生成数据认证码(DAC)，同时考虑 DAC 的安全性，分组长度应选更长的。此外，在消息分块时，可在第一块之前开辟一个新块填入原始消息长度，并对 O_N 进行输出处理。

思考题 4

1. 描述 Hash 函数的基本特性。列举至少三个 Hash 函数的关键性质，并解释为什么这些性质对于 Hash 函数来说是重要的。

2. 举例说明 Hash 函数在实际场景中的应用。特别是在安全存储密码和数据完整性验证方面的应用。

3. 解释 MD5 算法的基本工作原理，并讨论它在现代加密技术中的局限性。

4. 对比 SHA-1 和 SHA-256 算法，指出它们的主要差异以及 SHA-256 相对于 SHA-1 的改进之处。

5. 讨论并解释至少两种对 Hash 函数的攻击方法，例如生日攻击和碰撞攻击，并举例说明它们是如何在实际中被执行的。

6. 给定一个简单的消息和一个 Hash 函数(如 SHA-256)，展示如何生成基于 Hash 的消息认证码(HMAC)。

7. 给定一个简单的消息和 DES 密钥，展示如何生成基于 DES 的消息认证码。

8. 列举消息认证码的几个关键属性，并解释为什么这些属性对于保证消息的安全性和完整性至关重要。

9. 阐述一个现实生活中的案例，说明在该案例中如何使用 Hash 函数和消息认证码来增强数据的安全性和完整性。

10. 什么是 Hash 函数？Hash 函数的基本要求和安全性要求是什么？

11. 设 H_1：$\{0, 1\}^{2n} \rightarrow \{0, 1\}^n$ 是一个抗强碰撞性的 Hash 函数。定义 H_2：$\begin{cases} \{0, 1\}^{4n} \rightarrow \{0, 1\}^n \\ x_1 \parallel x_2 \rightarrow H_1(H_1(x_1) \parallel H_1(x_2)) \end{cases}$。其中，$x_1$，$x_2 \in \{0, 1\}^{2n}$。证明 H_2 也是一个抗强碰撞性的 Hash 函数。

12. 简要说明 MD5 和 SHA-1 的相同点和不同点。

13. 在 SHA-1 算法中，计算 W_{16}，W_{17}，W_{18}，W_{19}。

14. 我们用公钥密码体制 RSA 来构造一个 Hash 函数。将 m 分成 k 组，即 $m=m_1\cdots m_k$，固定一个 RSA 密钥(e, n)并定义如下一个 Hash 函数 $h_i=(h_{i-1}^e \bmod n) \oplus m_i$，$i=2, \cdots, k$。其中 $h_1=m_1$，最后一个分组的输出 h_k 即是 Hash 值。试找出上述 Hash 函数的一个碰撞。

第5章

公钥密码

本章旨在深入解析公钥密码体制(Public Key Cryptography)，这是现代密码学中一个至关重要的领域。我们首先介绍公钥密码体制的基本概念和原理并阐述其在确保数字通信安全中的重要性。与传统的对称密钥密码体制不同，公钥密码体制采用两个密钥：一个公开的密钥用于加密，一个私有的密钥用于解密。这种方法不仅大幅简化了密钥分发的难度，还显著提升了通信的安全性。

接下来将深入探讨几种关键的公钥密码算法。首先关注的是RSA公钥密码体制，作为一种广泛应用于加密和数字签名的算法，RSA的安全性基于大数分解的复杂性。我们将详细讨论RSA算法的数学基础，如素数生成和模幂运算以及它在实际应用中面临的挑战和其所具有的优势。此外，我们还将探讨ElGamal公钥密码体制。该算法基于离散对数问题，提供了另一种安全通信方式。我们将讨论其加密过程，涉及密钥生成、数据加密/解密机制及其在维护通信机密性方面的应用。最后，我们将详细介绍椭圆曲线公钥密码体制(ECC)，椭圆曲线密码学基于椭圆曲线数学，因其高安全性和低计算资源需求而闻名。我们将探索椭圆曲线的基本原理以及如何应用于密钥生成和加密过程中，还将讨论ECC在现代加密领域的应用，如加密货币和安全通信协议。

通过本章的学习，读者不仅能够对公钥密码体制及其关键算法有较深入的理解，而且能够领会到这些算法在现代加密技术中的重要性。从RSA的大数分解到ElGamal的离散对数问题，再到ECC的椭圆曲线原理，每一种算法都以其独特的方式加强数据安全、保护信息隐私。这些算法的理解和应用，对于任何希望在数字安全领域有所成就的专业人士来说都是不可或缺的。随着数字通信技术的不断发展和网络安全威胁的日益加深，掌握这些公钥密码学的基本原理和应用方法，对于设计和实现更安全的通信系统至关重要。

5.1 公钥密码的提出

在1976年，Diffie和Hellman通过他们的开创性论文《密码学的新方向》(*New Directions in Cryptography*)首次向世界介绍了公钥密码体制的概念。在当时的情景下，几乎所有的密码体制都是基于替换和置换等初等方法的对称密码体制。公钥密码体制的出现，不仅在方法上与对称密码体制截然不同，更是在密码学的历史上标志着一次革命性的飞跃，甚至可以说，这是密码学史上唯一的一次大革命。

与传统的对称密码体制不同，公钥密码体制的基础不再是简单的替换和置换，而是复杂的数学函数。它的核心特征是非对称性，即使用两个相互独立的密钥：一个用于加密，另一个用于解密。这种独特的密钥安排在保密通信、密钥分配以及认证过程中发挥着至关重要的作用。

公钥密码体制之所以被提出，主要是为了解决两个在传统密码系统中极具挑战性的问题：密钥分配和数字签名。在对称密码体制中，密钥分配的问题主要集中在如何安全地共享和传递密钥。传统方法之一是人工传输初次共享的密钥，这不仅成本高昂，还极度依赖信使的可靠性。另一种方法是依赖于密钥分配中心，这又完全取决于中心的安全性和可靠性。而数字签名问题则涉及如何为电子消息和文件提供一种可靠的、类似于书面文件手写签名的验证方法，确保签名确实出自某特定的人，并得到所有相关方的认可。

公钥密码体制中的加密密钥，即公钥，是公开可获取的信息，不需要保密；解密密钥，即私钥，则必须严格保密。关键的是，给定公钥要计算出与之配对的私钥在计算上是极其困难的。这一特性使得公钥密码体制能够在无需预先密钥交换的情况下建立安全通信，从而克服了对称密码体制中通信双方必须预先共享密钥的问题。

总之，公钥密码体制不仅在技术上开辟了新的方向，更在实践中极大地简化了密钥的管理和分配，同时为数字身份验证和数据完整性提供了强有力的保障。这种体制的出现，无疑是密码学领域的一次巨大突破，对现代加密技术的发展产生了深远的影响。

公钥密码体制有两种基本模型，一种是加密模型，另一种是认证模型。

(1) **加密模型**，如图 5.1(a)所示，接收者 B 产生一对密钥(pk_B，sk_B)，其中 pk_B 是公钥，将其公开，sk_B 是私钥，将其保密。如果 A 要向 B 发送消息 m，A 首先用 B 的公钥 pk_B 加密 m，表示为 $c=E(pk_B, m)$，其中 c 是密文，E 是加密算法，然后发送密文 c 给 B。B 收

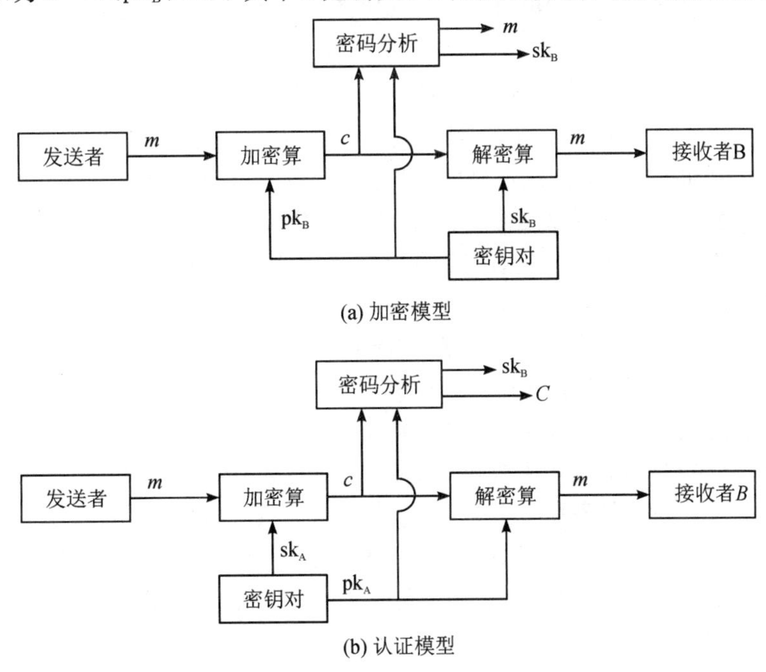

图 5.1　公钥密码体制模型

到密文c后，利用自己的私钥 sk_B 解密，表示为 $m=D(sk_B, c)$，其中 D 是解密算法。密码分析者希望获得消息 m 或者接收者的私钥 sk_B。

(2) **认证模型**。如图5.1(b)所示，A首先用自己的私钥 sk_A 对消息 m 加密，表示为 $c=E(sk_A, m)$，然后发送 c 给B。B收到密文c后，利用A的公钥 pk_A 对 c 解密，表示为 $m=D(pk_A, c)$。由于是用A的私钥对消息加密，只有A才能做到，c就可以看作是A对 m 的数字签名。此外，没有A的私钥，任何人都不能篡改 m，所以上述过程获得了对消息来源和数据完整性的认证。当然，密码分析者希望伪造出一个消息 m 的签名 c 或者得到发送者的私钥 sk_A。

为了同时提供认证功能和保密性，我们可以结合上述两种基本模型，使用两次公钥算法。发送者A首先用自己的私钥 sk_A 对消息 m 加密，得到数字签名，然后再用接收者B的公钥 pk_B 进行第二次加密，表示为

$$c=E(pk_B, E(sk_A, m))$$

B收到密文 c 后，先利用自己的私钥 sk_B 解密，然后再用A的公钥 pk_A 进行第二次解密，表示为

$$m=D(pk_A, D(sk_B, c))$$

这种方法的缺点是每次通信都要执行四次复杂的公钥算法而不是两次。

公钥密码体制是建立在两个相关密钥之上的。Diffie和Hellman假定这一体制是存在的，但没有给出一个具体的算法，不过他们给出了这些算法应满足的条件：

(1) 接收者B产生一对密钥(公钥 pk_B，私钥 sk_B)在计算上是容易的。

(2) 已知接收者的公钥 pk_B 和要加密的消息 m，发送者A产生相应的密文在计算上容易的：$c=E(pk_B, m)$

(3) 接收者B使用自己的私钥对密文解密以恢复明文在计算上是容易的：$m=D(sk_B, c)=D(sk_B, E(pk_B, m))$

(4) 已知公钥 pk_B，敌手要求解私钥 sk_B 在计算上是不可行的。

(5) 已知公钥 pk_B 和密文 c，敌手要恢复明文 m 在计算上是不可行的。我们还可以增加一个条件，尽管非常有用，但并不是所有的公钥密码应用都必须的。

(6) 加密和解密的顺序可以交换：$m=E(pk_B, D(sk_B, m))=D(sk_B, E(pk_B, m))$要满足以上条件，本质上是要找一个陷门单向函数(trapdoor one-way function)。

定义5.1 陷门单向函数是满足下列条件的可逆函数 f：

(1) 对于任意的 x，计算 $y=f(x)$是容易的。

(2) 对于任意的 y，计算 x 使得 $y=f(x)$是困难的。

(3) 存在陷门 t，已知 t 时，对于任意的 y，计算 x 使得 $y=f(x)$则是容易的。

只满足条件(1)和(2)的函数称为单向函数(one-way function)，第(3)条称为陷门性，t 称为陷门信息。一个公钥密码算法能够利用陷门单向函数按如下的方式构造：用函数 f 去加密，解密者根据条件(3)，利用陷门信息 t 即可求出 $x=f^{-1}(y)$，而敌手所面对的问题是直接根据 $y=f(x)$计算 x，条件(2)表明这是不可行的。由此可见，寻找合适的陷门单向函数是构造公钥密码算法的关键。

下面给出一些单向函数的例子，目前大多数公钥密码体制都是基于这些问题构造的。

(1) 大整数分解问题(factorization problem)。

若已知两个大素数 p 和 q，求 $n=pq$ 是容易的，只需一次乘法运算，而由 n，求 p 和 q 则是困难的，这就是大整数分解问题。

(2) 离散对数问题(discrete logarithm problem，DLP)。

给定一个大素数 p，$p-1$ 含另一大素数因子 q，则可构造一个乘法群 $\mathbb{Z}_p$，它是一个 $p-1$ 阶循环群。设 g 是 $\mathbb{Z}_p$ 的一个生成元，$1<g<p-1$。已知 x，求 $y\equiv g^x \bmod p$ 是容易的，而已知 y，g，p，求 x 使得 $y\equiv g^x \bmod p$ 成立则是困难的，这就是离散对数问题。

(3) 多项式求根问题。

有限域 GF(p)上的一个多项式

$$x=f(x)\equiv x^n+a_{n-1}x^{n-1}+\cdots+a_1x+a_0 \bmod p$$

已知 a_0，a_1，…，a_{n-1}，p 和 x，求 y 是容易的，而已知 y，a_0，a_1，…，a_{n-1}，求 x 则是困难的，这就是多项式求根问题。

(4) Diffie-Hellman 问题(Diffie-Hellman problem，DHP)。

给定素数 p，令 g 是 $\mathbb{Z}_p^*$ 的一个生成元。已知 $a=g^x$ 和 $b=g^y$，求 $c=g^{xy}$ 就是 Diffie-Hellman 问题。

(5) 决策性 Diffie-Hellman 问题(decision Diffie-Hellman problem，DDHP)。

给定素数 p，令 g 是 $\mathbb{Z}_p^*$ 的一个生成元。已知 $a=g^x$，$b=g^y$，$c=g^z$，判断等式

$z\equiv xy \bmod p$ 是否成立，这就是决策性 Diffie-Hellman 问题。

(6) 二次剩余问题(quadratic residue problem)。

给定一个合数 n 和整数 a，判断 a 是否为 $\bmod n$ 的二次剩余，这就是二次剩余问题。在 n 的分解未知时，求 $x^2\equiv a \bmod n$ 的解也是一个困难问题。

(7) 背包问题(knapsack problem)。

给定向量 $\boldsymbol{A}=(a_1, a_2, \cdots, a_n)$($a_i$ 为正整数)和 $\boldsymbol{x}=(x_1, x_2, \cdots, x_n)$($x_i\in\{0, 1\}$)，求和式 $S=f(x)=a_1x_1+a_2x_2+\cdots+a_nx_n$ 是容易的，而由 $\boldsymbol{A}$ 和 $\boldsymbol{S}$，求 $\boldsymbol{x}$ 则是困难的，这就是背包问题，又称子集和问题。

5.2 RSA 公钥密码

RSA 公钥密码体制是现代加密技术中应用最广泛的一种密码体制，它的提出可追溯到 1977 年，由三位计算机科学家 Rivest、Shamir 和 Adleman 共同开发，并在 1978 年正式发表。RSA 体系的命名便来源于这三位发明者的姓氏首字母。这一密码体制的出现，标志着公钥加密技术进入一个重要发展阶段，并对之后的加密技术产生了深远的影响。

RSA 算法的核心安全性依赖于一个数学问题——大整数的因子分解问题。在数学上，这个问题可以非常简单地陈述为：给定一个大整数，尝试找出它的质因数。尽管这个问题的表述看似简单，但在实际操作中，尤其是对于非常大的整数，找到其质因数却极其困难。这是因为目前还没有已知的有效算法能在合理时间内完成这样的因子分解，尤其是当涉及数百位的大整数时。正是基于这种计算上的难度，RSA 算法在实际应用中得以保证其安全性。

然而，值得注意的是，RSA 问题的困难性并不完全等同于大整数因子分解问题的困难

性。换句话说，RSA 问题是基于大整数因子分解问题的困难性，但并不比因子分解问题更加困难。这意味着理论上可能存在一种方法可以直接解决 RSA 问题，而无需解决因子分解问题。即便如此，这并不意味着 RSA 算法不安全。实际上，自 RSA 算法被提出以来，尽管经历了数十年的挑战和测试，它仍然被认为是相对安全的加密方法。这主要是因为直至目前为止，还没有任何有效的算法能在实际可行的时间内解决这两个问题。

在 RSA 算法中，加密和解密过程涉及到一对密钥：一个公钥和一个私钥。公钥用于加密信息，而私钥用于解密。RSA 算法的一个关键特点是，尽管公钥是公开的，但由于私钥的生成依赖于一个大整数的因子分解，因此在没有私钥的情况下，即使拥有公钥和加密后的信息，也几乎不可能解密出原始信息。

综上，RSA 公钥密码体制不仅在历史上具有划时代的意义，在当今世界中，无论是数字通信还是数据保护，都发挥着至关重要的作用。它的安全性基础——大整数因子分解的计算困难，至今仍是密码学和数学研究中的热点话题。尽管存在理论上的安全隐患，RSA 算法依然是一个在实践中非常有效和可靠的加密工具。

5.2.1 RSA 算法

1. 密钥生成

(1) 选取两个保密的大素数 p 和 q。

(2) 计算 $n=pq$，$\phi(n)=(p-1)(q-1)$，其中 $\phi(n)$是 n 的欧拉函数值。

(3) 随机选取整数 e，$1<e<\phi(n)$，满足 $\gcd(e, \phi(n))=1$。

(4) 计算 d，满足 $de\equiv 1 \bmod \phi(n)$。

(5) 公钥为(e, n)，私钥为 d。

2. 加密

首先对明文进行比特串分组，使得每个分组对应的十进制数小于 n，然后依次对每个分组 m 做一次加密，所有分组的密文构成的序列即是原始消息的加密结果。即 m 满足 $0\leqslant m<n$，则加密算法为：$c\equiv m^e \bmod n$ c 为密文，且 $0\leqslant c<n$。

3. 解密

对于密文 $0\leqslant c<n$，解密算法为：$m\equiv c^d \text{mon}$，下面证明上述的解密过程是正确的。

因为 $de\equiv 1 \bmod \phi(n)$，所以存在整数 r，使得 $de=1+r\phi(n)$，就有 $e^d \bmod n= m^{ed} \bmod n=m^{1+r\phi(n)} \bmod n$。

当 $\gcd(m, n)=1$，由 Euler 定理知 $m^{\phi(n)}=1 \bmod n$，于是有 $m^{1+r\phi(n)} \bmod n = m(m^{\phi(n)})^r \bmod n=m(1)^r \bmod n=m \bmod n$

当 $\gcd(m, n)\neq 1$ 时，因为 $n=pq$ 并且 p 和 q 都是素数，所以 $\gcd(m, n)$一定为 p 或者 q。不妨设 $\gcd(m, n)=p$，则 m 一定是 p 的倍数，设 $m=xp$，$1\leqslant x<q$。由 Euler 定理知 $m^{\phi(q)}=1 \bmod q$，又因为 $\phi(q)=1-1$，于是有 $m^{q-1}=1 \bmod q$，所以 $(m^{q-1})^{r(p-1)}=1 \bmod q$，即

$$m^{r\phi(n)}\equiv 1 \bmod q$$

于是存在整数 b，使得

$$m^{r\phi(n)}=1+bq$$

对上式两边同乘 m，得到

$$m^{1+r\phi(n)}=m+mbq$$

又因为 $m=xp$，所有

$$m^{1+r\phi(n)}=m+xpbq=m+xbn$$

对上式取模 n 得 $m^{1+r\phi(n)}\equiv m \bmod n$。

综上所述，对任意得 $0\leqslant m<n$，都有 $c^d \bmod n=m^{ed} \bmod n=m \bmod n$。

例 5.1 假设 Bob 和 Alice 想采用 RSA 算法进行保密通信。Bob 选取两个素数 $p=11$，$q=23$，则

$$n=pq=11\times23=253$$

$$\phi(n)=(p-1)(q-1)=10\times22=220$$

Bob 选取一个公钥 $e=139$，显然，$\gcd(139, 220)=1$，计算 $d\equiv e^{-1} \bmod 220=19 \bmod 220$，则公钥为 $(e, n)=(139, 253)$，私钥为 $d=19$。Bob 只需告诉 Alice 他的公钥 $(e, n)=(139, 253)$。假设 Alice 想发送一个消息"Hi"给 Bob。在 ASCII 码中，这个消息可以表示为 0100100001101001。将此比特串分成两组，对应的十进制数为 72105，即明文 $m=(m_1, m_2)=(72, 105)$。Alice 利用 Bob 的公钥加密这两个数：

$$c_1\equiv72^{139} \bmod 253\equiv2$$

$$c_2\equiv105^{139} \bmod 253\equiv101$$

密文 $c=(c_1, c_2)=(2, 101)$。Bob 在收到密文 c 时，利用自己的私钥恢复明文：

$$m_1\equiv2^{19} \bmod 253\equiv72$$

$$m_2\equiv101^{19} \bmod 253\equiv105$$

将这两个数转换成二进制数并从 ASCII 码翻译成字符后，Bob 就可以得到实际的消息"Hi"。

5.2.2 RSA 的安全性

RSA 算法，作为公钥密码体系的一种，其安全性主要取决于 RSA 问题的计算复杂性。RSA 问题可能比大整数的因子分解问题稍易处理，但至今尚无确切结论来衡量二者之间的难易程度。RSA 算法的核心安全假设是：对于一个大整数，将其分解成素因数是非常困难的。然而，这个假设随着计算技术的进步和算法的改进而面临挑战。

针对 RSA 算法的攻击手段多种多样，主要包括数学攻击、穷举攻击、计时攻击和选择密文攻击。这些攻击手段利用 RSA 算法的数学特性或实现中的弱点，尝试破解密钥或解密信息。

1. 数学攻击(Math Attack)

用数学方法攻击 RSA 的途径有以下三种：

(1) 分解 n 为两个素因子。这样就可以计算 $\phi(n)=(p-1)(q-1)$，从而计算出私钥 $d\equiv e^{-1} \bmod \phi(n)$。

(2) 直接确定 $\phi(n)$ 而不先确定 p 和 q。这同样可以确定 $d\equiv e^{-1} \bmod \phi(n)$。

(3) 直接确定 d 而不先确定 $\phi(n)$。

对 RSA 的密码分析主要集中于第一种攻击方法，即将 n 分解为两个素因子。给定 n，

确定 $\phi(n)$等价于分解模数 n。从公钥(e, n)直接确定 d 不会比分解 n 更容易。

随着计算能力的飞速发展和因子分解算法的不断完善，人类对大整数素因子分解的能力也在不断提升。例如，RSA-129(一个 129 位十进制数，大约 428 位二进制数)在 1994 年 4 月通过网络分布式计算，在历时 8 个月后被成功分解。紧接着，RSA-130 和 RSA-160 分别在 1996 年 4 月和 2003 年 4 月被破解。这些成就分别运用了二次筛法、推广的数域筛法和格筛法等分解算法。其中，推广的数域筛法在分解比 RSA-129 更大的数时，计算代价仅为二次筛法的 20%，显示了算法优化的巨大潜力。

鉴于这种情况，使用 RSA 算法时选择足够大的整数 n 至关重要。目前，推荐的 n 长度为 1024 位至 2048 位之间，这可以提供较高的安全保障。然而，随着量子计算等新兴技术的发展，未来可能出现更加高效的分解算法。因此，在实践中，密钥长度和算法的选择应随着技术进步而不断调整以保持 RSA 算法的安全性。此外，密码学界也在积极研究新的加密方法，以应对潜在的威胁，确保数据传输的安全性。

除了选取足够大的大整数外，为避免选取容易分解的整数 n，RSA 的发明人建议 p 和 q 还应满足下列限制条件：

① p 和 q 的长度应该相差仅几位。

② $(p-1)$和$(q-1)$都应有一个大的素因子。

③ $\gcd(p-1, q-1)$应该较少。

④ $e<n$ 且 $d<n^{1/4}$，则 d 很容易被确定。

2. 穷举攻击(Brute Force Attack)

RSA 加密算法同其他密码体系一样，抵抗穷举攻击的主要手段是使用足够大的密钥空间。理论上，密钥的位数越大，算法越安全。然而，密钥长度增加也意味着更复杂的计算，尤其在密钥生成、加密和解密过程中。因此，虽然大密钥提高了安全性，但同时也会导致系统的运行速度变慢，这就需要在安全性和效率之间做出平衡。随着计算能力的增强，现代实践中通常建议使用较长的密钥以确保安全性。

3. 计时攻击(Timing Attack)

计时攻击是一种副信道攻击方式，它通过分析解密操作所需的时间来推测私钥信息。由于解密过程中的某些操作可能会根据私钥的不同位而有不同的执行时间，攻击者可以利用这些时间差异来逐步推断私钥。这种攻击不仅适用于 RSA，也可能影响其他公钥密码体系。为了抵抗计时攻击，通常需要在算法实现中采取一些措施，如引入时间上的随机性或统一操作时间，以掩盖私钥相关的时间变化。

4. 选择密文攻击(Chosen Ciphertext Attack)

在选择密文攻击中，攻击者可以选择一些密文，然后获取这些密文的解密结果，通过分析这些结果来尝试破解密钥或者获取有关密钥的信息。RSA 算法由于其数学特性，特别容易受到这类攻击的影响。为了抵御这种攻击，通常在实践中使用一些额外的协议和技术，如光学加密标准(OAEP)等，来增加攻击的难度。

总体而言，RSA 算法的安全性在很大程度上取决于密钥的长度和实现中的安全措施。随着计算能力的提升和新的攻击方法的出现，确保 RSA 算法的安全性需要不断地更新和调整其参数及实现方式。同时，RSA 算法的实现需要仔细规避那些可能泄露关键信息的漏洞，以确保加密系统的整体安全性。

5.3 ElGamal 公钥密码

ElGamal 公钥密码体制，由 Taher ElGamal 在 1985 年提出，是基于离散对数问题的一种公钥密码体制。该体制的独特之处在于它不仅能用于加密数据，还能用于生成数字签名，提供了一种灵活的加密解决方案。

5.3.1 ElGamal 算法

1. 密钥生成

(1) 选取大素数 p，且要求 $p-1$ 有大素数因子。$g\in\mathbb{Z}_p^*$ 是一个本原元。

(2) 随机选取整数 x，$1\leqslant x\leqslant p-2$，计算 $y\equiv g^x \bmod p$。

(3) 公钥为 y，私钥为 x。

p 和 g 是公共参数，被所有用户所共享，这一点与 RSA 算法是不同的。另外，在 RSA 算法中，每个用户都需要生成两个大素数来建立自己的密钥对(这是很费时的工作)，而 ElGamal 算法只需要生成一个随机数和执行一次模指数运算就可以建立密钥对。

2. 加密

对于明文 $m\in\mathbb{Z}_p^*$，首先随机选取一个整数 k，$1\leqslant k\leqslant p-2$，然后计算 $c_1\equiv g^k \bmod p$，$c_2\equiv my^k \bmod p$ 则密文 $c=(c_1, c_2)$。

3. 解密

为了解密一个密文 $c=(c_1, c_2)$，计算

$$m\equiv\frac{c_2}{c_1^x}\bmod p$$

值得注意的是，ElGamal 体制是非确定性加密，又称为随机化加密(randomized encryption)，它的密文依赖于明文 m 和所选的随机数 k，相同的明文加密两次得到的密文是不相同的，这样做的代价是使数据量扩展了一倍。

下面证明上述的解密过程是正确的。

因为 $y\equiv g^x \bmod p$，所以 $m\equiv\frac{c_2}{c_1^x}\equiv\frac{my^{4}}{g^{xk}}\equiv\frac{mg^{xk}}{g^{xk}}\bmod p$

例 5.2 设 $p=809$，$g=3$，$x=68$，计算 $y\equiv3^{68} \bmod 809\equiv65$。则公钥为 $y=65$，私钥为 $x=68$。若明文 $m=100$，随机选取整数 $k=89$，计算 $c_1\equiv3^{89} \bmod 809\equiv345$，$c_2\equiv100\times65^{89} \bmod 809\equiv517$，密文 $c=(c_1, c_2)=(345, 517)$。解密为 $m\equiv\frac{517}{345^{68}}\bmod 809\equiv100$。

5.3.2 ElGamal 算法的安全性

ElGamal 体制的核心在于其公钥和私钥的生成与应用。在这个体制中，公钥是通过计

算 $y \equiv g^x \bmod p$ 得出的，其中 g 是一个公开的基数，y 是公钥，x 是私钥，而 p 是一个大的素数。这个体制的安全性依赖于从公开的参数 g 和 y 推算出私钥 x 的难度，即解决离散对数问题的难度。直到目前为止，尚未发现一个有效的算法能在有限域上解决离散对数问题。因此，选择一个至少有 160 位长度的大素数 p，以及确保 $p-1$ 有一个大的素因子，是确保 ElGaamal/体制安全性的关键。

ElGamal 体制的一个重要特性是，它对选择密文攻击(Chosen Ciphertext Attack)并不完全安全。这在本书的第 10 章中将有详细讨论。了解这一点对于使用 ElGamal 体制的用户来说至关重要，因为它关系着如何正确地使用这种加密方法以及如何评估相关的安全风险。

另一个密码学领域的重要发展是椭圆曲线密码体制(Elliptic Curve Cryptography，ECC)。总的来说，ElGamal 和 ECC 两种公钥密码体制各有特点和应用领域。ElGamal 以其灵活性和离散对数问题的难度著称，而 ECC 则以其对更短密钥的需求和高度的安全性备受青睐。了解这些密码体制的原理和特性，对于理解现代加密技术的发展和应用至关重要。

5.4 椭圆曲线公钥密码

椭圆曲线密码体制(Elliptic Curve Cryptography，ECC)，是由 Koblitz 和 Miller 在 1985 年独立提出。ECC 的安全性基于椭圆曲线离散对数问题的困难性。与大整数因子分解问题和传统的有限域上的离散对数问题相比，椭圆曲线离散对数问题被普遍认为更难解决。这意味着，相对于其他密码体制，ECC 可以使用更短的密钥长度达到同等的安全性。这个特性使得 ECC 在资源受限的环境中(如移动设备或物联网设备)变得尤为重要。到目前为止，还没有发现求解椭圆曲线离散对数的亚指数算法，这进一步增强了 ECC 作为一种安全可靠的公钥密码体制的地位。

5.4.1 实数域上的椭圆曲线

椭圆曲线并非椭圆，之所以称为椭圆曲线是因为它的曲线方程与计算椭圆周长的方程相似。一般来说，椭圆曲线指的是由维尔斯特拉斯(Weierstrass)方程 $y^2+axy+by=x^3+cx^2+dx+e$ 所确定的曲线，它是由方程的全体解(x, y)再加上一个无穷远点 O 构成的集合，其中 a，b，c，d，e 是满足一些简单条件的实数，x 和 y 也在实数集上取值。上述曲线方程可以通过坐标变换转化为 $y^2=x^3+ax+b$ 形式，由它确定的椭圆曲线常记为 $E(a, b)$，简记为 E。当 $4a^3+27b^2 \neq 0$ 时，称 $E(a, b)$是一条非奇异椭圆曲线。对于非奇异椭圆曲线，我们可以基于集合 $E(a, b)$定义一个群。这是一个 *Abel* 群，具有重要的“加法规则”属性。下面，首先给出加法规则的几何描述，然后给出加法规则的代数描述。

1. 加法的几何描述

椭圆曲线上的加法运算定义如下：如果椭圆曲线上的 3 个点位于同一直线上，那么它们的和为 O。从这个定义出发，我们可以定义椭圆曲线的加法规则：

(1) O 为加法的单位元，对于椭圆曲线上的任何一点 P，有 $P+O=P$。

(2) 对于椭圆曲线上的一点 $P=(x, y)$，它的逆元为 $-P=(x, -y)$。注意到这里有 $P+(-P)=P-P=O$。

(3) 设 P 和 Q 是椭圆曲线上 x 坐标不同的两点，$P+Q$ 的定义如下：作一条通过 P 和 Q 的直线 l 与椭圆曲线相交于 R(这一点是唯一的，除非这条直线在 P 点或 Q 点与该椭圆曲线相切，此时我们分别取 $R=P$ 或 $R=Q$)，然后过 R 点作 y 轴的平行线 l'，l' 与椭圆曲线相交的另一点 S 就是 $P+Q$。如图 5.2 所示。

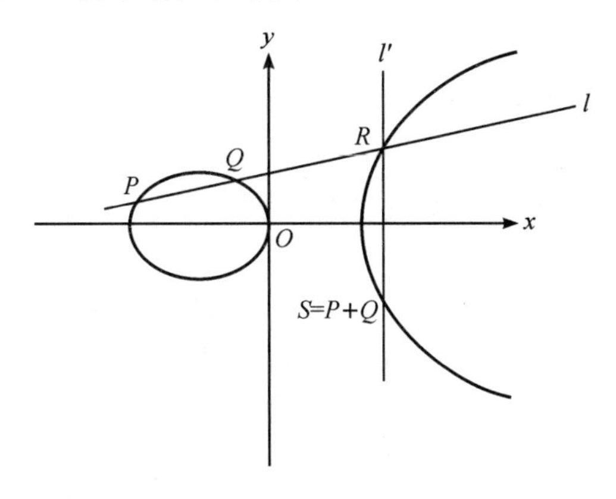

图 5.2 椭圆曲线上点的加法的几何解释

(4) 上述几何解释也适用于具有相同 x 坐标的两个点 P 和 $-P$ 的情形。用一条垂直的线连接这两个，可看做是在无穷远点与椭圆曲线相交，因此有 $P+(-P)=O$。这与上述的第(2)条叙述是一致的。

(5) 为计算点 Q 的两倍，在 Q 点作一条切线并找到与椭圆曲线的另一个交点 T，则 $Q+Q=2Q=-T$。

以上定义的加法具有加法运算的一般性质，如交换律、结合律等。

2. 加法的代数描述

对于椭圆曲线上不互为逆元的两点 $P=(x_1, y_1)$ 和 $Q=(x_2, y_2)$，$S=P+Q=(x_3, y_3)$ 由以下规则确定：

$$x_3=\lambda^2-x_1-x_2$$

$$y_3=\lambda(x_1-x_3)-y_1$$

其中，

$$\lambda=\begin{cases}\dfrac{y_2-y_1}{x_2-x_1}, & p\neq Q\\ \dfrac{3x_1^2+a}{2y_1}, & p=Q\end{cases}$$

5.4.2 有限域上的椭圆曲线

椭圆曲线密码体制使用的是有限域上的椭圆曲线，即变量和系数均为有限域中的元素。有限域 GF(p)上的椭圆曲线是指满足方程 $y^2\equiv(x^3+ax+b)\bmod p$ 的所有点(x, y)再加上一个无穷远点 O 构成的集合，其中，a，b，x 和 y 均在有限域 GF(p)上取值，p 是素数。我们把该椭圆曲线记为 $E_p(a, b)$。该椭圆曲线只有有限个点，其个数 N 由 Hasse 定理确定。

定理 5.1(Hasse 定理)　设 E 是有限域 GF(p)上的椭圆曲线，N 是 E 上点的个数，则

$$p+1-2\sqrt{p} \leqslant N \leqslant p+1+2\sqrt{p}$$

当 $4a^3+27b^2 \pmod p \neq 0$ 时，基于集合 $E_p(a, b)$ 可以定义一个 Abel 群，其加法规则与实数域上描述的代数方法是一致。设 $P, Q \in E_p(a, b)$，则

(1) $P+O=P$。

(2) 如果 $P=(x, y)$，那么 $(x, y)+(x, -y)=O$，即点 $(x, -y)$ 是 P 的加法逆元，表示为 $-P$。

(3) 设 $P=(x_1, y_1)$ 和 $Q=(x_2, y_2)$，$P \neq -Q$，则 $S=P+Q=(x_3, y_3)$ 由以下规则确定：

$$\begin{cases} x_3 \equiv (y^2 - x_1 - x_2) \bmod p \\ y_3 \equiv [\lambda(x_1 - x_3) - y_1] \bmod p \end{cases}$$

其中

$$\lambda \equiv \begin{cases} \dfrac{y_2 - y_1}{x_2 - x_1} \bmod p, \ P \neq Q \\ \dfrac{3x_1^2 + a}{2y_1} \bmod p, \ P = Q \end{cases}$$

(4) 倍点运算定义为重复加法，如 $4P=P+P+P+P$。

例 5.3　设 $p=11$，$a=1$，$b=6$，即椭圆曲线方程为 $y^2 \equiv (x^3+x+6) \bmod 11$，要确定椭圆曲线上的点，可以对每个 $x \in \mathrm{GF}(11)$，首先计算 $z \equiv (x^3+x+6) \bmod 11$，然后再判定 z 是否是模 11 的平方剩余(方程 $y^2 \equiv z \bmod 11$ 是否有解)。如果不是，则椭圆曲线上没有与这一 x 相对应的点；如果是，则求出 z 的两个平方根。该椭圆曲线上的点如表 5.1 所示。

只有当 $x=2, 3, 5, 7, 8, 10$ 时才有点在椭圆曲线上，$E_{11}(1, 6)$ 是由表 5.1 中的点再加上一个无穷远点 O 构成。即

$E_{11}(1, 6)=\{O, (2, 4), (2, 7), (3, 5), (3, 6), (5, 2), (5, 9), (7, 2), (7, 9), (8, 3), (8, 8), (10, 2), (10, 9)\}$

表 5.1　椭圆曲线 $y^2 \equiv (x^3+x+6) \bmod 11$ 上的点

x	0	1	2	3	4	5	6	7	8	9	10
$(x^3+x+6) \bmod 11$	6	8	5	3	8	4	8	4	9	7	4
是否是模 11 的平方剩余	否	否	是	是	否	是	否	是	是	否	是
y			4	5		2		2	3		2
			7	6		9		9	8		9

设 $P=(2, 7)$，我们来计算 $2P=P+P$。首先计算

$$\lambda \equiv \frac{3 \times 2^2 + 1}{2 \times 7} \bmod 11 = \frac{2}{3} \bmod 11 \equiv 8$$

于是

$$x_3 \equiv (8^2 - 2 - 2) \bmod 11 \equiv 5$$

$$y_3 \equiv [8 \times (2 - 5) - 7] \bmod 11 \equiv 2$$

所以 $2P=(5,2)$。同样可以算出 $P=(2,7)$，$2P=(5,2)$，$3P=(8,3)$，$4P=(10,2)$，$5P=(3,6)$，$6P=(7,9)$，$7P=(7,2)$，$8P=(3,5)$，$9P=(10,9)$，$10P=(8,8)$，$11P=(5,9)$，$12P=(2,4)$，$13P=O$。

由此可以看出，$E_{11}(1,6)$是一个循环群，其生成元是 $P=(2,7)$。

5.4.3 椭圆曲线密码体制

为了使用椭圆曲线来构造密码体制，需要找到类似大整数因子分解或离散对数这样的困难问题。

定义 5.2　椭圆曲线 $E_p(a,b)$上点 P 的阶是指满足 $nP=\underbrace{P+P+\cdots+P}_{n}=O$ 的最小正整数，记为 ord(P)，其中 O 是无穷远点。

定义 5.3　设 G 是椭圆曲线 $E_p(a,b)$上的一个循环子群，P 是 G 的一个生成元，$Q\in G$。已知 P 和 Q，求满足 $mP=Q$ 的整数 m，$0\leqslant m\leqslant \mathrm{ord}(P)-1$，称为椭圆曲线上的离散对数问题(elliptic curve discrete logarithm problem)。

1. 椭圆曲线上的 ElGamal 密码体制

在使用一个椭圆曲线密码体制时，我们首先需要将发送的明文 m 编码为椭圆曲线上的点 $P_m=(x_m, y_m)$，然后再对点 P_m 做加密变换，在解密后还得将 P_m 逆向译码才能获得明文。下面对椭圆曲线上的 ElGamal 密码体制做一介绍。

(1) 密钥生成：在椭圆曲线 $E_p(a,b)$上选取一个阶为 n(n 为一个大素数)的生成元 P。随机选取整数 x($1<x<n$)，计算 $Q=xP$。公钥为 Q，私钥为 x。

(2) 加密：为了加密 P_m，随机选取一个整数 k，$1<k<n$，计算 $C_1=kP$，$C_2=P_m+kQ$ 则密文 $c=(C_1, C_2)$。

(3) 解密：为了解密一个密文 $c=(C_1, C_2)$，计算 $C_2-xC_1=P_m+kQ-xkP=P_m+kxP-xkP=P_m$，攻击者要想从 $c=(C_1, C_2)$计算出 P_m，就必须知道 k。而要从 P 和 kP 中计算出 k 将面临求解椭圆曲线上的离散对数问题。

2. 椭圆曲线密码体制的优点

椭圆曲线密码体制(Elliptic Curve Cryptosystem，ECC)相较于传统基于有限域上离散对数问题的公钥密码体制，拥有一系列显著的优势，使其在现代密码学和网络安全领域中显得尤为重要。

(1) 增强的安全性。

椭圆曲线密码体制的一个主要优点是其高安全性。传统的基于有限域上离散对数问题的公钥密码体制，如 RSA 和 DSA，可以通过指数积分法来攻击，其运算复杂度为 $O(\exp\sqrt[3]{(\mathrm{lb}p)(\mathrm{lb}(\mathrm{lb}p)^2)})$，其中 p 是模数(通常为素数)。相比之下，针对椭圆曲线上的离散对数问题的主要攻击方法是大步小步法，其运算复杂度为 $O(\exp(\log\sqrt{p_{\max}}))$，其中 $p_{\max}$ 是椭圆曲线所形成的 Abel 群的阶的最大素因子。由此可见，在相同条件下，椭圆曲线密码体制提供更高的安全性。

(2) 较小的密钥长度。

密钥长度是衡量密码系统实用性的重要因素之一。椭圆曲线密码体制因其算法复杂度的优势，在实现相同安全级别时，所需的密钥长度远小于传统公钥密码体制。较小的密钥长度意味着更低的存储需求和更快的处理速度，这在移动设备和物联网设备等资源受限环境中尤为重要。

(3) 算法灵活性和多样性。

在一个确定的有限域 GF(p)上，其对应的循环群是固定的。但在同一有限域上，可以通过改变椭圆曲线的参数来得到多种不同的曲线，从而形成不同的循环群。这种丰富的群结构和多样性使得椭圆曲线密码体制更加灵活，能够适应多种不同的应用需求。此外，这也使得椭圆曲线密码体制在保持与 RSA/DSA 等体制相同安全强度的同时，能够显著缩短密钥长度，提高运算效率。

综上所述，椭圆曲线密码体制在安全性、密钥长度和算法灵活性方面均展现出显著优势。这些特点使得 ECC 在密码学领域具有广阔的应用前景，特别是在安全性要求高而资源受限的环境中。随着技术的不断进步和应用场景的日益增多，椭圆曲线密码体制的重要性和实用性将愈发凸显。

思考题 5

1. 选择两个较小的质数 p 和 q，计算它们的乘积 $n=pq$ 和欧拉函数 $\varphi(n)$的值。
2. 选择一个加密指数 e 并计算对应的解密指数 d，使得 $ed=1(\bmod \varphi(n))$。
3. 使用选定的 e 和 n 对一个简短的消息进行加密，然后使用 d 和 n 将其解密。
4. 阐述 RSA 安全性所依赖的数学问题。
5. 讨论为什么大质数的选择对 RSA 算法的安全性至关重要。
6. 探索量子计算对 RSA 安全性的潜在影响。
7. 在一个小的循环群中，选择一个生成元 g 和私钥 a，计算公钥 $A=g^a$。
8. 使用公钥 A 对一个简短的消息进行加密，并尝试使用私钥 a 解密。
9. 解释 ElGamal 安全性所依赖的数学问题。
10. 讨论在选择循环群和生成元时需要考虑的安全因素。
11. 给定一个简单实数域上的椭圆曲线方程，识别并绘制该曲线。
12. 对于给定的有限域和椭圆曲线方程并列出曲线上的一些点。
13. 描述在不同的有限域上定义椭圆曲线的步骤。
14. 探讨椭圆曲线密码体制与其他公钥密码体制(如 RSA、ElGamal)在实际应用中的优势及局限性。

第6章 数字签名

作为现代密码学的一个关键分支，数字签名(Digital Signature)扮演着确保信息安全的至关重要的角色。数字签名技术不仅关乎身份验证和数据完整性的保障，还涉及不可否认性和匿名性等多个关键方面。数字签名的应用确保了在数字通信领域传递的信息具有真实性和可靠性。

本章节旨在深入探讨数字签名的基本概念，并为读者提供一个全面的框架以理解其在信息安全领域的多重作用。我们将首先介绍数字签名的定义和工作原理，阐释它如何通过复杂的数学算法来确保电子文档的真实性和完整性。在此基础上，本章将重点介绍几种重要的数字签名方案。首先是RSA签名方案，这是一种广泛使用的公钥加密技术，基于一对密钥(公钥和私钥)实现加密和解密。RSA方案因其高度的安全性和广泛的适用性，在数字签名领域占据着显著的地位。接着，我们将探讨ElGamal签名方案。作为一种基于非对称密钥体系的算法，ElGamal在特定场景中展现出独特的优势，特别是在需要更高安全性的环境中。此外，我们还将详细介绍数字签名标准(DSS)。DSS由美国国家标准技术研究所(NIST)提出，在许多政府和商业系统中得到了广泛应用，它以其高效和稳定的特性在行业中享有良好的声誉。最后，本章将探讨一些较少为人知但同样重要的数字签名技术。尽管这些技术可能不像RSA、ElGamal或DSS那样广为人知，但在特定领域和应用场景中，它们展现出不可忽视的作用。我们将深入分析这些技术的独特特点和应用场景，探讨它们如何补充和扩展现有的数字签名方案。

通过本章的学习，读者将不仅能够深入理解数字签名的基本原理和主要技术，而且能够了解其在实际应用中的多样性和灵活性。这将有助于读者在快速发展的数字世界中更有效地理解和应用这些关键的密码学工具，从而增强信息安全和数据保护能力。

6.1 数字签名的概念

在政治、军事、外交、商业以及日常生活中，签名经常被用作法律认证、批准和生效的重要手段。传统上，人们依靠手写签名或使用印章来实现这一目的。然而，随着数字技术的发展和电子世界的扩张，出现了对传统签名方法的电子化需求。为此，数字签名应运而生并成为了数字信息认证的关键工具。

数字签名具备一系列特性，确保其安全性和有效性：

(1) 不可伪造性(Non-Forgerability)：确保除了签名者本人，任何人都无法伪造其合法签名。

(2) 认证性(Authenticity)：让接收者相信该签名确实出自签名者之手。

(3) 不可重复使用性(Non-Reusability)：确保一个特定消息的签名无法被用于其他任何消息。

(4) 不可修改性(Immutability)：保证一旦消息被签名，其内容就无法更改。

(5) 不可否认性(Non-Repudiation)：防止签名者事后否认自己曾签名的事实。

为了满足这些特性，一个数字签名体系通常包含两个核心组成部分：签名算法(Signature Algorithm)和验证算法(Verification Algorithm)。签名算法用于生成签名，而验证算法用于确认签名的有效性。签名算法的输入是签名者的私钥 sk 和消息 m，输出是对 m 的数字签名，记为 $s=\mathrm{Sig}(\mathrm{sk}, m)$。验证算法输入的是签名者的公钥 pk，消息 m 和签名 s，输出是真或伪，记为：

$$\mathrm{Ver}(\mathrm{pk}, m, s)=\begin{cases}\text{真} & \text{当 } s=\mathrm{Sig}(\mathrm{sk}, m)\\ \text{伪} & \text{当 } s\neq \mathrm{Sig}(\mathrm{sk}, m)\end{cases}$$

算法的安全性在于从 m 和 s 难以推出密钥 k 或伪造一个消息 m' 的签名 s' 使的 (m', s') 可被验证为真。

数字签名是现代加密学和网络安全领域中的一个基本组成部分，它在保证数据完整性、确认身份和提供不可否认性方面发挥着重要作用。数字签名可以根据不同的标准进行分类，这些分类反映了数字签名在多种应用场景中的多样性和灵活性。

1. 按用途分类

数字签名可分为两大类：普通数字签名和具有特殊用途的数字签名。普通数字签名广泛用于各种电子文档和交易中，以验证内容的完整性和签名者的身份。而具有特殊用途的数字签名则适用于特定场合，包括：

(1) 盲签名(Blind Signature)：用于场景，如在线投票或银行交易，其中签名者对消息内容保持无知。

(2) 不可否认签名(Undeniable Signature)：签名者无法否认其签名的有效性，常用于法律和商业文件。

(3) 群签名(Group Signature)：允许群体成员代表整个群体进行签名，同时保持个体的匿名性。

(4) 代理签名(Proxy Signature)：一种允许某人代表原始签名者进行签名的机制，常用于授权和代理场景。

2. 按消息恢复功能分类

数字签名还可以根据是否具有消息恢复功能来分类。具有消息恢复功能的数字签名允许从签名本身恢复整个或部分原始消息，因为不需要额外存储原始消息，可以减少存储空间的需求。相反，不具有消息恢复功能的数字签名需要与原始消息一起存储或传输，以便接收方可以验证签名的真实性。

3. 按使用随机数分类

根据签名生成过程中是否使用随机数，数字签名可分为确定性数字签名和随机化数字签名(Randomized Digital Signature)。确定性数字签名每次对同一消息签名产生相同的结果，而随机化数字签名即使是对同一消息进行签名，每次也会产生不同的签名结果。随机化数字签名通过增加随机性来提高安全性，使得攻击者难以预测或复制签名。

这些分类不仅展示了数字签名技术的多样性，还反映了其在不同应用场景中的灵活性和适应性。从简单的电子邮件签名到复杂的金融交易，数字签名在我们日常生活的许多方面都发挥着重要作用。随着技术的发展，新的数字签名类型和应用可能会出现，进一步丰富这一领域的可能性。

6.2 RSA 数字签名

RSA 密码体制既可以用于加密又可以用于数字签名。下面介绍 RSA 的数字签名功能。

1. 参数与密钥生成

(1) 选取两个保密的大素数 p 和 q。

(2) 计算 $n=pq$，$\phi(n)=(p-1)(q-1)$，其中 $\phi(n)$是 n 的欧拉函数值。

(3) 随机选取整数 e，$1<e<\phi(n)$，满足 $\gcd(e, \phi(n))=1$。

(4) 计算 d，满足 $de\equiv 1 \bmod \phi(n)$。

(5) 公钥为(e, n)，私钥为 d。

2. 签名

对于消息 $m\in Z_n$，签名为 $s\equiv m^d \bmod n$

3. 验证

对于消息签名对(m, s)，如果 $m\equiv s^e \bmod n$ 则 s 是 m 的有效签名。

上述 RSA 数字签名方案存在以下缺陷：

(1) 任何人都可以伪造某签名者对于随机消息 m 的签名 s。其方法是先选取 s，再用该签名者的公钥(e, n)计算 $m\equiv s^e \bmod n$。s 就是该签名者对消息 m 的签名。

(2) 如果敌手知道消息 m_1 和 m_2 的签名分别是 s_1 和 s_2，则敌手可以伪造 m_1m_2 的签名 s_1s_2，这是因为在 RSA 签名方案中，存在以下性质：$(m_1m_2)^d\equiv m_1^d m_2^d \bmod n$

(3) 由于在 RSA 签名方案中，要签名的消息 $m\in\mathbb{Z}_n$，所以每次只能对$\lfloor \mathrm{lb}n \rfloor$位长的消息进行签名。然而，实际需要签名的消息可能比 n 大，解决的办法是对先对消息进行分组，然后对每组消息分别进行签名。这样做的缺点是签名长度变长，运算量增大。

克服上述缺陷的方法之一是在对消息进行签名前先对消息做 Hash 变换，然后对变换后的消息进行签名。即签名为 $s\equiv h(m)^d \bmod n$ 验证时，先计算 $h(m)$，再检查等式$h(m)\equiv s^e \bmod n$ 是否成立。

6.3 ElGamal 数字签名

ElGamal 密码体制是一种多功能的密码系统，既能用于加密，也能用于数字签名。其安全性基于有限域上离散对数问题的复杂性。这一问题在密码学中被广泛认为是难以解决的，因而为ElGamal体系提供了坚实的安全基础。值得注意的是，ElGamal数字签名方案的一个变体已被美国国家标准与技术研究院(NIST)采纳为数字签名标准(DSS)。这标志着ElGamal体系在密码学领域的重要地位及其在实际应用中被广泛认可。

ElGamal体系的一个显著特点是它的随机化数字签名特性。这意味着对于同一消息，由于选用不同的随机数，每次签名产生的结果都将是不同的合法签名。这种随机化特性增加了体系的安全性，因为它使得攻击者难以预测或复制签名过程，从而增强了抵御某些类型攻击的能力。

1. 参数与密钥生成

(1) 选取大素数 p，$g\in\mathbb{Z}_p^*$ 是一个本原元。p 和 g 公开。

(2) 随机选取整数 x，$1\leqslant x\leqslant p-2$，计算 $y\equiv g^x \bmod p$。

(3) 公钥为 y，私钥为 x。

2. 签名

对于消息 m，首先随机选取一个整数 k，$1\leqslant k\leqslant p-2$，然后计算 $r\equiv g^k \bmod p$，$s\equiv [h(m)-xr]k^{-1} \bmod (p-1)$则 m 的签名为(r, s)，其中 h 为 Hash 函数。

3. 验证

对于消息签名对$(m, (r, s))$，如果

$y^r r^s\equiv g^{h(m)} \bmod p$ 则(r, s)是 m 的有效签名。

下面证明上述的算法是正确的。

因为

$$s\equiv[h(m)-xr]k^{-1} \bmod (p-1)$$

我们有

$$\mathrm{sk}+\mathrm{xr}\equiv h(m) \bmod (p-1)$$

所以

$$g^{(h(m)}\equiv g^{(\mathrm{sk}+xr)}\equiv g^{\mathrm{sk}}g^{\mathrm{xr}}\equiv y^r r^s \bmod p$$

例 6.1 设 $p=2357$，$g=2$，$x=1751$，计算 $y\equiv 2^{1751} \bmod 2357=1185$。则公钥为 $y=1185$，私钥为 $x=1751$。假设消息 m 的 Hash 值为 1463，即 $h(m)=1463$，随机选取整数 $k=1529$，计算 $r\equiv 2^{1529} \bmod 2357\equiv 1490$，$s\equiv(1463-1751\times 1490)\times 1529^{-1} \bmod 2356\equiv 1777$，签名为$(r, s)=(1490, 1777)$。接收者在收到消息 m 和签名(r, s)时，先计算 $h(m)=1463$，然后计算 $1185^{1490}\times 1490^{1777}\equiv 1072 \bmod 2357$，$2^{1463}\equiv 1072 \bmod 2357$ 既然验证等式成立，接收者应该相信该签名是合法的。

6.4 数字签名标准

数字签名标准DSS，正式名称为联邦信息处理标准FIPS PUB 186，是由美国NIST制定并公布的一项重要标准。DSS的设计基础主要来源于ElGamal和Schnorr的数字签名体系。在DSS中采用的算法被称为数字签名算法(DSA)，其安全性同样基于离散对数问题的

困难性。这一问题在密码学中被认为是计算上非常复杂的，为 DSA 提供了坚固的安全基础。

不同于 RSA 密码体系，DSS 和其核心组成部分 DSA 专门用于数字签名，而不适用于加密。这一特点使得 DSS 在特定应用场景下更为适用，尤其是在那些对数字签名的安全性和效率要求极高的场合。例如，在电子商务、数据传输和软件分发等领域，DSS 提供了一种既安全又高效的方式来验证数据的完整性和发送者的身份。

1. 参数与密钥生成

(1) 选取大素数 p，满足 $2^{L-1}<p<2^L$，其中 $512\leqslant L\leqslant 1024$ 且 L 是 64 的倍数。显然，p 是 L 位长的素数，L 从 512 到 1024 且是 64 的倍数。

(2) 选取大素数 q，q 是 $p-1$ 的一个素因子且 $2^{159}<q<2^{160}$，即 q 是 160 位的素数且是 $p-1$ 的素因子。

(3) 选取一个生成元 $g=h^{(p-1)/q} \bmod p$，其中 h 是一个整数，满足 $1<h<p-1$ 并且 $h^{(p-1)/q} \bmod p>1$。

(4) 随机选取整数 x，$0<x<q$，计算 $y\equiv g^x \bmod p$。

(5) p、q 和 g 是公开参数，y 为公钥，x 为私钥。

2. 签名

对于消息 m，首先随机选取一个整数 k，$0<k<q$，然后计算 $r\equiv(g^k \bmod p) \bmod q$，$s\equiv k^{-1}[h(m)+xr] \bmod q$ 则 m 的签名为 (r, s)，其中 h 为 Hash 函数，DSS 规定 Hash 函数为 SHA-1。

3. 验证

对于消息签名对 $(m, (r, s))$，首先计算

$$w\equiv s^{-1} \bmod q,\ u_1\equiv h(m)w \bmod q$$

$$u_2\equiv rw \bmod q,\ v\equiv(g^{u_1}y^{u_2} \bmod p) \bmod q$$

然后验证

$$v=r$$

如果等式成立，则 (r, s) 是 m 的有效签名；否则签名无效。

下面证明上述的算法是正确的。

因为 $s\equiv k^{-1}[h(m)+xr] \bmod q$ 所以 $ks\equiv(h(m)+xr) \bmod q$，于是我们有

$$\begin{aligned}
v &\equiv (g^{u_1}y^{u_2} \bmod p) \bmod q \\
&\equiv (g^{h(m)w}y^{rw} \bmod p) \bmod q \\
&\equiv (g^{h(m)w}g^{xrw} \bmod p) \bmod q \\
&\equiv (g^{h(m)+xr)w} \bmod p) \bmod q \\
&\equiv (g^{ksy} \bmod p) \bmod q \\
&\equiv (g^{kss^{-1}} \bmod p) \bmod q \\
&\equiv (g^k \bmod p) \bmod q \\
&= r
\end{aligned}$$

DSS 的框图如图 6.1 所示，其中的 4 个函数分别为

$$s=f_1(h(m), k, x, r, q)\equiv k^{-1}[(m)+xr]\bmod q$$
$$r=f_2(k, p, q, g)\equiv(g^k \bmod p)\bmod q$$
$$w=f_3(s, q)\equiv s^{-1}\bmod q$$
$$v=f_4(y, q, g, h(m), w, r)\equiv(g^{(h(m)w\bmod q}y^{rw\bmod q}\bmod p)\bmod q$$

值得注意的是，签名时使用的 $r\equiv(g^k \bmod p)\bmod q$ 与消息无关，因此可以被预先计算，这样就可以大大提高 DSS 签名的速度。

例 6.2　设 $q=101$，$p=78\times101+1=7879$，$h=3$，$g\equiv3^{78}\bmod 7879\equiv170$。设用户私钥为 $x=75$，用户公钥为 $y\equiv170^{75}\bmod 7879\equiv4567$。设待签消息 m 的 Hash 值为 1234，即 $h(m)=1234$，随机选取整数 $k=50$，计算 $r\equiv(170^{50}\bmod 7879)\bmod 101\equiv94$，$s\equiv50^{-1}\times(1234+75\times94)\bmod 101\equiv97$ 消息 m 的签名为$(r, s)=(94, 97)$。接收者在收到消息 m 和签名(r, s)时，先计算 $h(m)=1234$，然后计算 $w\equiv97^{-1}\bmod 101\equiv25$，$u_1\equiv1234\times25\bmod 101\equiv45$。$u_2\equiv94\times25\bmod 101\equiv27$，$v\equiv(170^{45}\times4567^{27}\bmod 7879)\bmod 101\equiv94$ 既然验证等式 $v=r$ 成立，接收者应该相信该签名是合法的。

6.5 其他数字签名

6.5.1 基于离散对数问题的数字签名

基于离散对数问题的数字签名方案是数字签名方案中最为常用的一类，其中包括 ElGamal 签名方案、DSA 签名方案以及 Schnorr 签名方案等。

1. 离散对数签名方案

ElGamal 签名方案、DSA 签名方案、Schnorr 签名方案都可以归结为离散对数签名方案的特例。

(1) 参数与密钥生成。

p：大素数；

q：$p-1$ 或 $p-1$ 的大素因子；

g：$g\in_R \mathbb{Z}_p^*$，且 $g^q\equiv1\bmod p$，其中 $g\in_R \mathbb{Z}_p^*$ 表示 g 是从$\mathbb{Z}_p^*$ 中随机选取的，这里的$\mathbb{Z}_p^*=\mathbb{Z}_p-\{0\}$。

x：用户 A 的私钥，$1<x<q$；

y：用户 A 的公钥，$y\equiv g^x\bmod p$。

(2) 签名。

对于消息 m，A 执行以下步骤：

① 计算的 m 的 Hash 值 $h(m)$。

② 随机选择整数 k，$1<k<q$。

③ 计算 $r\equiv g^k\bmod p$。

④ 从签名方程 $ak\equiv(b+cx)\bmod q$ 中解出 s，其中方程的系数 a、b、c 有多种选择，表 6.1 给出了一部分可能的选择。对消息 m 的签名为(r, s)。

表 6.1 参数 a、b、c 可能的选择

$\pm r'$	$\pm s$	$h(m)$
$\pm r'h(m)$	$\pm s$	1
$\pm r'h(m)$	$\pm h(m)s$	1
$\pm h(m)r'$	$\pm r's$	1
$\pm h(m)s$	$\pm r's$	1

说明：表中 $r' \equiv r \bmod q$。

(3) 验证。

接收者在收到消息 m 和签名(r, s)后，可以按照以下验证方程检查签名的合法性：

$$r^a \equiv g^b y^c \bmod p$$

表 6.1 中每一行的三个值都可以对 a、b、c 进行不同的组合，所以每一行都有 24 种不同的组合方式，总共可以得到 120 种基于离散对数问题的数字签名方案。当然，其中一些方案可能是不安全的。

表 6.2 给出了当$\{a, b, c\} = \{r', s, h(m)\}$时的签名方程和验证方程。表中的④其实就是数字签名算法 DSA 的情况，这时 $a=s$，$b=h(m)$，$c=r'$。

表 6.2 一些基于离散对数问题的签名方案

序号	签名方程	验证方程
①	$r'k \equiv s + h(m)x \bmod q$	$r^{r'} \equiv g^s y^{h(m)} \bmod p$
②	$r'k \equiv h(m) + sx \bmod q$	$r^{r'} \equiv g^{h(m)} y^s \bmod p$
③	$sk \equiv r' + h(m)x \bmod q$	$r^s \equiv g^{r'} y^{h(m)} \bmod p$
④	$sk \equiv h(m) + r'x \bmod q$	$r^s \equiv g^{h(m)} y^{r'} \bmod p$
⑤	$mk \equiv s + r'x \bmod q$	$r^m \equiv g^s y^{y'} \bmod p$
⑥	$mk \equiv r' + sx \bmod q$	$r^m \equiv g^{r'} y^s \bmod p$

2. Schnorr 签名方案

(1) 参数与密钥生成。

p：大素数且 $p \geqslant 2^{512}$；

q：大素数且 $q \mid (p-1)$，$q \geqslant 2^{160}$；

g：$g \in_R \mathbb{Z}_p^*$，且 $g^q \equiv 1 \bmod p$；

x：用户 A 的私钥，$1 < x < q$；

y：用户 A 的公钥，$y \equiv g^x \bmod p$。

(2) 签名。对于消息 m，A 执行以下步骤：

① 随机选择整数 k，$1 < k < q$。

② 计算 $r \equiv g^k \bmod p$。

③ 计算 $e = h(r, m)$。

④ 计算 $s \equiv (xe + k) \bmod q$。

对消息 m 的签名为(e, s)。

(3) 验证。接收者在收到消息 m 和签名(e, s)后，通过以下步骤来验证签名的合法性：

① 计算 $r' \equiv g^s y^{-e} \bmod p$。

② 按照以下方程进行验证 $h(r', m) = e$。

Schnorr 签名的正确性可由下式证明：

$$r' \equiv g^s y^{-e} \equiv g^{xe+k-xe} \equiv g^k \equiv r \bmod p$$

3. Nyberg-Rueppel 签名方案

Nyberg-Rueppel 签名方案是一个具有消息恢复功能的数字签名方案，即验证算法不需要输入原始消息，原始消息可以从签名自身恢复出来，该方案适合短消息的签名。

(1) 参数与密钥生成。

p：大素数；

q：大素数且 $q|(p-1)$；

g：$g \in_R \mathbb{Z}_p^*$，且 $g^q \equiv 1 \bmod p$；

x：用户 A 的私钥，$1 < x < q$；

y：用户 A 的公钥，$y \equiv g^x \bmod p$。

(2) 签名。

对于消息 m，A 执行以下步骤：

① 计算 $\tilde{m} = R(m)$，其中 R 是从消息空间到签名空间的一个单一映射，并且容易求逆，称为冗余函数。

② 随机选择整数 k，$1 \leqslant k \leqslant q-1$。

③ 计算 $r \equiv g^{-k} \bmod p$。

④ 计算 $e \equiv \tilde{m} r \bmod p$。

⑤ 计算 $s \equiv (xe+k) \bmod q$。

则对消息 m 的签名为(e, s)。

(3) 验证。

接收者在收到消息 m 和签名(e, s)后，通过以下步骤来验证签名的合法性：

① 验证是否有 $0 < e < p$ 成立，如果不成立，拒绝该签名。

② 验证是否有 $0 \leqslant s < p$ 成立，如果不成立，拒绝该签名。

③ 计算 $v \equiv g^s y^{-e} \bmod p$ 和 $\tilde{m} \equiv ve \bmod p$。

④ 验证是否有 $\tilde{m} \in M_R$，如果 $\tilde{m} \notin M_R$，拒绝该签名，这里 M_R 表示 R 的值域。

⑤ 恢复消息 $m = R^{-1}(\tilde{m})$。

下面证明 Nyberg-Rueppel 签名方案的正确性。

因为 $v \equiv g^s y^{-e} \equiv g^{xe+k-xe} \equiv g^k \bmod p$，所以 $ve \equiv g^k \tilde{m} g^{-k} \equiv \tilde{m} \bmod p$。

6.5.2 基于大整数分解问题的数字签名

1. Feige-Fiat-Shamir 签名方案

(1) 参数与密钥生成。

n：$n = pq$，其中 p 和 q 是两个保密的大素数；

k：固定的正整数；

$x_1, x_2, \cdots x_k$：用户A的私钥，$x_i \in \mathbb{Z}_n^*(1 \leqslant i \leqslant k)$。

$y_1, y_2, \cdots y_k$：用户A的公钥，$y_i \equiv x_i^{-2} \bmod n(1 \leqslant i \leqslant k)$。

(2) 签名。

对于消息m，A执行以下步骤：

① 随机选择整数r，$1 \leqslant r \leqslant n-1$。

② 计算$u \equiv r^2 \bmod n$。

③ 计算$e=(e_1, e_2, \cdots, e_k)=h(m, u)$，$e_i \in \{0, 1\}$。

④ 计算$s \equiv r \cdot \sum_{i=1}^{k} x_i^{e_i} \bmod n$。

则对消息m的签名为(e, s)。

(3) 验证。

接收者在收到消息m和签名(e, s)后，通过以下步骤来验证签名的合法性：

① 计算$u' \equiv s^2 \cdot \prod_{i=1}^{k} y_i^{e_i} \bmod n$。

② 按照以下方程进行验证$h(m, u')=e$，Feige-Fiat-Shamir签名的正确性可由下式证明：

$$u' \equiv s^2 \cdot \prod_{i=1}^{k} y_i^{e_i} \equiv r^2 \cdot \prod_{i=1}^{k} x_i^{2e_i} \prod_{i=1}^{k} y_i^{e_i} \equiv r^2 \cdot \prod_{i=1}^{k} (x_i^2 y_i)^{e_i} \equiv r^2 \equiv u \bmod n。$$

2. Guillou-Quisquater签名方案

(1) 参数与密钥生成。

n：$n=pq$，其中p和q是两个保密的大素数；

k：$k \in \{1, 2, \cdots, n-1\}$且$\gcd(k, (p-1)(q-1))=1$；

x：用户A的私钥，$x \in_R \mathbb{Z}_n^*$；

y：用户A的公钥，$y \in \mathbb{Z}_n^*$且$x^k y \equiv 1 \bmod n$。

(2) 签名。

对于消息m，A执行以下步骤：

① 随机选择整数$r \in \mathbb{Z}_n^*$。

② 计算$u \equiv r^k \bmod n$。

③ 计算$e=h(m, u)$。

④ 计算$s \equiv r x^e \bmod n$。

对消息m的签名为(e, s)。

(3) 验证。

接收者在收到消息m和签名(e, s)后，通过以下步骤来验证签名的合法性：

① 计算$u' \equiv s^k y^e \bmod n$。

② 按照以下方程进行验证$h(m, u')=e$，Guillou-Quisquater签名的正确性可由下式证明：

$$u' \equiv s^k y^e \equiv (r x^e)^k y^e \equiv r^k (x^k y)^e \equiv r^k \equiv u \bmod n$$

6.5.3 特殊类型的数字签名

1. 群签名

在 1991 年，Chaum 和 Van Heyst 首次提出了群签名(Group Signature)的概念，引领了数字签名技术的一次重大创新。群签名技术允许一个群体中的任何成员以匿名方式代表整个群体对消息进行签名。这种技术不仅提高了签名的灵活性和效率，而且增强了隐私保护。

群签名的核心特点体现在以下几个方面：

(1) 成员专属权力：仅群体中的合法成员能够代表整个群体进行签名。

(2) 签名的匿名验证：接收方可以使用群公钥来验证签名的合法性，但无法辨识签名是由哪位群成员完成的。

(3) 争议解决：在出现争议时，群管理员(权威机构)能够确定实际的签名者。

群签名的应用场景多种多样，例如在企业环境中，员工可以使用群签名方案代表公司签署文档，而外部验证者(如客户)则只需利用公司的群公钥进行签名验证，而无需知晓具体是哪位员工完成的签名。在争议发生时，群管理员(如公司高层)能够揭示实际签名者的身份。此外，群签名技术还广泛应用于电子投票、电子投标和电子货币等领域。

一个完整的群签名方案通常包含以下几个关键部分：

(1) 建立(Setup)：这是一个用于生成群公钥和私钥的多项式概率算法。

(2) 加入(Join)：这是一个用户与群管理员之间的交互式协议，使用户成为群成员，并由管理员分配秘密的成员管理密钥、生成私钥和成员证书。

(3) 签名(Sign)：这是一个概率算法，输入消息、群成员私钥和群公钥，输出对该消息的签名。

(4) 验证(Verify)：根据给定的消息签名和群公钥，判断该签名是否有效。

(5) 打开(Open)：在已知签名、群公钥和群私钥的条件下，确定签名者的身份。

为了确保群签名方案的有效性和安全性，一个好的群签名方案应满足以下性质：

(1) 正确性(Correctness)：由群成员产生的群签名必须被验证算法接受。

(2) 不可伪造性(Unforgeability)：只有群成员能代表群体进行签名。

(3) 匿名性(Anonymity)：给定合法的群签名，除群管理员外，任何人都难以识别出签名者的身份。

(4) 不可关联性(Unlinkability)：除群管理员外，任何人都难以确定两个不同群签名是否由同一成员所签。

(5) 可跟踪性(Traceability)：群管理员能够识别出签名者的身份。

(6) 可开脱性(Exculpability)：群管理员和群成员都不能冒充另一个成员产生有效的群签名，且群成员不必为他人的签名承担责任。

(7) 抗联合攻击(Coalition-resistance)：即便是多个群成员联手，也不能产生一个合法的使得群管理员无法追踪的群签名。

总的来说，群签名技术不仅为数字签名领域带来了创新，还为提高组织的运作效率和保护个人隐私提供了新的可能性。随着数字化时代的深入发展，群签名的应用将变得愈加广泛，其安全性和效率也将不断提升。

2. 代理签名

在1996年，Mambo等人首次引入了代理签名的概念，开启了密码学中一个新的研究方向。代理签名允许一个原始签名者(委托人)将其签名权力委托给另一个人，即代理签名者(代理人)，之后代理签名者便可以代表原始签名者进行签名。这种机制在需要委托权力的密码协议中尤为重要，例如电子现金、移动代理和移动通信等领域。

一个完整的代理签名方案主要包含以下几个关键步骤：

(1) 系统建立：在此阶段，系统参数被确定，包括代理签名方案的各项标准和用户的密钥等。

(2) 签名权力的委托：原始签名者将其签名权力委托给代理签名者。

(3) 代理签名的产生：代理签名者使用委托权力代表原始签名者生成代理签名。

(4) 代理签名的验证：验证者确认代理签名的有效性。

代理签名可根据签名权力委托的方式分为不同类别：

(1) 完全代理(Full Delegation)：原始签名者将自己的私钥直接传递给代理签名者，产生的代理签名与原始签名无法区分。

(2) 部分代理(Partial Delegation)：原始签名者利用私钥计算出一个特定的代理签名密钥，并传递给代理签名者，同时确保代理密钥不能逆推出原始的私钥。

(3) 具有证书的代理(Delegation by Warrant)：原始签名者使用标准签名方案对代理信息(如双方身份、代理有效期等)签名，生成证书并交给代理签名者，以证明其代理身份的合法性。

(4) 具有证书的部分代理(Partial Delegation with Warrant)：这种方式结合了部分代理和具有证书代理的优点且更加安全有效。原始签名者生成特定的代理签名密钥和相应证书，交给代理签名者。

此外，根据原始签名者是否能生成与代理签名者相同的签名，代理签名可分为两类：代理非保护(Proxy-Unprotected)，原始签名者能够生成有效的代理签名；代理保护(Proxy-Protected)，原始签名者不能生成有效的代理签名。

一个强大的代理签名方案应当满足以下性质：

(1) 可区分性(Distinguishability)：任何人都能区分代理签名和原始签名者的正常签名。

(2) 可验证性(Verifiability)：验证者能从代理签名中确认原始签名者认可了这份签名消息。

(3) 强不可伪造性(Strong Unforgeability)：只有被指定的代理签名者能产生有效代理签名，原始签名者和未被指定的第三方都不能产生有效代理签名。

(4) 强可识别性(Strong Identifiability)：任何人都能从代理签名中识别出代理签名者的身份。

(5) 强不可否认性(Strong Undeniability)：一旦代理签名者代表原始签名者产生了有效的代理签名，他就不能否认签名的有效代理。

(6) 防止滥用(Prevention of Misuse)：确保代理密钥只用于生成被原始签名者授权的有效代理签名，即代理签名者不能签署未被原始签名者授权的消息。

代理签名的这些特性确保了其在各种应用场景中的安全性和可靠性，同时也提高了密码协议的灵活性和效率。在数字时代，代理签名作为一种高效的授权机制，在保护数据和交易安全方面发挥着日益重要的作用。

3. 盲签名

在1982年，David Chaum首次引入了盲签名(Blind Signature)的概念，为数字签名领域带来了一次划时代的革新。盲签名技术允许一个信息接收者获取到其消息的签名，同时保证签名者对消息的内容及其签名完全不知情。这种签名机制在需要保护用户隐私和匿名性的密码协议中极其重要，特别适用于电子投票和电子现金等应用场景。

一个完整的盲签名方案主要包括以下几个关键步骤：

(1) 消息盲化(Message Blinding)：在这一阶段，消息的使用者会应用一个称为盲因子(Blind Factor)的秘密变量来对待签名的消息进行处理。这一处理过程确保了消息内容的匿名性。处理盲化后的消息，保留了原消息的本质属性，但其内容对于签名者来说是不可见的。

(2) 盲消息签名(Blind Message Signing)：签名者在不了解真实消息内容的情况下对盲化后的消息进行签名。这一过程是盲签名的核心，确保了签名者无法识别或追踪消息的实际内容，从而保护了消息使用者的隐私。

(3) 恢复签名(Signature Recovery)：消息使用者在收到盲化消息的签名后，将去除之前应用的盲因子，从而恢复出真实消息的有效签名。这一步骤确保了即便签名是在盲化状态下完成的，签名本身仍然是有效和合法的。

盲签名技术的独特之处在于其为消息隐私提供了双重保护：一方面，签名者无法获取消息的实际内容，保护了消息内容的隐私；另一方面，消息使用者也无法篡改已签名的消息，保证了签名的真实性和可信度。这种技术的应用大大增强了数字签名在保护隐私方面的能力，使其在电子投票和电子现金等需要高度匿名性的领域中发挥了关键作用。

盲签名不仅提高了数字交易的安全性和可信度，还推动了数字货币和电子投票等技术的发展和普及。在数字化和网络安全日益重要的今天，盲签名作为一种先进的加密技术，在网络交易安全和用户隐私保护方面有着不可或缺的作用。

思考题6

1. 描述数字签名的基本原理和作用。为什么数字签名对现代通信非常重要？

2. 比较RSA数字签名和ElGamal数字签名的主要区别并列出各自的优缺点。

3. 对于一个简短的消息(例如“Hello，world!”)，手动演示整个RSA签名和验证的过程。

4. 详细说明ElGamal数字签名的步骤，用一个实际的例子来展示这一过程。

5. 讨论ElGamal签名机制在抵抗特定类型攻击(例如中间人攻击)方面的效果及原因。

6. 解释数字签名标准(例如DSA)的工作原理。它如何保证数字签名的有效性和安全性？

7. 比较DSA、RSA及ElGamal签名算法的不同点。

8. 基于离散对数问题的数字签名，设计一个具体的签名和验证场景并说明其安全性依据。

9. 探究基于大整数分解问题的数字签名算法，并用一个案例来说明其工作原理。

10. 讨论特殊类型的数字签名(例如椭圆曲线数字签名)的优势和应用场景。

11. 设计一个场景，其中包括消息的生成、签名、传输和验证的完整过程。选择并说明使用的数字签名类型和原因。

12. 分析一个实际案例，如电子邮件或文件共享，说明数字签名如何用于确保消息的完整性以及验证消息来源的真实性。

13. 在RSA签名方案中，设 $p=7$，$q=17$，公钥 $e=5$，消息 m 的Hash值为19，试计算私钥 d 并给出对该消息的签名和验证过程。

14. 在ElGamal签名方案中，设 $p=19$，$g=2$，私钥 $x=9$，则公钥 $y \equiv 2^9 \bmod 19 \equiv 18$。若消息 m 的Hash值为152，试给出选取随机数 $k=5$ 时的签名和验证过程。

15. 试给出椭圆曲线上的ElGamal签名方案。

16. 在DSA签名算法中，如果一个签名者在对两个不同的消息签名时使用了相同的随机整数 k，试证明攻击者可以恢复出该签名者的私钥。

17. 在数字签名标准DSS中，设 $q=13$，$p=4q+1=53$，$g=16$，签名者的私钥 $x=3$，公钥 $y \equiv 16^3 \bmod 53 \equiv 15$，消息 m 的Hash值为5，试给出选取随机数 $k=2$ 时的签名和验证过程。

18. 如果用户 A 想对消息 m 进行签名并秘密地将 m 发送给用户 B，请问 A 应先签名后加密还是先加密后签名？并说明理由。

19. 简述群签名、代理签名和盲签名的用途。

第7章

智慧医疗环境中数据完整性审计方案

7.1 云存储数据安全审计概述

随着大数据和云计算技术的快速发展，越来越多的用户将数据存储在云上。云存储作为新一代存储服务模式已日益盛行。这种存储服务给用户带来了许多新的便利，但同时存储在云服务器的数据的安全隐私问题也令用户担忧。数据公共审计是为了解决云存储数据的完整性验证问题，通过授权给一个可信的第三方审计者(Third-Party Auditor，TPA)来执行外包完整性数据审计工作。在一个外包云存储公共完整性审计方案模型中，主要包括三类通信实体：云服务器提供商(Cloud Server Provider，CSP)、终端用户、第三方审计者。其中CSP拥有云计算基础设施架构和外包存储能力，能够为用户提供各种有效的数据服务，包括创建、存储、更新和取回数据。终端用户拥有大量需要外包存储到云服务器上的数据。TPA帮助云用户验证存储在云服务器上的数据的完整性。云存储数据公共审计基本模型可参见图7.1。

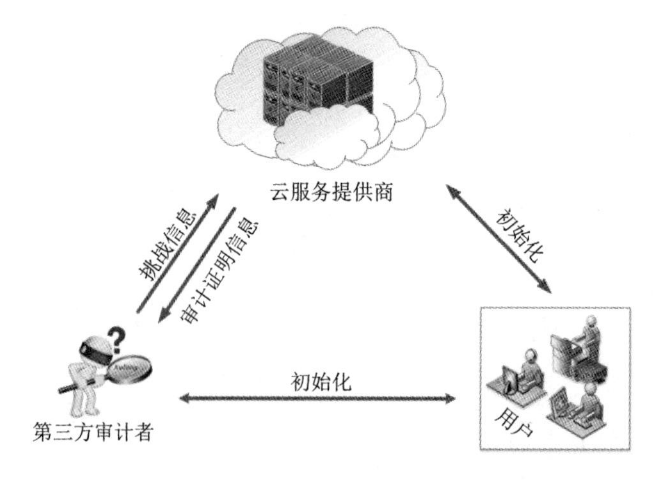

图7.1　云存储数据公共审计基本模型

虽然云服务提供商可以为用户提供更加安全的数据存储设备，但是，目前网络空间中产生的海量数据一旦存储在云服务器，就避免不了来自各种外界敌手的主动攻击威胁。事实上，云服务提供商由于一些经济利益往往会删除某些很少被用户访问的数据，从而节省存储空间，并且他们也不会及时地向被删除的这些数据的用户反应真实情况。此外，云服务提供商也可能会因为一些意外操作而造成用户的数据丢失，他们也会向这些数据的用户隐瞒真实情况，从而维护自己的商业名誉。此外，TPA 可能会根据已掌握的信息以及借助强大的计算设备来恢复云用户的原始数据块。因此，设计安全的云存储数据完整性审计方案至少需要抵抗以下三种攻击：

(1) 数据篡改攻击。恶意的云服务器可能会伪造用户原始数据的数字签名，并试图产生伪造的审计证明响应信息欺骗 TPA 通过完整性验证方程。

(2) 数据丢失攻击。在丢失了用户的原始数据以后，恶意的云服务器通过产生伪造的审计证明响应信息来欺骗 TPA 通过完整性验证方程。

(3) 数据恢复攻击。TPA 根据已掌握的公共信息以及完整性审计证明响应信息来试图恢复终端用户的原始数据块。

因此，云存储数据审计方案需要达到以下安全和性能需求：

(1) 公共可检验性。TPA 不需要取回所有的数据块就能够公开地对存储在云服务器上的数据块进行完整性审计。

(2) 存储正确性。TPA 能够正确地检验存储在云服务器上的数据块是否被云服务器丢失，或者存储在云服务器上的数据块签名是否被云服务器伪造。

(3) 隐私保护性。确保 TPA 在审计过程中不能恢复用户的原始数据。

(4) 轻量级计算。TPA 在通信开销以及计算开销方面是轻量级的。

7.2　支持可代理上传的云存储智慧医疗数据安全审计方案

7.2.1　背景描述

由于健康医疗数据的敏感性和重要性，如果将核心医疗数据不经加密就上传到医疗云服务器上进行存储，将会存在一系列的安全问题隐患。如公开网络中的任何人都能轻易地获得他人的身体健康状况，以及攻击者使用一些常用破译工具就能将简单变换的健康医疗数据恢复成对应的明文。这不仅不符合国家对卫生医疗领域信息保护的安全性规定，同时还将给用户造成伤害。因此，在健康医疗环境中，需使用最先进可靠的加密技术来确保健康医疗数据的机密性。

在现有的公共云存储数据审计方案中，绝大多数都是基于公钥基础设施(PKI)机制的。该机制需要大量的复杂证书管理的开销成本，包括公钥密钥的创建、分发、存储和证书的撤销，这严重影响了用户的使用效率，阻碍了系统的可扩展性。此外，在健康医疗环境中存在部分特殊的群体，他们由于身体的不便或访问医疗云服务器的权限受限，将自己产生的健康医疗数据委托给专职的医护人员或可信的助理来处理。这既能满足这一特殊群体的需求又能提高社会就业率。同时，对企业而言，如果数据管理者被质疑具有商业欺诈行为或因存在有经济纠纷而被投诉后需要配合相关部门调查，为了减轻不必要的经济损失和名誉伤害，以及防止合谋欺骗的可能，数据管理者就会被暂时取消处理企业相关数据文件的权利。但医疗机构每天都产生海量的数据文件且需要及时处理，为了避免遭受“二次损失”，必须指定一个可信任的代理者及时接手数据管理者的工作来处理日常数据管理事务。然而，如何实现原始数据拥有者与代理者之间达成合法的代理授权过程是一个亟待解决的安全问题。

为了解决上述问题，本节我们提出了一个基于身份的支持可代理上传的健康医疗数据云存储高效审计方案。整个方案是基于身份的密码系统设计的，一个完全可信任的身份管理者根据用户的可唯一标识的身份信息来为用户生成公私钥对，避免了繁琐的证书管理开销。方案使用流密码技术来确保健康医疗数据的机密性。最后，本方案设计了基于椭圆曲线数字签名算法来保证原始数据拥有者与代理者之间达成可靠安全的代理过程。

7.2.2 系统模型

支持可代理上传的云存储智慧医疗数据云存储高效审计方案主要包含如下五类通信实体，具体系统模型如图 7.2 所示。

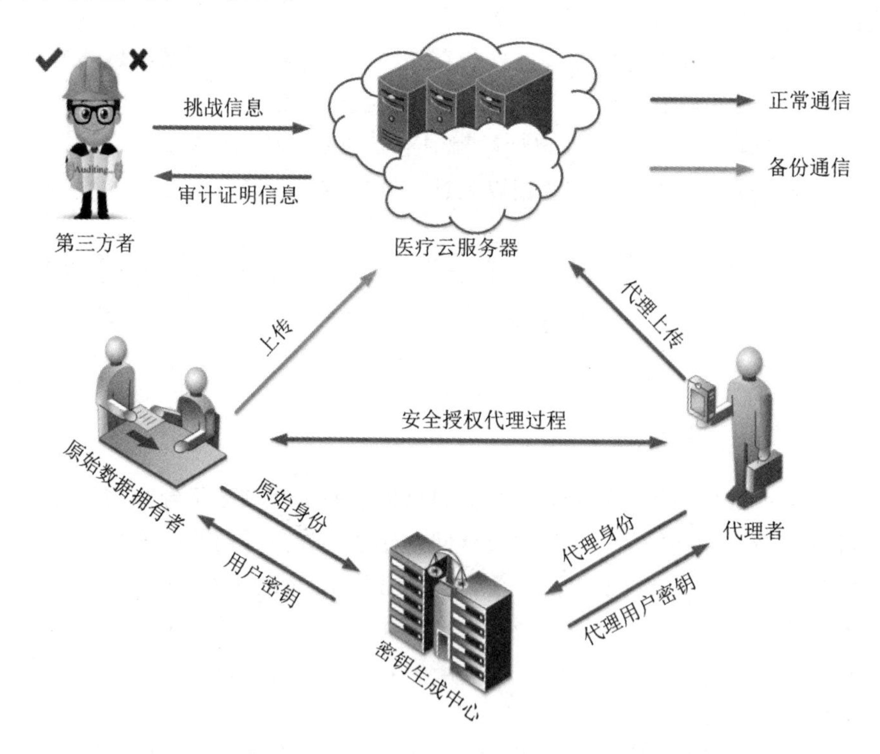

图 7.2 支持可代理上传的云存储智慧医疗数据审计基本模型

（1）原始数据拥有者：又称云用户，原始数据拥有者使用自身佩戴在体表或嵌入到身体的无线传感器设备来收集健康医疗大数据。一方面，数据拥有者会委托一个可信的代理者来帮助其实现一系列的数据处理任务；另一方面，数据拥有者也会雇佣一个 TPA 来代替自己周期性地检验存储在医疗云服务器上的健康医疗数据的完整性。

（2）密钥生成中心：是一个权威且完全可信的实体，主要负责初始化部分系统参数，以及对用户(包括原始数据拥有者和代理者)可唯一标识的身份来生成用户的公私钥对。

(3) 代理者(Proxy)：作为一个代理工作者，一旦与原始数据拥有者达成了代理授权协议，就遵守协议的规定来执行健康医疗数据的加密、压缩和上传等一系列的数据处理事务。

(4) 医疗云服务器(MCS)：由医疗云服务器提供商管理和维护，其能为云用户提供海量的存储空间和强大的计算资源。然而，医疗云服务器是一个半可信的实体，在商业利益面前，云服务器或者外部攻击者完全可能会破坏外包存储的健康医疗数据的完整性。因此，TPA 周期性地审计外包数据是否具有完整性是非常必要的。

(5) 第三方审计者(TPA)：被原始数据拥有者所委托，它代表原始数据拥有者来周期性检查存储在医疗云服务器上的外包存储健康医疗数据的完整性，并定期地反馈审计结果。此外，TPA 是一个独立可信任的实体。

7.2.3 方案具体设计

支持可代理上传的云存储智慧医疗数据高效审计方案的详细设计如下。

1. 系统初始化阶段

系统初始化阶段，系统运行如下概率多项式时间算法：

(1) 系统首先设置一个安全参数 λ，选择两个大素数 p 和 q，定义在 Z_q 上的非奇异椭圆曲线 E。假设 P 是椭圆曲线 E 上阶为素数 q 的点，且是加法循环群 $G=\langle P\rangle$ 的一个生成元。密钥产生中心从 Z_q 中选取一个随机数 s，并计算 $P_{\text{pub}}=sP$，其中 P_{pub} 是主公钥，s 是主私钥。设置抗碰撞的哈希函数 H_1：$\{0,1\}^*\rightarrow Z$，哈希函数 H_2：$\{0,1\}^*\times\{0,1\}^*\times\{0,1\}^*\times G\rightarrow Z_q$，以及 H_3：$\{0,1\}^*\times\{0,1\}^*\times\{0,1\}^*\times\{0,1\}^*\times G\rightarrow Z_q$，其中 $\{0,1\}^*$ 为随机的二进制比特串。

(2) 系统产生伪随机发生器 Prg：$\text{SK}_{\text{Prg}}\rightarrow Z_q^m$ 和伪随机函数 Prf：$\text{SK}_{\text{Prf}}\times I\rightarrow Z_q$，其中 SK_{Prg} 是伪随机发生器 Prg 的私钥集合，SK_{Prf} 是伪随机函数 Prf 的私钥集合，I 为文件标识符与数据块排序位置集合。系统随机选取对称密钥对(sk_{prg}，sk_{prf})，其中 $\text{sk}_{\text{prg}}\in\text{SK}_{\text{prg}}$, $\text{sk}_{\text{prf}}\in\text{SK}_{\text{prf}}$，对称密钥对($\text{sk}_{\text{prg}}$，$\text{sk}_{\text{prf}}$)由原始签名者、代理签名者和可信审计者秘密共享。系统产生对称加密算法 $\hbar$ 和对称密钥 τ。

最后，系统公开公共参数 $\text{Para}=(p, q, E, P_{\text{pub}}, H_1, H_2, H_3)$，密钥产生中心将主私钥 s 安全保存。

2. 用户私钥产生阶段

用户私钥产生阶段的算法由密钥生成中心执行：

(1) 首先用户向密钥产生中心发送唯一可标识的身份信息 ID_i(ID_i 代表原始数据拥有者或代理者)进行注册。密钥产生中心选择一个随机数 $r_{\text{ID}_i}\leftarrow Z_q$，并计算 $R_{\text{ID}_i}=r_{\text{ID}_i}P$ 和用户 ID_i 的私钥 $\text{sk}_{\text{ID}_i}=r_{\text{ID}_i}+sH_1(\text{ID}_{\text{ID}_i})$。密钥产生中心通过安全信道发送二元数组($R_{\text{ID}_\tau}$，$\text{sk}_{\text{ID}_\tau}$)给用户 ID_i。

(2) 当用户 ID_i 从密钥产生中心处接收到二元数组(R_{ID_Δ}，$\text{sk}_{\text{ID}_\Delta}$)后，首先验证方程 $\text{sk}_{\text{ID}_i}P=H_1(\text{ID}_i)P_{\text{pub}}+R_{\text{ID}_i}$ 是否成立。如果方程成立，则说明 sk_{ID_i} 是有效的，否则用户 ID_i 拒绝该用户私钥。

3. 代理签名私钥产生阶段

原始签名者 ID_o 从 Z_q 中选择一个随机数 x，并计算 $X=xP$ 和授权委任书 w 的数字签名 $y_w=x+H_2(ID_o, ID_p, w, X)sk_{ID_o}$。$ID_o$ 通过将代理签名授权凭证(ID_o, y_w, X, w, R_{ID_o})发送给代理签名者 ID_P。

代理签名者 ID_P 收到代理签名授权凭证(ID_o, y_w, X, w, R_{ID_o})后，首先计算关于原始签名者 ID_o 的哈希函数值 $H_1(ID_o)$，以及关于四元数组(ID_o, ID_p, w, X)的哈希函数值 $H_2(ID_o, ID_P, X, w)$，代理签名者 ID_P 验证原始签名者 ID_o 的代理签名授权凭证(y_w, X, w, R_{ID_o})的有效性：

$$y_wP==H_2(ID_o, ID_P, w, X)(H_1(ID_o)P_{pub}+R_{ID_o})+X$$

若以上方程验证通过，则代理签名者 ID_P 接收原始签名者 ID_o 的代理授权。也就是说，原始数据拥有者和代理者之间达成了可靠的代理过程。否则，代理签名者 ID_P 拒绝代理。

代理签名者 ID_P 选择一个随机数 $\eta \leftarrow Z_q$，并计算 $Y=\eta P$ 和用五元数组(ID_o, ID_P, w, y_w, Y)来计算相应的哈希函数值 $H_3(ID_o, ID_P, w, y_w, Y)$。之后，计算代理数字签名的私钥 $sk_{Pro}=H_3(ID_o, ID_P, w, y_w, Y)sk_{ID_P}+\eta$。

4. 数据外包阶段

数据外包阶段的算法由代理者运行：

(1) 当原始数据拥有者根据代理协议的规定将自身产生的健康医疗数据 F 通过安全信道发送给代理签名者，代理签名者首先将数据文件 $F=\{f_1, \cdots, f_n\}\in Z_q^{m\times n}$ 分为 n 个数据块 $f_i=\{f_{i,1}, \cdots, f_{i,m}\}\in Z_q^m$，其中 $i=1, 2, \cdots, n$，并为每个数据块 $f_i=\{f_{i,1}, \cdots, f_{i,m}\}\in Z_q^m$ 确定一个唯一的有序标识符 Tag。

(2) 代理签名者使用对称加密算法 $\hbar$ 将健康医疗数据块 $f_i=\{f_{i,1}, \cdots, f_{i,m}\}\in Z_q^m$ 加密为 $f'_i=(f_{i,1}+\hbar_\tau(1, \text{Tag}\parallel i), \cdots, f_{i,j}+\hbar_\tau(j, \text{Tag}\parallel i), \cdots, f_{i,m}+\hbar_\tau(m, \text{Tag}\parallel i))$，其中 $1\leqslant j\leqslant m$，进而将数据文件 $F=\{f_1, \cdots, f_n\}\in Z_q^{m\times n}$ 加密为密文 $F'=(f'_1, \cdots, f'_n)\in Z_q^{m\times n}$。

(3) 代理签名者调用伪随机发送器 Prg 产生随机向量 $\alpha=(\alpha_1, \cdots, \alpha_m)\leftarrow \text{Prg}(sk_{Prg})\in Z_q^m$，代理签名者 ID_P 利用伪随机发生函数 Prf 产生随机数 $\beta_i\leftarrow \text{Prf}(sk_{Prf}, \text{Tag}\parallel i)\in Z_q$，其中 $i=1, 2, \cdots, n$。代理签名者利用系数 $\alpha=(\alpha_1, \cdots, \alpha_m)$ 和系数 β_i 将数据块 $f_i=\{f_{i,1}, \cdots, f_{i,m}\}\in Z_q^m$ 压缩产生同态消息认证码 $\sigma_i=\sum_{j=1}^{m}\alpha_j f_{i,j}+\beta_i\in Z_q$。

(4) 代理签名者产生同态消息认证码 σ_i 的数字签名 $\delta_i=(Q_i, \xi_i, \zeta_i)(i=1, \cdots, n)$，$ID_P$ 选取一个随机数 $r_i\in Z_q$，计算 $Q_i=r_iP=(\mu_i, \nu_i)$ 和 $\xi_i=\mu_i \bmod q$，以及计算 $\zeta_i=(\xi_i r_i+\sigma_i sk_{Pro}) \bmod q$，从而产生同态消息认证码的签名信息为 $\delta_i=(Q_i, \xi_i, \zeta_i)(i=1, \cdots, n)$。同时，聚合签名信息设置为 $\Omega=\{\delta_i\}_{1\leqslant i\leqslant n}$。

最后，代理签名者 ID_P 上传(F', Ω, Tag)和授权信息(y_w, X, w, R_{ID_o}, ID_o, ID_P)到医疗云服务器进行存储，并清空本地存储。

5. 审计挑战阶段

审计挑战阶段的算法由第三方审计者 TPA 执行。

一旦收到原始数据拥有者的审计请求之后，TPA 首先对授权信息$(y_w, X, w, R_{\mathrm{ID_o}}, \mathrm{ID_o}, \mathrm{ID}_P)$进行检验。若原始数据拥有者和代理签名者授权凭证验证有效时，则 TPA 从数据文件集合$\{1, \cdots, n\}$中随机性地选取含有 θ 个元素的子集 $L=\{\ell_1, \cdots, \ell_\theta\}$，并随机选取 $v_i \leftarrow Z_q$，然后可信审计者 TPA 发送挑战信息 $\mathrm{Chal}=(i, v_i)_{\{i\in L\}}$ 给医疗云服务器。

6. 审计证明产生阶段

审计证明产生阶段的算法由医疗云服务器执行。

医疗云服务器接收到 TPA 发送的挑战信息 $\mathrm{Chal}=(i, v_i)_{\{i\in L\}}$，计算组合信息 $\delta_j=\sum_{i=\ell_1}^{i=\ell_\theta} v_i f'_{i,j}$，其中 $j=1, 2, \cdots, m$，以及计算聚合签名 $Q=\sum_{i=\ell_1}^{i=\ell_\theta} v_i \xi_i Q_i$，$\zeta=\sum_{i=\ell_1}^{i=\ell_\theta} v_i \zeta_i$。医疗云服务器发送审计证明信息 $\mathrm{Proof}=(\delta_j, Q, \zeta, w, y_w, \mathrm{Tag})_{\{1\leqslant j\leqslant m\}}$ 给 TPA。

7. 完整性审计阶段

TPA 检验外包医疗云存储数据的完整性：

可信审计者 TPA 接收到来自医疗云服务器发送的审计证明信息 $\mathrm{Proof}=(\delta_j, Q, \zeta, w, y_w, \mathrm{Tag})_{\{1\leqslant j\leqslant m\}}$，TPA 首先调用伪随机发送器 Prg 生成随机变量 $\alpha=(\alpha_1, \cdots, \alpha_m)\leftarrow \mathrm{Prg}(\mathrm{sk_{Prg}})\in Z_q^m$，利用伪随机发生函数 Prf 生成随机数 $\beta_i\leftarrow \mathrm{Prf}(\mathrm{sk_{Prf}}, \mathrm{Tag}\parallel i)\in Z_q$，其中 $i=1, 2, \cdots, n$。

TPA 计算用于审计验证方程的中间三个变量，分别为：$\gamma_1=\sum_{j=1}^{m}\delta_j\alpha_j \in Z_q$，$\gamma_2=\sum_{i=\ell_1}^{i=\ell_\theta}\sum_{j=1}^{j=m} v_i\alpha_{i,j}\hbar_\tau(j, \mathrm{Tag}\parallel i)\in Z_q$，$\gamma_3=\sum_{i=\ell_1}^{i=\ell_\theta} v_i\beta_i \in Z_q$。此外，令 $h_3=H_3(\mathrm{ID_o}, \mathrm{ID}_P, w, y_w, Y)$，$h_1=H_1(\mathrm{ID}_P)$，$\gamma=\gamma_1-\gamma_2+\gamma_3$。

TPA 验证审计方程 $\zeta P=Q+\gamma((R_{\mathrm{ID}}+h_1 P_{\mathrm{pub}})h_3+Y)$是否成立。如果方程成立，则审计结果输出为 1，说明原始数据拥有者存储在医疗云服务器上的健康医疗数据是完整的。否则，TPA 第一时间向各方发出紧急通知，该数据文件已不可用。

7.2.4 方案正确性证明

支持可代理上传的健康医疗数据云存储高效审计方案首先要确保方案的正确性。首先，对方程 $\mathrm{sk}_{\mathrm{ID}_i}P=H_1(\mathrm{ID}_i)P_{\mathrm{pub}}+R_{\mathrm{ID}_i}$ 的正确性进行如下推导：

$$\begin{aligned}\mathrm{sk}_{\mathrm{ID}_i}P &=(r_{\mathrm{ID}_i}+sH_1(\mathrm{ID}_i))P\\ &=sPH_1(\mathrm{ID}_i)+r_{\mathrm{ID}_i}P\\ &=H_1(\mathrm{ID}_i)P_{\mathrm{pub}}+R_{\mathrm{ID}_i}\end{aligned}$$

其次，对方程 $y_wP==H_2(\mathrm{ID_o}, \mathrm{ID}_P, w, X)(H_1(\mathrm{ID_o})P_{\mathrm{pub}}+R_{\mathrm{ID_o}})+X$ 的正确性进行如下推导：

$$\begin{aligned}y_wP &=(x+H_2(\mathrm{ID_o}, \mathrm{ID}_P, w, X)\mathrm{sk}_{\mathrm{ID_o}})P\\ &=H_2(\mathrm{ID_o}, \mathrm{ID}_P, w, X)(r_{\mathrm{ID_o}}+sH_1(\mathrm{ID_o}))P+xP\\ &=H_2(\mathrm{ID_o}, \mathrm{ID}_P, w, X)(r_{\mathrm{ID_o}}P+sPH_1(\mathrm{ID_o}))+X\\ &=H_2(\mathrm{ID_o}, \mathrm{ID}_P, w, X)(H_1(\mathrm{ID_o})P_{\mathrm{pub}}+R_{\mathrm{ID_o}})+X\end{aligned}$$

最后，对审计证明验证方程 $\zeta P=Q+\gamma((R_{\mathrm{ID}}+h_1P_{\mathrm{pub}})h_3+Y)$ 的正确性进行如下详细推导：

$$\begin{aligned}
\zeta P &= \sum_{i=\ell_1}^{i=\ell_\theta} v_i\zeta_i P = \sum_{i=\ell_1}^{i=\ell_\theta} v_i(\xi_i r_i+\sigma_i \mathrm{sk}_{\mathrm{Pro}})P = \sum_{i=\ell_1}^{i=\ell_\theta} v_i\xi_i r_i P + \sum_{i=\ell_1}^{i=\ell_\theta} v_i\sigma_i \mathrm{sk}_{\mathrm{Pro}} P \\
&= \sum_{i=\ell_1}^{i=\ell_\theta} v_i\xi_i r_i P + \sum_{i=\ell_1}^{i=\ell_\theta} v_i\Big(\sum_{j=1}^{j=m}\alpha_j f_{i,j}+\beta_i\Big)\mathrm{sk}_{\mathrm{Pro}} P \\
&= Q + \left(\sum_{i=\ell_1}^{i=\ell_\theta}\sum_{j=1}^{j=m} v_i\alpha_j f_{i,j} + \sum_{i=\ell_1}^{i=\ell_\theta} v_i\beta_i\right)\mathrm{sk}_{\mathrm{Pro}} P \\
&= Q + \left(\sum_{i=\ell_1}^{i=\ell_\theta}\sum_{j=1}^{j=m} v_i\alpha_j (f'_{i,j} - \hbar_\tau(j,\ \mathrm{Tag}\parallel i)) + \sum_{i=\ell_1}^{i=\ell_\theta} v_i\beta_i\right)\mathrm{sk}_{\mathrm{Pro}} P \\
&= Q + \left(\sum_{i=\ell_1}^{i=\ell_\theta}\sum_{j=1}^{j=m} v_i\alpha_j f'_{i,j} - \sum_{i=\ell_1}^{i=\ell_\theta}\sum_{j=1}^{j=m} v_i\alpha_j \hbar_\tau(j,\ \mathrm{Tag}\parallel i)) + \sum_{i=\ell_1}^{i=\ell_\theta} v_i\beta_i\right)\mathrm{sk}_{\mathrm{Pro}} P \\
&= Q + \left(\sum_{j=1}^{j=m}\delta_j\alpha_j - \sum_{i=\ell_1}^{i=\ell_\theta}\sum_{j=1}^{j=m} v_i\alpha_j \hbar_\tau(j,\ \mathrm{Tag}\parallel i)) + \sum_{i=\ell_1}^{i=\ell_\theta} v_i\beta_i\right)\mathrm{sk}_{\mathrm{Pro}} P \\
&= Q + (\gamma_1-\gamma_2+\gamma_3)\mathrm{sk}_{\mathrm{ID}_{\mathrm{Pro}}} P \\
&= Q + \gamma(H_3(\mathrm{ID}_o,\ \mathrm{ID}_p,\ w,\ y_w,\ Y)\mathrm{sk}_{\mathrm{ID}_P}+\eta)P \\
&= Q + \gamma(H_3(\mathrm{ID}_o,\ \mathrm{ID}_P,\ w,\ y_w,\ Y)(r_{\mathrm{ID}_P}+sH_1(\mathrm{ID}_P)+\eta)P \\
&= Q + \gamma(H_3(\mathrm{ID}_o,\ \mathrm{ID}_P,\ w,\ y_w,\ Y)(R_{\mathrm{ID}_P}+P_{\mathrm{pub}}H_1(\mathrm{ID}_P)+Y) \\
&= Q + \gamma((R_{\mathrm{ID}_P}+P_{\mathrm{pub}}h_1)h_3+Y)
\end{aligned}$$

因此，根据以上严格的推导过程，得出审计证明验证方程 $\zeta P=Q+\gamma((R_{\mathrm{ID}_P}+P_{\mathrm{pub}}h_1)h_3+Y)$ 是成立的。

综上所述，基于身份的可代理上传的健康医疗数据云存储高效审计方案所设计出的安全算法是正确且合理的。

7.3 支持条件身份匿名的智慧医疗云存储数据审计方案

7.3.1 背景描述

医疗大数据由于其在现代医疗系统中的潜在价值，受到了人们的广泛关注。医疗大数据的蓬勃发展不可避免地产生新的数据安全和隐私保护问题。如果医疗大数据不完整和不真实，新挖掘的信息将无法令人信服。随着信息技术的高速发展，远程医疗信息系统将与云计算技术相结合，提供一种便捷的新型服务模式。云计算技术拥有强大的计算能力和存储能力，它为用户提供高效灵活的存储服务来维护数据。在基于云辅助的智慧医疗网络环境中，医疗用户通过无线医疗传感器设备收集重要的生理特征参数(如血压、血糖等)，实时地将这些医疗数据上传到云服务器进行存储、分析与处理。

虽然云计算提供的服务有着非常多的优势，但数据存储于云服务器，用户对数据失去绝对控制权，容易遭受外部敌手恶意删除或篡改等方面的攻击。除此之外，某些硬件和软件故障因素的存在将不可避免地导致数据损坏，而云服务提供商可能会只考虑自身利益不受损失，从而隐瞒数据不完整的事实。然而，近年来频繁发生云安全和云犯罪事件，严重影响了用户和云服务提供商的信任关系。医疗用户关注的焦点在于存储在云端的医疗健康数据的完整性，它是所有临床诊断的基础，任何数据篡改或者数据丢失都会导致错误诊断，甚至会导致患者死亡等严重后果，因此对云服务器上的医疗数据进行完整性审计也变得尤为关键。

在保证基于身份的公共云存储审计安全性的前提下，扩展系统功能是一项非常有意义的工作。溯源技术就被应用到云存储环境中来实现数字取证和实体追踪功能。一旦系统发生数据不一致导致的纠纷或用户在系统中恶意操作的情况都将是后续追踪调查、划分责任和解决诉讼的第一手证明材料。

针对上述问题，本节首先设计一种支持条件身份匿名的外包云存储医疗数据完整性审计方案。该方案基于同态哈希函数技术设计了数字聚合签名算法，进一步构造轻量级完整性审计方案。方案是基于身份的密码系统设计的，有效避免了 PKI 关于公钥证书的复杂管理。方案使得第三方审计者定期代替医疗用户审计存储在云辅助医疗系统外包数据的完整性，且能检测出云医疗数据是否被篡改，从而防止医生的临床误诊。

支持条件身份匿名的云存储医疗数据审计模型如图 7.3 所示，包含密钥生成中心(PKG)、医疗用户(User)、医疗云服务器(CS)和第三方审计者(TPA)。

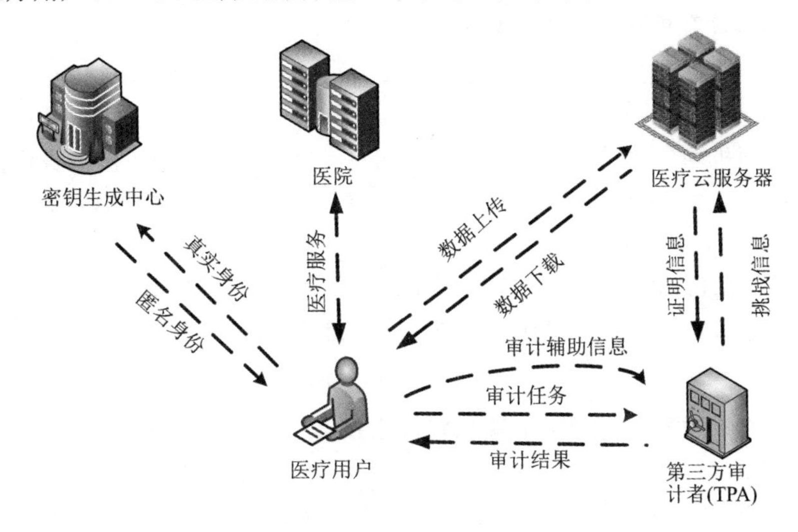

图 7.3　支持条件身份匿名的云存储医疗数据审计模型

各类通信实体的功能介绍如下：

(1) 密钥生成中心(PKG)：是一个权威且完全可信的实体，主要负责系统初始化阶段公开参数设置，根据用户真实身份生成相应的匿名身份和公私钥对。

(2) 医疗用户(User)：根据医疗数据文件生成相应的数字签名和审计辅助信息 AAI，将医疗数据文件和数字签名上传给云服务器 CS，将审计辅助信息 AAI 上传给 TPA。

(3) 医疗云服务器(CS)：根据用户需求存储用户的医疗数据以及相应的数字签名，接受来自 TPA 的完整性审计挑战，并返回完整性审计证明响应信息给 TPA。

(4) 第三方审计者(TPA)：TPA 得到用户的授权并且能够代表医疗用户周期性验证存储在云服务器上的健康医疗数据的完整性，将完整性审计结果返回给用户。

7.3.2 方案具体设计

本小节面向智慧医疗大数据安全应用环境，提出支持条件身份匿名的云存储数据审计方案，方案由系统初始化、用户匿名身份和签名私钥生成、数字签名生成、挑战信息生成、审计证明响应信息生成、完整性审计 6 个阶段组成。

1. 系统初始化

系统初始化阶段输入安全参数 ζ，密钥生成中心 PKG 执行如下步骤：

(1) PKG 设置一个双线性对映射 $e: G_1 \times G_1 \rightarrow G_2$，其中 G_1 和 G_2 是具有相同阶为 p 的乘法循环群，g 是 G_1 的生成元。

(2) PKG 随机选取 $s \leftarrow Z_p^*$ 作为主私钥，计算 $P_{\text{pub}} = g^s$ 作为 PKG 的主公钥。PKG 随机均匀地选取群元素 $w \leftarrow G_1$。

(3) PKG 设置两个安全且抗碰撞的通用哈希函数 $H_1: G_1 \times G_1 \times \{0, 1\}^* \rightarrow \{0, 1\}^\rho$，$H_2: G_1 \times \{0, 1\}^\rho \rightarrow Z_p^*$。同时，PKG 设置一个同态哈希函数 $H_3: Z_p \rightarrow G_1$。

最后，PKG 公布系统公开参数 $\text{Para} = (e, G_1, G_2, g, p, P_{\text{pub}}, w, H_1, H_2, H_3)$，PKG 秘密安全地保存主私钥 s。

2. 用户匿名身份和签名私钥生成

本阶段，根据医疗用户真实身份 $\text{RID} \in \{0, 1\}^\rho$ 和登录口令 PWD，PKG 为用户产生匿名身份，以及相对应的签名私钥，过程如下：

(1) PKG 随机均匀地选取 $r \leftarrow Z_p^*$，并使用主私钥 s 为用户产生匿名身份信息 $\text{AID} = (\text{AID}_1, \text{AID}_2)$，其中 $\text{AID}_1 = g^r$，$\text{AID}_2 = \text{RID} \oplus H_1(\text{AID}_1^s \| P_{\text{pub}} \| T)$，$T$ 为一个用户匿名的有效使用周期。

(2) PKG 使用主私钥 s 计算匿名身份 AID 对应的签名私钥 $\text{SK}_{\text{AID}} = (r+s)H_2(\text{AID})$。最后，PKG 通过安全信道返回 $\{\text{AID}, \text{SK}_{\text{AID}}, T\}$ 给相应的医疗用户。

3. 数字签名生成

数字签名生成阶段，医疗用户根据医疗健康数据文件生成如下数字签名，并产生完整性审计辅助信息：

(1) 将医疗健康数据文件 F(文件名为 $\text{name} \in Z_p^*$)分块预处理成 $F = \{m_1, m_2 \cdots, m_n\}$，$m_i \in Z_p^* (i = 1, 2, \cdots, n)$。

(2) 随机均匀地选 $\eta, \kappa, \tau \leftarrow Z_p$，计算 $\psi_1 = \eta\kappa\tau$，$\psi_2 = \eta^2\kappa^2\tau, \cdots$，$\psi_n = \eta^n\kappa^n\tau$，以及完整性审计辅助信息 $\text{AAI} = \{\eta, \kappa, \tau, H_3(\psi_1), \cdots, H_3(\psi_n)\}$。

(3) 利用签名私钥 SK_{AID} 计算每个医疗数据块 $m_i (i = 1, 2, \cdots, n)$ 的数字签名信息 $\text{Sig}_i = (w^{m_i} H_3(\text{name} + \psi_i))^{\text{SK}_{\text{AID}}}$。

最后，医疗用户通过无线医疗传感器网络将 $(\{m_i\}_{1 \leqslant i \leqslant n}, \{\text{Sig}_i\}_{1 \leqslant i \leqslant n})$ 上传到医疗云服务器，通过安全信道将 AAI 发送给 TPA 保存，并在本地端删除副本。

4. 挑战信息生成

当收到医疗用户授权 TPA 审计存储在云服务器的外包医疗数据完整性的请求时，TPA 生成挑战信息并发送给云服务器，过程如下：

(1) TPA 首先从集合$\{1, 2, \cdots, n\}$中随机性地选取一个包含 c 个元素的子集 $J=\{j_1, j_2, \cdots, j_c\}$，并为每一个 $j\in J$ 匹配随机系数 $v_j \leftarrow Z_p$，发送挑战信息$\{(j, v_j)_{j\in J}\}$给云服务器。

(2) 在等待医疗云服务器响应期间，TPA 基于完整性审计辅助信息 $\mathrm{AAI}=\{\eta, \kappa, \tau, H_3(\psi_1), \cdots, H_3(\psi_n)\}$执行预计算：

$$\lambda = H_3(\mathrm{name})^{\sum\limits_{j=j_1}^{j_c}} \cdot H_3(t)^{\sum\limits_{j=j_1}^{j_c} v_j \eta^j \kappa^j}$$

5. 审计证明响应信息生成

医疗云服务器基于挑战信息$\{(j, v_j)_{j\in J}\}$生成如下审计证明响应信息：

(1) 随机选取 $\alpha \leftarrow Z_p^*$，计算 $\eta = w^\alpha$，以及组合医疗数据块 $\mu = \alpha^{-1}\sum\limits_{j=j_1}^{j_c} v_j m_j + \beta$。

(2) 计算聚合签名 $\mathrm{Sig} = \prod\limits_{j=j_1}^{j_c} \mathrm{Sig}_j^{v_j}$。

最后，TPA 发送审计证明响应信息$\{\mu, \beta, \mathrm{Sig}\}$给医疗云服务器。

6. 完整性审计

当收到来自医疗云服务器返回的审计证明响应信息$\{\mu, \beta, \mathrm{Sig}\}$后，TPA 利用预计算值 λ 判断完整性审计方程 $e(g, \mathrm{Sig})=e((\mathrm{AID}_1 P_{\mathrm{pub}})^{H_2(\mathrm{AID})}, \lambda\beta^{\mu-\beta})$是否成立。若成立，则说明医疗用户存储在云服务器上的医疗数据是完整的。反之，则医疗数据是不完整的。

此外，支持条件身份匿名的外包云存储医疗数据完整性审计方案可以使得 TPA 对医疗用户的多个医疗数据文件同时进行批量审计，具体拓展细节描述如下：

医疗用户另外选定三个随机系数 $\gamma, \upsilon, \theta \leftarrow Z_p$，这里假设用户有 d 份医疗文件需要外包存储在云服务器，它们的文件名分别是$\{\mathrm{name}_1, \mathrm{name}_2, \cdots, \mathrm{name}_d\}$。对于每一个 $\ell\in\{1, 2, \cdots, d\}$，$\mathrm{name}_\ell=\gamma^\ell \upsilon^\ell \theta$，每一份文件由 n 个数据块组成，如：$F_\ell=\{m_{\ell_1}, m_{\ell_2}, \cdots, m_{\ell_n}\}$。数据文件 F_t 对应的种子信息集合为$\{\psi_{\ell_i}\}_{1\leqslant i\leqslant n}$，对于 $i=1, 2, \cdots, n$，$\psi_{\ell_i}=\eta^{\ell\cdot i}\kappa^{\ell\cdot i}\tau^{\ell\cdot i}$。$F_\ell$对应的签名集合是$\{\mathrm{Sig}_{\ell_1}, \mathrm{Sig}_{\ell_2}, \cdots, \mathrm{Sig}_{\ell_n}\}$，对于 $i=1, 2, \cdots, n$，$\mathrm{Sig}_{\ell_i}=(w^{m_{\ell_i}} H_3(\mathrm{name}_\ell+\psi_{\ell_i}))^{\mathrm{SK}_{\mathrm{AID}}}$。

在挑战信息生成阶段，TPA 在生成挑战信息$\{(j, v_j)_{j\in J}\}$并发送给云服务器之后，计算预计算值：

$$\lambda' = H_3(\theta)^{\sum\limits_{\ell=1}^{d}\sum\limits_{j=j_1}^{j_c}\gamma^\ell\cdot\upsilon^\ell\cdot v_j} \cdot H_3(\tau)^{\sum\limits_{\ell=1}^{d}\sum\limits_{j=j_1}^{j_c}\eta^{\ell\cdot j}\cdot\kappa^{\ell\cdot j}\cdot v_j}$$

在审计证明响应信息产生阶段，在收到挑战信息后，云服务器随机选取 $\alpha' \leftarrow Z_p^*$，计算 $\beta' = w^{\alpha'}$，组合数据块 $\mu'=(\alpha')^{-1}\sum\limits_{\ell=1}^{d}\sum\limits_{j=j_1}^{j_c} v_j m_{\ell_j} + \beta'$ 以及聚合签名 $\mathrm{Sig}'=\prod\limits_{\ell=1}^{d}\prod\limits_{j=j_1}^{j_c}\mathrm{Sig}_{\ell_j}^{v_j}$。云服

务器发送审计证明响应信息$\{\mu', \beta', \mathrm{Sig}'\}$给TPA。

在完整性审计阶段，TPA使用预计算值λ'来验证方程$e(g, \mathrm{Sig}')=e((\mathrm{AID}_1 P_{\mathrm{pub}})^{H_2(\mathrm{AID})}, \lambda'(\beta')^{\mu'-\beta'})$是否成立。如果等式成立，则表明医疗用户存储在远端云服务器上的d份医疗数据文件是完整的。反之，则不完整。

7.3.3 方案正确性证明

本方案有助于医疗用户检查存储在云端的医疗数据的完整性，这是通过完整性审计方程得以保证的，如果$\mathrm{Proof}=\{\mu, \beta, \sigma\}$是医疗云服务器根据用户完整无损的数据生成的，那么只要各个实体诚实地执行各个算法，最终Proof是可以通过TPA验证的。现在给出数据完整性审计方程式的正确性证明。

单文件完整性审计方程的正确性推导如下：

$$
\begin{aligned}
e(g, \sigma) &= e\Big(g, \prod_{j=j_1}^{j_c} \mathrm{Sig}_j^{v_j}\Big) = e\Big(g, \prod_{j=j_1}^{j_c} \big((w^{m_j} \cdot H_3(\mathrm{name}+\psi_j))^{\mathrm{SK_{AID}}}\big)^{v_j}\Big) \\
&= e\Big(g^{\mathrm{SK_{AID}}}, \prod_{j=j_1}^{j_c} (w^{m_j v_j} \cdot H_3(\mathrm{name})^{v_j} H_3(\psi_j)^{v_j})\Big) \\
&= e\Big(\mathrm{AID}_1^{H_2(\mathrm{AID})} \cdot P_{\mathrm{pub}}^{H_2(\mathrm{AID})}, w^{\sum_{j\in J} v_j m_j} \cdot \prod_{j=j_1}^{j_c} H_3(\mathrm{name})^{v_j} \cdot \prod_{j=j_1}^{j_c} H_3(\psi_j)^{v_j}\Big) \\
&= e\Big(\mathrm{AID}_1^{H_2(\mathrm{AID})} \cdot P_{\mathrm{pub}}^{H_2(\mathrm{AID})}, w^{\alpha(\mu-\beta)} \cdot H_3(\mathrm{name})^{\sum_{j\in J} v_j} \cdot \prod_{j=j_1}^{j_c} H_3(\psi_j)^{v_j}\Big) \\
&= e\Big((\mathrm{AID}_1 \cdot P_{\mathrm{pub}})^{H_2(\mathrm{AID})}, w^{\alpha(\mu-\beta)} \cdot H_3(\mathrm{name})^{\sum_{j\in J} v_j} \cdot \prod_{j\in J} H_3(\eta^j \kappa^j \tau)^{v_j}\Big) \\
&= e\Big((\mathrm{AID}_1 \cdot P_{\mathrm{pub}})^{H_2(\mathrm{AID})}, \beta^{\mu-\beta} \cdot H_3(\mathrm{name})^{\sum_{j\in J} v_j} \cdot H_3(\tau)^{\sum_{j=j_1}^{j_c} v_j \eta^j \kappa^j}\Big) \\
&= e((\mathrm{AID}_1 \cdot P_{\mathrm{pub}})^{H_2(\mathrm{AID})}, \lambda\beta^{\mu-\beta})
\end{aligned}
$$

多文件批量完整性审计方程的正确性推导如下：

$$
\begin{aligned}
e(g, \sigma') &= e\Big(g, \prod_{\ell=1}^{d} \prod_{j=j_1}^{j_c} \mathrm{Sig}_{\ell_j}^{v_j}\Big) = e\Big(g, \prod_{\ell=1}^{d} \prod_{j=j_1}^{j_c} \big((w^{m_{\ell_j}} \cdot H_3(\mathrm{name}_\ell+\psi_{\ell_j}))^{\mathrm{SK_{AID}}}\big)^{v_j}\Big) \\
&= e\Big(g^{\mathrm{SK_{AID}}}, \prod_{\ell=1}^{d} \prod_{j=j_1}^{j_c} (w^{m_{\ell_j} v_j} \cdot H_3(\mathrm{name}_\ell)^{v_j} H_3(\psi_{\ell_j})^{v_j})\Big) \\
&= e\Big(\mathrm{AID}_1^{H_2(\mathrm{AID})} \cdot P_{\mathrm{pub}}^{H_2(\mathrm{AID})}, w^{\sum_{\ell=1}^{d}\sum_{j=j_1}^{j_c} v_j m_\ell} \cdot H_3(Q)^{\sum_{\ell=1}^{d}\sum_{j=j_1}^{j_c} r^\ell \cdot v^\ell \cdot v_j} \cdot \prod_{\ell=1}^{d} \prod_{j=j_1}^{j_c} H_3(\psi_{\ell_j})^{v_j}\Big) \\
&= e\Big(\mathrm{AID}_1^{H_2(\mathrm{AID})} \cdot P_{\mathrm{pub}}^{H_2(\mathrm{AID})}, w^{\alpha'(\mu'-\beta')} \cdot H_3(Q)^{\sum_{\ell=1}^{d}\sum_{j=j_1}^{j_c} r^\ell \cdot v^\ell \cdot v_j} \cdot \prod_{\ell=1}^{d} \prod_{j=j_1}^{j_c} H_3(\psi_{\ell_j})^{v_j}\Big) \\
&= e\Big((\mathrm{AID}_1 \cdot P_{\mathrm{pub}})^{H_2(\mathrm{AID})}, w^{\alpha'(\mu'-\beta')} \cdot H_3(\theta)^{\sum_{\ell=1}^{d}\sum_{j=j_1}^{j_c} \gamma^\ell \cdot v^\ell \cdot v_j} \cdot H_3(\tau)^{\sum_{\ell=1}^{d}\sum_{j=j_1}^{j_c} \eta^{\ell \cdot j} \cdot \kappa^{\ell \cdot j} \cdot v_j}\Big) \\
&= e((\mathrm{AID}_1 \cdot P_{\mathrm{pub}})^{H_2(\mathrm{AID})}, \lambda'(\beta')^{\mu'-\beta'})
\end{aligned}
$$

通过以上多文件批量完整性审计过程得知，TPA 所需要的完整性审计计算开销与单个数据文件的计算开销几乎相同，与数据文件的个数没有关系，这是源于方案设计中用到同态哈希函数技术，使得 TPA 在生成挑战信息时，做了相关的预计算。因此本方案在 TPA 端的开销是轻量级的。

7.4　基于无证书的可条件匿名的云存储数据审计方案

7.4.1　背景描述

为了保证外包数据的完整性，已经提出了很多的公开审计方案。为了提供灵活的服务供应，其中一些方案支持外包数据的数据动态操作，例如按块修改、插入和删除。但是，这些方案实现数据动态操作都需要不小的代价。

在实际云存储应用环境中，用户的身份隐私在云存储中与数据隐私(即数据保密性、数据完整性)一样重要。很多时候，用户不希望自己的真实身份被他人掌握，用户总是不愿意公布一些与自己真实身份密切相关的核心数据。此外，如果能将有条件的身份跟踪机制集成到公共审计中，就可追踪云存储中存在违法行为的用户的真实身份，实现对部分违规用户的追查，并将其撤销。

虽然公共审计给用户带来了巨大的好处，但在云存储中广泛应用公共审计方案主要存在两方面的障碍。一方面，现有的一些公共审计方案是基于公钥基础设施设计的，需要维护复杂的证书，包括证书的生成、存储、更新和撤销过程。另一方面，现有的一些公共审计方案是基于身份的密码系统设计的，虽然可以避免复杂的证书管理，但也存在密钥托管的缺点。由于 PKG 可以生成用户的所有私钥，如果 PKG 不可信或被泄露，基于身份的数字签名方案就会受到威胁。事实上，无证书密码系统既可以解决 PKI 中的证书管理问题，也可以解决基于身份的密码系统中的密钥托管问题。这主要是因为在无证书密码系统中，用户的私钥由两部分组成，即 PKG 生成的部分私钥和用户生成的私钥，任何人只掌握了私钥的一部分是无法破解整个系统的。另外，现存的公共审计方案大多效率不高。实际上，TPA 被希望能够快速完成公共审计任务，并根据需要将审计结果告知用户。由于审计请求可能集中在一个特定的时间段内，因此严重的滞后是不可接受的。TPA 很可能被分配来同时检查多个数据文件的完整性，如果可以减少完整性审计的计算成本将是非常有利的。

7.4.2　系统模型

如图 7.4 所示，基于无证书的可条件匿名的云存储数据审计方案的系统包含四种类型的实体：密钥生成中心、用户、云服务器和第三方审计者。

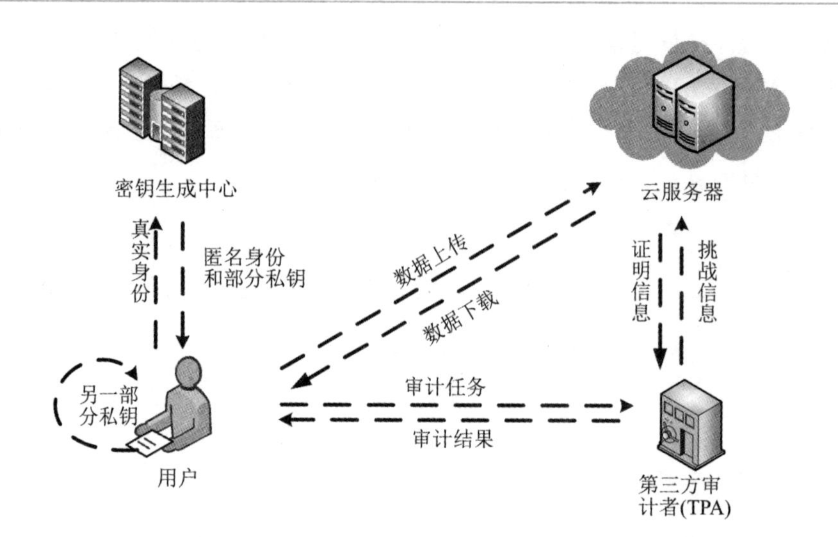

图 7.4 基于无证书的可条件匿名的云存储数据审计方案系统模型

1. 密钥生成中心(PKG)

该实体负责生成系统公共参数。它负责生成具有真实身份的用户的匿名身份和相应的部分私钥。特别是当用户在云存储系统中有违法行为时，PKG 可以追踪并撤销用户的真实身份。

2. 用户(User)

用户可以匿名的方式将数据外包给云服务器进行存储，并灵活地访问数据。此外，用户会在有需要时定期检查外包数据的完整性。由于本方案是基于无证书密码系统的，因此用户还需要自己生成部分私钥。

3. 云服务器(Cloud server)

云服务器由云服务提供商维护，为用户提供便捷的存储服务和强大的计算资源。

4. 第三方审计者(TPA)

该实体负责代表用户定期检查外包数据的完整性，并在适当的时候通知用户审计结果。

7.4.3 方案具体设计

基于无证书的可条件匿名的云存储数据审计方案包含五个阶段：系统初始化、数字签名生成、挑战信息生成、完整性审计证明响应信息生成、完整性审计。

1. 系统初始化

首先，密钥生成中心(PKG)执行以下步骤：

(1) 密钥生成中心(PKG)选取一个大素数 q，设置一个双线性对映射 $e: G_1 \times G_1 \rightarrow G_2$，其中 G_1、G_2 均为 q 阶乘法循环群。密钥生成中心选取 q 阶乘法循环群 G_1 的一个生成元 g，在有限域 Z_q 中选取一个非零的随机数 α 作为系统主私钥，计算 $P_{\text{pub}} = g^{\alpha}$，其中 P_{pub} 是系统主公钥。

(2) PKG 选取两个抗碰撞的哈希函数 h_1：$G_1\times G_1\times\{0,1\}^*\to\{0,1\}^{\ell}$ 和 h_2：$\{0,1\}^{\ell}\times\{0,1\}^*\to Z_q$。

(3) PKG 选取一个抗碰撞的同态哈希函数 h_3：$Z_q\to G_1$，h_3 满足如下同态性：对于任意两个消息 m_1、m_2 和标量系数 α_1、α_2，等式 $h_3(\alpha_1 m_1+\alpha_2 m_2)=h_3(m_1)^{\alpha_1}\cdot h_3(m_2)^{\alpha_2}$ 成立。PKG 公布系统公开参数 params$=\{e,G_1,G_2,g,q,h_1,h_2,h_3,P_{\text{pub}}\}$。

其次，密钥生成中心(PKG)为用户(其真实身份为 RID$\in\{0,1\}^{\ell}$)生成如下匿名身份 ID 及对应的部分私钥 psk：

从有限域 Z_q 中选取一个非零的随机数 k，计算匿名身份分量一 $\text{ID}_1=g^k$；PKG 计算匿名身份分量二 $\text{ID}_2=\text{RID}\oplus h_1(\text{ID}_1^{\alpha}\parallel P_{\text{pub}}\parallel T)$，其中 T 为用户匿名身份的有效使用周期。PKG 设置用户的匿名身份为 $\text{ID}=(\text{ID}_1,\text{ID}_2)$，利用主私钥 α 计算 $\text{psk}=k+\alpha h_2(\text{ID}_2\parallel T)$ 作为匿名身份 ID 对应的部分私钥。PKG 通过安全信道发送$\{\text{ID},\text{psk},T\}$给用户。

当收到信息后，用户验证方程 $e(g^{\text{psk}},g)=e(\text{ID}_1,g)\cdot e(P_{\text{pub}},g^{h_2(\text{ID}_2\parallel T)})$ 是否成立。如果验证方程通过，则用户接受此匿名身份 ID 和部分私钥 psk，反之则拒绝。

最后，用户从 q 阶有限域 Z_q 中选取一个非零的随机数 x，得到自己的签名私钥 $\text{sk}=(\text{psk},x)$，并计算验证公钥 $\text{vpk}=g^x$。

2. 数字签名生成

用户按照如下步骤产生数据文件的数字签名。

用户首先对数据文件分块，选择一个轻量级的对称加密算法对每一个数据文件块进行加密得到密文数据块，并产生对应的数字签名集合如下：

(1) 用户将数据文件 F(F 的身份标识为 name$\in Z_q$)分成 n 个块，表示为 $F=\{m_1,m_2,\cdots,m_n\}$，用户选择一个轻量级的对称加密算法 SEA，并选择一个对称密钥 s 对数据文件 F 进行加密，F 被加密成 $C=\{c_1,c_2,\cdots,c_n\}$，对于 $i=1,2,\cdots,n$，$c_i=\text{SEA}_s(m_i)\in Z_q$。

(2) 用户从 q 阶有限域 Z_q 中选取四个不同的随机系数 τ、η、κ、θ，据此导出 n 个种子：$\psi_1=\eta^1\kappa^1\theta^1\tau$，$\psi_2=\eta^2\kappa^2\theta^2\tau$，$\cdots$，$\psi_n=\eta^n\kappa^n\theta^n\tau$，用户设置完整性审计辅助信息 $\text{AAI}=\{\eta,\kappa,\theta,\tau,h_3(\psi_1),h_3(\psi_2),\cdots,h_3(\psi_n)\}$。

(3) 对于 $1\leqslant i\leqslant n$，用户计算每一个密文数据块 c_i 的数字签名 $\text{Sig}_i=h_3(c_i+\psi_i)^{\text{psk}}h_3(\text{name})^x$，设置签名集合$\{\text{Sig}_i\}_{1\leqslant i\leqslant n}$。

最后，用户发送$\{C,\{\text{Sig}_i\}_{1\leqslant i\leqslant n}\}$给云服务器进行存储，另外发送完整性审计辅助信息 AAI 给第三方审计者 TPA 进行存储，并在本地客户端删除这些信息。

3. 挑战信息生成

第三方审计者 TPA 按照如下步骤产生挑战信息。

当接收到用户检查云端数据完整性审计的请求时，第三方审计者 TPA 首先产生审计挑战信息如下：从集合$\{1,2,\cdots,n\}$中随机选取一个含有 c 个元素的子集 $\Omega=\{j_1,j_2,\cdots,j_c\}$；其次，针对每一个下标 $j\in\Omega$，从 q 阶有限域 Z_q 中随机选取匹配系数 v_j，最后 TPA 发送挑战信息 $\text{Chal}=\{j,v_j\}_{j\in\Omega}$ 给云服务器。在得到云服务器返回的审计证明响应信息之前，TPA 产生预计算值之一 $\lambda_1=h_3(\tau)^{\sum_{j=j_1}^{j_c}v_j\eta^j\kappa^j\theta^j}$，以及预计算值之二 $\lambda_2=h_3(\text{name})^{\sum_{j=j_1}^{j_c}v_j}$。

4. 完整性审计证明响应信息生成

云服务器按照如下步骤产生完整性审计证明响应信息。

一旦接收到完整性审计挑战信息 Chal $=\{j, v_j\}_{j\in\Omega}$，云服务器计算被挑战的密文数据快的组合信息块 $\mu=\sum_{j=j_1}^{j_c} c_j v_j (\mathrm{mod}\,q)$，以及聚合签名 $\mathrm{Sig}=\prod_{j=j_1}^{j_c}\mathrm{Sig}_j^{v_j}$。最后云服务器发送完整性审计证明响应信息$\{\mu, \mathrm{Sig}\}$给 TPA。

5. 完整性审计

授权的第三方审计者 TPA 按照如下步骤审计云存储数据文件的完整性：

在收到$\{\mu, \mathrm{Sig}\}$后，利用两个预计算值 $\lambda_1=h_3(\tau)^{\sum_{j=j_1}^{j_c} v_j\eta^j\kappa^j\theta^j}$ 和 $\lambda_2=h_3(\mathrm{name})^{\sum_{j=j_1}^{j_c} v_j}$，TPA 检验如下方程：

$$e(\mathrm{Sig}, g)=e(h_3(\mu)\lambda_1, \mathrm{ID}_1\cdot(P_{\mathrm{pub}})^{h_2(\mathrm{ID}_2\parallel T)})\cdot e(\lambda_2, \mathrm{vpk})。$$

如果等式成立，TPA 返回真，否则返回假。TPA 向用户通知完整性审计结果。

7.4.4 方案正确性证明

在系统初始化阶段，用户可以根据方程 $e(g^{\mathrm{psk}}, g)=e(\mathrm{ID}_1, g)\cdot e(P_{\mathrm{pub}}, g^{h_2(\mathrm{ID}_2\parallel T)})$验证密钥生成中心生成的匿名身份和部分私钥的有效性，其正确性推导如下：

$$\begin{aligned}e(g^{\mathrm{psk}}, g)&=(g^{k+\alpha h_2(\mathrm{ID}\parallel T)}, g)\\&=e(g^k, g)\cdot e(g^{\alpha h_2(\mathrm{ID}\parallel T)}, g)\\&=e(\mathrm{ID}_1, g)\cdot e(P_{\mathrm{pub}}, g^{h_2(\mathrm{ID}\parallel T)})\end{aligned}$$

预计算等式推导过程如下：

$$\begin{aligned}\prod_{j=j_1}^{j_c} h_3(\psi_j)^{v_j}&=h_3(\eta^{j_1}\kappa^{j_1}\theta^{j_1}\tau)^{v_{j_1}}\cdot h_3(\eta^{j_2}\kappa^{j_2}\theta^{j_2}\tau)^{v_{j_2}}\cdot\cdots\cdot h_3(\eta^{j_c}\kappa^{j_c}\theta^{j_c}\tau)^{v_{j_c}}\\&=h_3(\tau)^{\eta^{j_1}\kappa^{j_1}\theta^{j_1}v_{j_1}}\cdot h_3(\tau)^{\eta^{j_2}\kappa^{j_2}\theta^{j_2}v_{j_2}}\cdot\cdots\cdot h_3(\tau)^{\eta^{j_c}\kappa^{j_c}\theta^{j_c}v_{j_c}}\\&=h_3(\tau)^{\sum_{j=j_1}^{j_c} v_j\eta^{(j)}\kappa^{(j)}\theta^{(j)}}\\&=\lambda_1\end{aligned}$$

$$\begin{aligned}\prod_{j=j_1}^{j_c} h_3(\mathrm{name})^{v_j}&=h_3(\mathrm{name})^{v_{j_1}}\cdot h_3(\mathrm{name})^{v_{j_2}}\cdot\cdots\cdot h_3(\mathrm{name})^{v_{j_c}}\\&=h_3(\mathrm{name})^{\sum_{j=j_1}^{j_c} v_j}\\&=\lambda_2\end{aligned}$$

完整性审计方程正确性推导如下：

$$
\begin{aligned}
e(\mathrm{Sig},\ g) &= e\Big(\prod_{j=j_1}^{j_c} \mathrm{Sig}_j^{v_j},\ g\Big) \\
&= e\Big(\prod_{j=j_1}^{j_c} (h_3(c_j+\psi_j)^x \cdot h_3(\mathrm{name})^{\mathrm{psk}})^{v_j},\ g\Big) \\
&= e\Big(\prod_{j=j_1}^{j_c} h_3(c_j+\psi_j)^{x\cdot v_j},\ g\Big) \cdot e\Big(\prod_{j=j_1}^{j_c} h_3(\mathrm{name})^{\mathrm{psk}\cdot v_j},\ g\Big) \\
&= e\Big(\prod_{j=j_1}^{j_c} h_3(c_j+\psi_j)^{v_j},\ g^x\Big) \cdot e\Big(\prod_{j=j_1}^{j_c} h_3(\mathrm{name})^{v_j},\ g^{\mathrm{psk}}\Big) \\
&= e\Big(\prod_{j=j_1}^{j_c} h_3(c_j)^{v_j} \cdot \prod_{j=j_1}^{j_c} h_3(\psi_j)^{v_j},\ \mathrm{vpk}\Big) \cdot e\Big(\prod_{j=j_1}^{j_c} h_3(\mathrm{name})^{v_j},\ g^{k+\alpha\cdot h_2(\mathrm{ID}\parallel T)}\Big) \\
&= e\Big(\prod_{j=j_1}^{j_c} h_3(c_j \cdot v_j) \cdot \prod_{j=j_1}^{j_c} h_3(\psi_j)^{v_j},\ \mathrm{vpk}\Big) \cdot e\Big(\prod_{j=j_1}^{j_c} h_3(\mathrm{name})^{v_j},\ g^{k+\alpha\cdot h_2(\mathrm{ID}\parallel T)}\Big) \\
&= e\Big(h_3\Big(\sum_{j=j_1}^{j_c} c_j \cdot v_j\Big) \cdot \prod_{j=j_1}^{j_c} h_3(\psi_j)^{v_j},\ \mathrm{vpk}\Big) . e\Big(\prod_{j=j_1}^{j_c} h_3(\mathrm{name})^{v_j},\ g^{k+\alpha\cdot h_2(\mathrm{ID}\parallel T)}\Big) \\
&= e(h_3(\mu)\cdot\lambda_1,\ \mathrm{vpk}) \cdot e(\lambda_2,\ \mathrm{ID}_1 \cdot (P_{\mathrm{pub}})^{h_2(\mathrm{ID}\parallel T)})
\end{aligned}
$$

7.4.5　方案动态更新拓展

在本小节中，将对基于无证书的可条件匿名的云存储数据审计方案进行动态更新(修改、插入和删除)操作拓展，并且不会遭受任何伪造或者替换攻击。

1. 数据修改

当用户想要修改索引为 i 的云端数据块时，首先从云服务器下载索引为 i 的加密数据块 c_i 和对应的签名 Sig_i，从 TPA 获得 $h_3(\psi_i)$；然后，用户计算 $h_3(\psi_i^*)=h_3(\psi_i)^\eta$，使用对称密钥 s 对密文块 c_i 进行解密得到 m_i，修改 m_i 为 m_i^*；接着，用户计算新的密文块：$c_i^*=\mathrm{SEA}_s(m_i^*)$，计算对应的签名：$\mathrm{Sig}_i^*=h_3(c_i^*)^x\cdot h_3(\psi_i^*)^x\cdot h_3(\mathrm{name})^{\mathrm{psk}}$。事实上，新的签名值可以被这样计算的原因是 h_3 具有同态特性，即

$$
\begin{aligned}
\mathrm{Sig}_i^* &= h_3(c_i^*+\psi_i^*)^x \cdot h_3(\mathrm{name})^{\mathrm{psk}} \\
&= h_3(c_i^*)^x \cdot h_3(\psi_i^*)^x \cdot h_3(\mathrm{name})^{\mathrm{psk}}
\end{aligned}
$$

最后，用户发送数据更新请求 $\{c_i^*,\ \mathrm{Sig}_i^*,\ i\}$ 给云服务器，发送辅助信息更新请求 $\{h_3(\psi_i^*),\ i\}$ 给 TPA。在收到更新请求后，云服务器和 TPA 根据索引信息 i 更新相应信息。最后，云服务器和 TPA 确认更新。

2. 数据插入

当用户想要在第 i 个数据块和第 $i+1$ 个数据块之间插入一个新的数据块 m_i^* 时，首先从 TPA 得到 $h_3(\psi_i)$；然后，用户计算 $h_3(\psi_i^*)=h_3(\psi_i)^\kappa$，计算插入数据的密文值 $c_i^*=\mathrm{SEA}_s(m_i^*)$，密文块对应的签名值 $\mathrm{Sig}_i^*=h_3(c_i^*)^x\cdot h_3(\psi_i^*)^x\cdot h_3(\mathrm{name})^{\mathrm{psk}}$。同样地，$\mathrm{Sig}_i^*$ 也是由于 h_3 的同态特性才可以以这种形式被计算：

$$\begin{aligned}\mathrm{Sig}_i^* &= h_3(c_i^* + \psi_i^*)^x \cdot h_3(\mathrm{name})^{\mathrm{psk}} \\ &= h_3(c_i^*)^x \cdot h_3(\psi_i^*)^x \cdot h_3(\mathrm{name})^{\mathrm{psk}}\end{aligned}$$

最后，用户发送数据插入请求$\{c_i^*, \mathrm{Sig}_i^*, i\}$给云服务器，发送辅助信息插入请求$\{h_3(\psi_i^*), i\}$给TPA。在收到插入请求后，云服务器分别将$c_i^*$和$\mathrm{Sig}_i^*$插入到密文集和签名集的第$i+1$个位置，TPA将$h_3(\psi_i^*)$插入到$h_3(\psi_i)$之后，后面所有的数据块相应地往后移动。最后，云服务器和TPA确认更新。

3. 数据删除

当用户想要删除存储在云服务器中的文件的第i个密文块时，将删除请求发送给TPA和云服务器。TPA根据索引i删除$h_3(\psi_i)$，云服务器也根据索引i删除相应的密文块c_i和签名sig_i，将处于后面的数据全部向前移动一个位置。最后，云服务器更新索引表，TPA确认更新。

1. 基于可代理上传的云存储智慧医疗数据安全审计方案，能否进一步实现针对不同数据拥有者外包数据的批量审计功能？

2. 如何进一步设计基于生物特征信息的智慧医疗云存储数据安全审计方案？

3. 如何进一步设计支持多用户动态数据更新的智慧医疗云存储数据安全审计主案？

第 8 章

智慧医疗环境中加密数据聚合分析方案

8.1 可验证的云存储医疗加密数据聚合分析方案

8.1.1 背景描述

移动互联、物联网、云计算、大数据等新兴信息技术与信息感知方式的发展和变化，深刻地改变着传统医疗与健康服务模式。随着移动医疗等新兴技术的应用和发展，电子健康档案、临床检测数据，可穿戴传感器感知的个人健康状态记录等医疗数据都呈爆炸式增长。因此，医疗大数据处理技术在临床决策支持系统、远程病人监控数据以及对病人健康档案等精准分析方面发挥着日益重要的作用。医疗大数据处理技术已成为提高诊疗效率、减少可避免的人为误差、缓解医疗资源分布不均问题的有效方法。同时，云计算技术以其高效的计算能力和海量的存储空间，可有效集成在无线医疗网络环境，极大地缓解了医疗数据剧增所带来的存储和处理压力。

尽管云计算技术在管理健康医疗大数据方面呈现出明显优势，但外包云存储医疗数据仍然面临各种安全性威胁，其中机密性是用户最关心的安全威胁。事实上，用户健康医疗数据的敏感性往往导致其以密文形式存储在云服务器，这将使部分甚至大部分数据失去可用性。因此，如何在做好数据隐私保护的前提下对云存储外包医疗数据进行快速医学统计分析是迫切需要解决的问题。加密数据聚合可有效促进具有隐私保护的医疗数据统计分析。密码学中的具有加法同态特性的加密算法能够被集成到聚合方案中，通过云服务器对大量的医疗数据密文进行同态聚合，这将极大地降低通信带宽。随后在医疗数据分析中心端进行聚合数据解密，这样，医疗数据分析中心就可进一步进行具有隐私保护的大数据统计分析。

同时，数据完整性在外包医疗云存储环境应用中也极为关键。恶意敌手为了某种利益可能在用户和云服务器的传输信道之中截取数据并执行替换或篡改攻击，由于云服务器同时要处理来自不同用户的海量医疗数据，在进行加密聚合的过程中，可能会意外错误地使用原始外包密文数据，导致聚合数值并非真实的结果。因此，可验证的加密数据聚合方案是医疗数据分析中心进行具有隐私保护的大数据深度准确统计分析的有效保证。

针对以上这些问题，本节提出一种可验证的云存储医疗加密数据聚合分析方案。

8.1.2 系统模型与设计目标

1. 系统模型

可验证的云存储医疗加密数据统计分析方案的基本系统模型包含四类通信实体：用户、云服务器、医疗数据分析中心，可信中心，如图 8.1 所示。

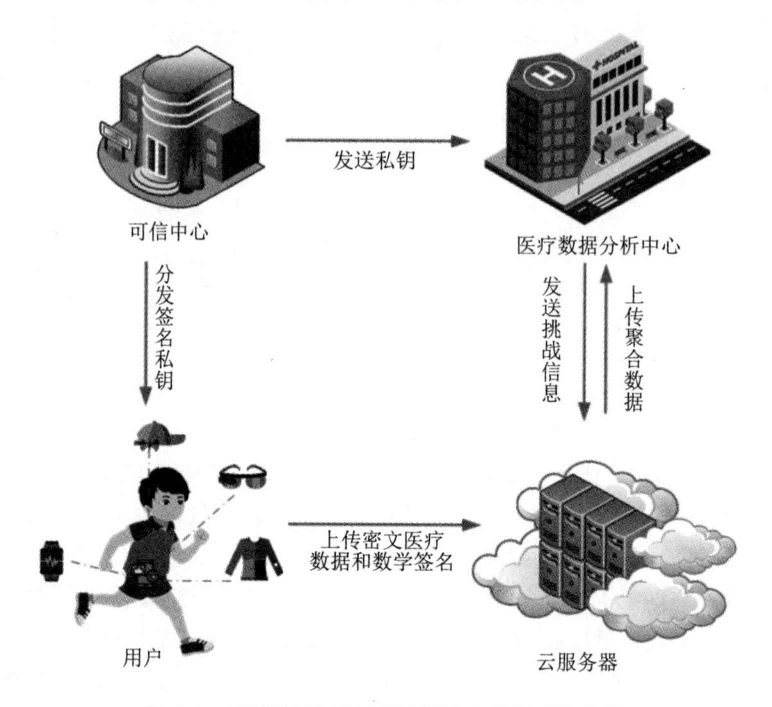

图 8.1 云存储医疗加密数据聚合分析系统模型

1）用户(US)

通过可穿戴设备收集健康医疗数据，使用移动终端计算设备对医疗数据进行加密，产生密文对应的数字签名。最后将所有密文及其对应的数字签名集合上载到远程云服务器。

2）云服务器(CS)

云服务器拥有巨大的计算和存储能力，在本模型中主要用于存储用户上载的加密数据及其数字签名集合。一旦接到医疗数据分析中心的挑战请求，云服务器就会对挑战位置的加密数据及其数字签名进行同态聚合运算，返回最终结果到医疗数据分析中心。

3）医疗数据分析中心(DAC)

医疗数据分析中心是对医疗数据进行使用和分析的核心控制中心。当接到来自云服务器返回的聚合结果，医疗数据分析中心首先进行加密数据完整性验证，然后利用私钥进行解密获得不同用户医疗数据的聚合值，最后对用户的医疗数据进行基于隐私保护地统计分析。

4）可信中心(TA)

负责设置并发布系统的公开密码参数，系统初始化阶段通过安全信道为各通信实体发送私钥。

从以下几个方面考虑系统模型可能受到的安全威胁：

(1) 存在外部敌手截取到云存储系统响应的信息，并不断重放这一信息，使得医疗数据分析中心无法及时地分析最新医疗健康数据，从而使统计分析结果失去时效性。

(2) 系统中存在内部敌手，企图冒充其他用户端，并上传虚假的医疗健康数据，欺骗云存储器进行非法存储，从而导致医疗数据分析中心的统计分析结果失去可用性。

(3) 云存储器响应医疗数据分析中心挑战时，没有正确的聚合数据或者聚合数据在回传到分析中心时遭到了外部敌手的替换，导致数据分析中心的统计分析结果失去真实性。

2. 设计目标

为了应对以上的安全威胁，可验证的外包云存储医疗加密数据聚合分析方案应该实现以下的设计目标：

(1) **数据机密性**(Data Confidentiality)。由于可穿戴终端设备收集的用户体征数据是十分敏感的医疗健康数据，因此方案必须保证医疗健康数据在传输、聚合、存储、分析过程中的机密性。

(2) **数据完整性**(Data Integrity)。在系统中可能存在内部恶意敌手冒充其他用户发送虚假信息，因此方案必须为用户提供数字签名机制，保证用户上传的数据具有可验证性。

(3) **聚合数据正确性**(Data Aggregation Correctness)。在云服务器对数据进行聚合和上传聚合数据时，应该保证聚合数据的正确性和完整性，在医疗数据发生错误聚合或传输中遭到替换时，医疗数据分析中心应该能够及时发现并丢弃无效数据。

(4) **高性能**(High Performance)：要求方案在通信开销和计算开销方面尽可能降低。

8.1.3 方案具体设计

可验证的云存储医疗加密数据聚合分析方案具体包括四个算法：**系统初始化、医疗数据加密和签名上传、加密医疗数据同态聚合、验证和聚合数据解密**。

1. 系统初始化

可信中心 TA 生成用于同态加密、同态数字签名和验证的系统公共参数。同时，TA 把秘密参数发送给医疗数据分析中心，以及对应用户。具体初始化算法如下：

(1) TA 选取长度相等的大素数 p_1 和 p_2，设置双线性对映射 $e: G_a \times G_a \to G_b$，其中 G_a 为 $n=p_1p_2$ 阶乘法循环群，g 为 G_a 的生成元，选取 G_a 的 p_1 阶子群的生成元 $x=g^{p_2}$。

(2) TA 选取有限域 F_p(p 是大素数)上的椭圆曲线 E，并基于此椭圆曲线设置另外一个双线性对映射：$\tilde{e}: G_1 \times G_1 \to G_2$，其中 V 是基于椭圆曲线 E 的 q 阶加法循环群 G_1 的生成元。TA 设置需要外包到云服务器的具有某一类型医疗数据的用户数量为 N，对于第 i 个用户，TA 为其产生私钥 $z_i \in Z_q$，并计算公钥 $U_i = z_i V$。TA 设置两个抗碰撞的哈希函数 $H_1: \{0, 1\}^* \to G_1$，$H_2: \{0, 1\}^* \to Z_q^*$。

(3) 最后，TA 公开如下系统公共参数：

$$\text{pub}=(G_a, G_b, e, g, x, n, G_1, G_2, \tilde{e}, V, \{U_i\}_{1\leqslant i\leqslant N}, H_1, H_2),$$

并通过安全信道将私钥 p_1 发送给医疗数据分析中心，将私钥 z_i 发送给对应用户 i。

2. 医疗数据加密和签名上传

用户 i 利用医疗数据分析中心的公钥生成医疗数据 m_i 的密文，同时使用私钥对密文数据产生对应的数字签名 σ_i，最后把密文和对应的数字签名数据上载到云服务器。具体算法步骤如下：

(1) 对于明文数据 m_i，其最大值 T 小于 p_2，随机选取 $s_i \in Z_n$，按如下方式计算密文：

$$c_i = \mathrm{Enc}(m_i, s_i) = g^{m_i} x^{s_i} \in G_a。$$

(2) 计算数字签名 $\sigma_i = (z_i + H_2(c_i))H_1(\mathrm{type})$，其中 type 是医疗数据的类型。

(3) 每一个用户 i 将自己生成的签名数据和密文数据 $\{\sigma_i, c_i\}$ 一起加载到远程云服务器。

3. 加密医疗数据同态聚合

当医疗数据分析中心需要分析某一类型的敏感医疗数据时，使用伪随机数发生器生成含 l 个伪随机数的伪随机序列 $\{t_1, t_2, \cdots, t_{l-2}, \alpha, \beta\}$，把医疗数据类型 type 和伪随机序列一起作为挑战信息 chal 发送给云服务器。然后云服务器根据 type 类型医疗数据上 N 个用户的外包密文数据，和这些数据对应的数字签名分别进行聚合。具体算法步骤如下：

(1) 云服务器对 N 个加密数据进行同态聚合：

$$\begin{aligned} \mathrm{SC} &= \prod_{i=1}^{N} c_i \\ &= \prod_{i=1}^{N} \mathrm{Enc}(m_i, s_i) \\ &= \prod_{i=1}^{N} g^{m_i} x^{s_i} \\ &= g^{\sum_{i=1}^{N} m_i} \cdot x^{\sum_{i=1}^{N} s_i} \end{aligned}$$

(2) 根据双线性对的运算性质和同态加密性质，对每个密文 $c_i = \mathrm{Enc}(m_i, s_i)$进行如下聚合：

$$\begin{aligned} \mathrm{QSC} &= \prod_{i=1}^{N} e(c_i, c_i) \\ &= \prod_{i=1}^{N} e(\mathrm{Enc}(m_i, s_i), \mathrm{Enc}(m_i, s_i)) \\ &= \prod_{i=1}^{N} e(g^{m_i} x^{s_i}, g^{m_i} x^{s_i}) \\ &= \prod_{i=1}^{N} e(g, g)^{m_i^2} \cdot e(g, x)^{2m_i s_i + p_2 s_i^2} \end{aligned}$$

(3) 基于以上两个聚合数据值SC，QSC和挑战信息，云服务器利用哈希函数 H_2 产生新的随机数 $t_{l-1} = H_2(\mathrm{SC} \parallel \alpha)$ 和 $t_l = H_2(\mathrm{QSC} \parallel \beta)$，云服务器进一步基于挑战信息中的伪随机序列 $\{t_1, t_2, \cdots, t_{l-2}, t_{l-1}, t_l\}$ 对数字签名数据 $\sigma_1, \sigma_2, \cdots, \sigma_N$ 进行聚合 $\sigma = \sum_{i=1}^{N}(t_j H_1(\mathrm{type}) + \sigma_i)$，其中 $i \in \{1, 2, \cdots, N\}$，$j \in \{1, 2, \cdots, l\}$，$l < N$，$j = (i-1) \bmod l + 1$，并计算

$c=\sum_{i=1}^{N}H_2(c_i)$，以及将对应公钥$\{U_1, U_2\cdots U_N\}$进行聚合$U=\sum_{i=1}^{N}U_i$。

最后云服务器将所有聚合数据 Agg=$\{\sigma, c, U$, SC, QSC$\}$发送给医疗数据分析中心。

4. 验证和聚合数据解密

当接收到云服务器发送的聚合数据后，医疗数据分析中心进行数据完整性验证，并对聚合密文 SC 和 QSC 进行解密，最后统计方差和平均值。详细的数据聚合和统计分析流程如图 8.2 所示。

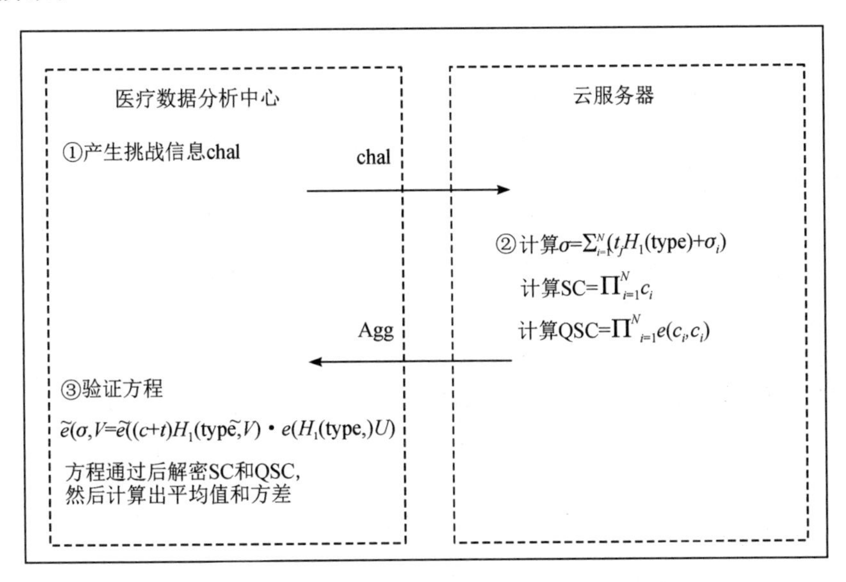

图 8.2　数据聚合和统计分析流程

(1) 首先计算 $t_{l-1}=H_2(\text{SC}\parallel\alpha)$ 和 $t_l=H_2(\text{QSC}\parallel\beta)$，然后计算 $t=\sum_{i=1}^{N}t_j$，其中 $j=(i-1)\bmod l+1$，并验证如下方程是否成立：

$$\tilde{e}(\sigma, V)\overset{?}{=}\tilde{e}((c+t)H_1(\text{type}), V)\cdot\tilde{e}(H_1(\text{type}), U)$$

(2) 一旦验证方程成立，医疗数据分析中心确信外包云存储密文数据未被云服务器错误聚合且未被外部敌手恶意替换、篡改。根据Pollard的lambda解密方法，医疗数据分析中心利用私钥 p_1 进行条件性地穷举暴力破解，在时间复杂度 $o(\sqrt{T})$ 的情况下可有效求解离散对数$\log_{g^{p_1}}^{\text{SC}^{p_1}}$，进而可恢复该类医疗数据的统计和$\sum_{i=1}^{N}m_i$。同样，医疗数据分析中心可有效求解离散对数$\log_{e(g,g)^{p_1}}^{\text{QSC}^{p_1}}$，恢复医疗数据的平方和$\sum_{i=1}^{N}m_i^2$。

算法 1：Pollard 的 lambda 解密方法解密聚合密文。 Iuput：云服务器聚合密文 SC 和 QSC，分析中心解密私钥 p_1。 Output：医疗数据的统计和 $\sum_{i=1}^{N}m_i$ 和医疗数据的平方和 $\sum_{i=1}^{N}m_i^2$。

```
    ∑_{i=1}^{N} m_i = g^{p_1 T}
    ∑_{i=1}^{N} m_i^2 = e(g, g)^{p_1 T}
for i = T to 1 do
    if SC! = ∑_{i=1}^{N} m_i then
        ∑_{i=1}^{N} m_i = ∑_{i=1}^{N} m_i * g^{-p_1}
    end
    if QSC! = ∑_{i=1}^{N} m_i^2 then
        ∑_{i=1}^{N} m_i^2 = ∑_{i=1}^{N} m_i^2 * e(g, g)^{-p_1}
    end
    if QSC == ∑_{i=1}^{N} m_i^2 并且 SC == ∑_{i=1}^{N} m_i
        break
    end
end
if i == 0 || j == 0 then
    return 密文错误
end
```

（3）当医疗数据分析中心得到正确的type类型医疗数据的统计和$\sum_{i=1}^{N} m_i$，以及该类医疗数据的平方和$\sum_{i=1}^{N} m_i^2$时，医疗数据分析中心就可计算出该医疗数据的平均值和方差统计数据：

$$\bar{m} = \frac{1}{N} \cdot \sum_{i=1}^{N} m_i$$

$$\operatorname{var}(m_i) = \frac{1}{N} \cdot \sum_{i=1}^{N} m_i^2 - \left(\frac{1}{N} \cdot \sum_{i=1}^{N} m_i\right)^2$$

最后，医疗数据分析中心根据这些统计数据，可进一步在保护用户医疗数据隐私的状态下进行大数据处理和深度分析。

8.1.4 方案正确性与安全性证明

1. 方案正确性分析

本方案有助于医疗数据分析中心能够确信云服务器对其挑战的聚合信息进行正确地同态加密聚合，这是通过完整性验证方程得以保证的。现在我们给出数据完整性验证方程式的正确性证明：

$$
\begin{aligned}
\tilde{e}(\sigma, V) &= \tilde{e}\Big(\sum_{i=1}^{n}(t_j H_1(\text{type}) + \sigma_i), V\Big) \\
&= \tilde{e}\Big(\sum_{i=1}^{n}(t_j + z_i + H_2(c_i)) H_1(\text{type}), V\Big) \\
&= \tilde{e}\Big(\sum_{i=1}^{n}(t_j + H_2(c_i)) H_1(\text{type}), V\Big) \cdot \tilde{e}\Big(\sum_{i=1}^{n} z_i H_1(\text{type}), V\Big) \\
&= \tilde{e}\Big(\Big(\sum_{i=1}^{n} H_2(c_i) + t\Big) H_1(\text{type}), V\Big) \cdot \tilde{e}\Big(\sum_{i=1}^{n} z_i H_1(\text{type}), V\Big) \\
&= \tilde{e}((c + t) H_1(\text{type}), V) \cdot \tilde{e}\Big(H_1(\text{type}), \sum_{i=1}^{n} z_i V\Big) \\
&= \tilde{e}((c + t) H_1(\text{type}), V) \cdot \tilde{e}(H_1(\text{type}), U) \\
&= \tilde{e}\Big(\Big(\sum_{i=1}^{n} H_2(c_i) + \sum_{i=1}^{n} t_j\Big) H_1(\text{type}), V\Big) \cdot \tilde{e}\Big(\sum_{i=1}^{n} z_i H_1(\text{type}), V\Big)
\end{aligned}
$$

由此证明可知验证数据完整性的方程是正确的。

2. 方案安全性分析

我们给出此方案的安全性证明。

定理 8.1　可验证的云存储医疗加密数据聚合分析方案可确保用户外包云存储医疗数据的机密性。

证明　首先在每一个移动终端用户 i，用户产生医疗数据 m_i 的密文 $c_i = g^{m_i} x^{s_i}$，然后发送到云服务器。这里每一个 c_i 本质上是改进的 BGN(Boneh-Goh-Nissim)同态加密系统的密文，由于此密码系统满足选择明文安全的语义安全性，即便敌手在用户和云服务器的公开信道截获到相关密文，也不能恢复用户的原始医疗数据。

此外，一旦接收到所有来自 N 个用户的加密医疗数据 c_i，$i=1, 2, \cdots, N$，云服务器对 N 个加密数据进行同态聚合：

$$
\text{SC} = \prod_{i=1}^{N} c_i = \prod_{i=1}^{N} g^{m_i} x^{s_i} = g^{\sum_{i=1}^{N} m_i} \cdot x^{\sum_{i=1}^{N} s_i}
$$

$$
\begin{aligned}
\text{QSC} &= \prod_{i=1}^{N} e(c_i, c_i) = \prod_{i=1}^{N} e(g^{m_i} x^{s_i}, g^{m_i} x^{s_i}) \\
&= \prod_{i=1}^{N} e(g, g)^{m_i^2} \cdot e(g, x)^{2m_i s_i + p_2 s_i^2}
\end{aligned}
$$

于是，这 N 个用户的加密医疗数据被云服务器聚合为一个密文 SC 和一个密文 QSC，这个本质上也是 $\sum_{i=1}^{N} m_i$ 和 $\sum_{i=1}^{N} m_i^2$ 改进的 BGN 加密系统的密文。同样，根据 BGN 加密系统的选择明文安全的语义安全性，即便敌手在云服务器和医疗数据分析中心的公开信道截获到这两个聚合密文，也不能恢复用户的原始医疗数据的统计和和平方和。

定理 8.2　可验证的云存储医疗加密数据聚合分析方案可确保云存储加密医疗数据聚合的可验证性。

证明 在医疗数据加密和签名上传阶段，用户利用自己的私钥 z_i 产生加密医疗数据的数字签名 $\sigma_i=(z_i+H_2(c_i))H_1(\text{type})$，这样任意敌手如果能在多项式时间内伪造一个新的密文 σ_i^*，其必然在多项式时间内可以求解基于椭圆曲线的离散对数困难问题，因此单个密文的数字签名伪造是不可行的。进一步的，敌手在多项式时间内伪造聚合的加密医疗数据数字签名 $\sigma=\sum_{i=1}^{N}(t_jH_1(\text{type})+\sigma_i)$，$j=(i-1)\bmod l+1$，也是不可行的。

此外，由于 $c_i=g^{m_i}x^{s_i}$ 是用户利用医疗数据分析中心的公钥产生的，敌手可能自己产生一个替换的密文 c_i^*，因此云服务器在产生聚合的密态医疗数据 $\text{SC}=\prod_{i=1}^{N}c_i$ 和聚合的密态医疗数据 $\text{QSC}=\prod_{i=1}^{N}e(c_i,c_i)$ 之后，在返回给医疗数据分析中心的过程中可能被替换为 SC^* 和 QSC^*。于是，篡改的聚合信息 $\text{Agg}^*=\{\sigma,c,\text{SC}^*,\text{QSC}^*\}$ 要通过医疗数据分析中心的验证，则其必须满足方程：$\tilde{e}(\sigma,V)=\tilde{e}((c+\sum_{i=1}^{l-2}t_i+t_{l-1}^*+t_l^*)H_1(\text{type}),V)\cdot\tilde{e}(H_1(\text{type}),U)$ 其中，$t_{l-1}^*=H_2(\text{SC}^*+\alpha)$ 和 $t_l^*=H_2(\text{QSC}^*+\beta)$。

而正确的聚合信息 $\text{Agg}=\{\sigma,c,\text{SC},\text{QSC}\}$，应满足如下验证方程：

$$\tilde{e}(\sigma,V)\overset{?}{=}\tilde{e}((c+t)H_1(\text{type}),V)\cdot\tilde{e}(H_1(\text{type}),U)$$

根据以上两个验证方程得知

$$(c+\sum_{i=1}^{l-2}t_i+t_{l-1}^*+t_l^*)H_1(\text{type})=(c+t)H_1(\text{type})$$

设置 $W=(t_{l-1}+t_l)H_1(\text{type})$，可以求解 $H_1(\text{type})$ 和 W 之间的离散对数 $t_{l-1}^*+t_l^*$，这与基于椭圆曲线上离散对数困难问题假设是矛盾的。

因此，根据以上安全性分析得知本方案可确保云存储加密医疗数据聚合的可验证性。即医疗数据分析中心可以验证云服务器加密聚合过程的正确性以及聚合密文的完整性。

8.2 支持传输容错的医疗密态数据聚合与统计分析方案

8.2.1 背景描述

在医疗数据的传输过程中，由于无线体域网采集的医疗数据涉及到用户的隐私数据，较为敏感，因此在开放的无线网络传输过程中，常常会采用数据加密技术来保障医疗数据机密性和用户隐私安全。由于解密密钥在某些特殊情况下可能因安全保护措施不够而泄露，甚至可能会被敌手窃取，因此解密单个用户的医疗密态数据，会对用户的隐私安全产生威胁。此外，在开放的无线网络环境中，可能存在外部敌手对通信信道进行窃听、拦截，甚至替换、篡改用户传输的医疗数据，导致医生使用错误数据而产生临床误诊。因此需要采用数字签名等技术保障密态数据传输的正确性。

医疗数据加密传输将会使数据可用性不同程度地丧失。由于同态加密算法具有保持加法或者乘法运算的特性，数据被加密后，能够被高效地进行聚合。同时医疗数据分析中心可以利用解密私钥直接对聚合密文进行解密，得到一些核心统计指标，为精确的诊断决策提供隐私保护下的深度数据统计分析。整个过程无需对单个用户的密态数据进行解密，因此有效保护了用户隐私及数据机密性。

基于无线体域网的医疗数据可以为医疗数据分析中心提供重要的医疗信息挖掘及决策价值。然而，由于医疗数据通常在无线体域网中被使用各种方法进行加密处理以保障数据机密性和用户隐私安全，导致密态数据在经过聚合后，医疗数据分析中心通过对聚合结果解密只能够获取有限的统计信息。因此，数据聚合必须在保障数据机密性、正确性和用户隐私安全这些需求的同时，为医疗数据分析中心提供尽可能多的统计分析结果。

在某些情况下，终端用户可能非常注重自己的医疗隐私数据，并不愿意按照要求实时通过互联网分享自己的敏感医疗数据。同时，用户在传输自己加密医疗数据过程中，可能因为网络传输问题，或者恶意敌手的截断等行为，导致医疗密态数据传输失败。

8.2.2 系统模型与设计目标

1. 系统模型

边缘服务计算的支持传输容错的医疗密态数据聚合与统计分析方案的系统模型主要包含五类通信实体：**可信中心**、**用户**、**边缘服务器**、**云服务器**，以及**医疗数据分析中心**，具体的系统模型如图 8.3 所示。

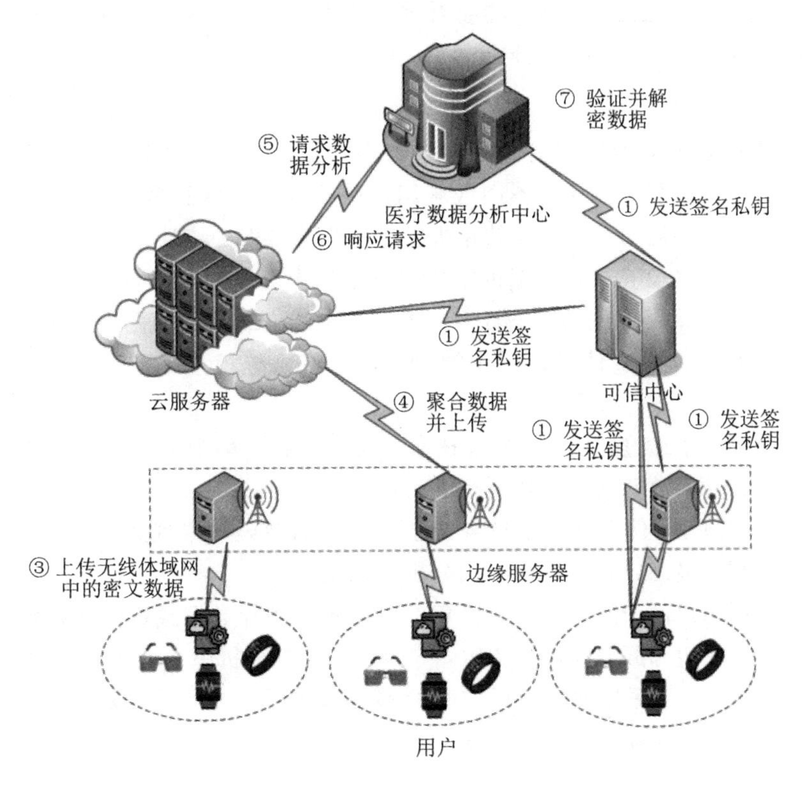

图 8.3　边缘服务计算的医疗密态数据聚合与统计分析系统模型

1）可信中心(TA)

设置并发布系统的公开密码参数，在系统初始化阶段通过安全信道为各通信实体发送私钥。

2）用户(US)

通过可穿戴设备收集用户医疗数据，使用移动计算设备对医疗数据进行加密和盲化，同时产生密态数据对应的数字签名。最后，用户将所有密态数据及对应的数字签名集合传输到所在区域的边缘计算服务器上。

3）边缘服务器(ES)

边缘服务器是部署在特定区域内的服务器，为该区域用户提供计算服务并且由云服务器进行维护。由于边缘服务器所具备的计算、存储和通信资源高于用户设备，并且在物理位置上比云服务器更靠近用户，因此边缘服务器能够有效降低用户端的计算开销和云服务器的带宽压力。边缘服务器的主要功能是聚合该区域用户传输的密态数据并去除盲化，然后在有效周期内上传可验证的边缘级聚合密态数据信息到云服务器进行长期存储。

4）云服务器(CS)

云服务器拥有巨大的计算和存储能力，它在本模型中主要用于存储并验证边缘服务器上载的边缘级聚合密态数据信息。并向医疗数据分析中心提供数据支持，一旦接收到医疗数据分析中心的挑战请求时，云服务器会对挑战的边缘级聚合密态数据信息进行云级聚合运算，并返回最终结果到医疗数据分析中心。

5）医疗数据分析中心(DAC)

当接收到来自云服务器返回的云级聚合密态数据，医疗数据分析中心进行完整性验证，然后利用其私钥进行解密获得不同区域用户医疗密态数据的聚合值、均值和方差。最后，医疗数据分析中心对用户的医疗数据进行进一步隐私保护统计分析。

在边缘服务计算的支持传输容错的医疗密态数据聚合和统计分析系统方案中，引入了边缘服务器为用户提供更优质的数据计算服务，并在传统的云辅助无线体域网架构上提出移动边缘服务计算辅助无线体域网系统模型，针对该系统模型，需要考虑以下几种安全威胁：

(1) 存在外部敌手通过监听、重放等技术手段，破坏实体间的正常通信，从而导致数据聚合和解密分析结果存在误差，破坏系统的可用性。

(2) 存在内部敌手，伪造其他用户身份上传虚假的健康数据到边缘服务器，使边缘服务器聚合结果出错，最终导致分析中心的分析结果无效。

(3) 考虑个别用户由于隐私顾虑不愿意上传敏感的医疗数据或者由于网络原因数据在传输过程中丢失，使边缘服务器聚合失败，导致医疗数据分析中心无法解密数据。

(4) 在某些情况下，医疗数据分析中心的解密私钥可能被敌手盗取，敌手可以进一步解密单个用户的数据，从而造成用户数据泄露。

2. 设计目标

因此，为了应对以上的安全威胁，边缘服务计算的支持传输容错的医疗密态数据聚合和统计分析系统方案应该实现以下的设计目标。

1) 密态数据机密性(Encrypted Data Confidentialilty)

无线体域网收集到的用户健康数据，对于用户来说是相对隐私的数据，因此方案应该保证医疗健康数据在传输、聚合和存储过程中的机密性。

2) 加密数据完整性(Encrypted Data Integrity)

方案应该具备数据完整性验证功能，以防止内部敌手通过伪造身份、重放信息等攻击手段，破坏数据的完整性。

3) 聚合数据正确性(Data Aggregation Correctness)

在云服务器对边缘级聚合数据进行云级聚合时，方案应该确保聚合数据的正确性，使医疗数据分析中心能够确认云服务器的聚合操作是合法有效的，同时聚合数据没有遭到替换或篡改。

4) 抗密钥泄露(Key Leakage Resistance)

由于各种特殊情况，敌手可能会窃取到医疗数据分析中心的解密私钥，从而对用户的数据造成安全威胁。因此方案应该确保在解密私钥泄露的情况下，敌手依然不能破译单个用户的密态医疗数据。

5) 容错机制(Fault Tolerance)

当用户由于网络故障或者个人原因导致数据无法上传到边缘服务器参与聚合时，方案应该保证边缘服务器依然能够正确聚合其他用户的医疗数据。

8.2.3 方案具体设计

支持传输容错的医疗密态数据聚合与统计分析方案包含七个阶段，具体工作如下。

1. 系统初始化阶段

此阶段由可信中心 TA 为各通信实体颁发私钥和秘密参数，并发布系统公开参数。

(1) TA 设置一个合数阶 $n=q_0q_1q_2q_3$ 的双线性对映射 $\tilde{e}: \tilde{G}_1\times\tilde{G}_1\rightarrow\tilde{G}_2$，其中 $\tilde{G}_1$，$\tilde{G}_2$ 为 n 阶乘法循环群。TA 选取 $\tilde{G}_1$ 的生成元 $\tilde{g}$，分别计算 $v_1=\tilde{g}^{q_1q_2}$，$v_2=\tilde{g}^{q_0q_2}$，$v_3=\tilde{g}^{q_0q_1}$，$f=\tilde{g}^{q_1q_2q_3}$，并计算 $sk_1=q_1q_2q_3$ 和 $sk_2=q_0q_2q_3$。

(2) TA 生成另一个非退化的双线性对映射 $e: G_1\times G_1\rightarrow G_2$，其中 G_1、G_2 为具有相同素数阶 p 的乘法循环群，选取 G_1 中的生成元 g_1。TA 设置抗碰撞的哈希函数 $H: \{0, 1\}^*\rightarrow G_1$ 和 $h: \{0, 1\}^*\rightarrow Z_p^*$。

(3) TA 为云服务器 ID_{PCC} 选取签名私钥 $u\leftarrow Z_p^*$，计算其签名公钥 $U=g_1^u$。对于每一个边缘计算服务器 ID_{ES_i} $(i=1, 2, \cdots, N)$，TA 为 ID_{ES_i} 选取签名私钥 $u_i\leftarrow Z_p^*$，计算对应的签名公钥 $U_i=g_1^{u_i}$。同时，TA 为 ID_{ES_i} 所辖区域的每一个用户 $ID_{PS_{ij}}$ $(j=1, 2, \cdots, \eta)$ 选取签名私钥 $u_{i_j}\leftarrow Z_p^*$，计算对应的签名公钥 $U_{i_j}=g_1^{u_{i_j}}$。

最后，TA 通过安全信道将解密私钥 $sk_1=q_1q_2q_3$ 和 $sk_2=q_0q_2q_3$ 发送给医疗数据分析中心 ID_{DAC}，将签名私钥 u 发送给 ID_{PCC}，将签名私钥 u_i 发送给对应的 ID_{ES_i} $(i=1, 2, \cdots, N)$，以及将签名私钥 u_{i_j} 发送给对应的用户 $ID_{PS_{ij}}$ $(j=1, 2, \cdots, \eta)$。TA 发布如下公开参数：

$$\mathrm{para}_1=(n, \widetilde{G}_1, \widetilde{G}_2, \widetilde{e}, \widetilde{g}, v_1, v_2, v_3, f)$$

$$\mathrm{para}_2=(g_1, G_1, G_2, e, H, h, U, \{U_i\}_{1<i\leqslant N}, \{U_{i_j}\}_{1<i\leqslant \eta})$$

2. 系统注册阶段

当用户 $\mathrm{ID}_{\mathrm{PS}_{ij}}$ 想要在对应的边缘计算服务器 $\mathrm{ID}_{\mathrm{ES}_i}$ 注册时，$\mathrm{ID}_{\mathrm{PS}_{ij}}$ 选取随机数 $\nu_{i_j}\leftarrow Z_p^*$，计算数字签名 $\mathrm{Sig}_{i_j}=(\mathrm{sig}_{i_j,1}, \mathrm{sig}_{i_j,2})=(g_1^{\nu_{i_j}}, H(\mathrm{ID}_{\mathrm{ES}_i})^{h(\mathrm{ID}_{\mathrm{PS}_{i_j}}\|t_{\mathrm{reg}})\nu_{i_j}+u_{i_j}})$，其中 t_{reg} 是当前时间戳。

当收到身份注册信息$(\mathrm{ID}_{\mathrm{PS}_{ij}}, \mathrm{sig}_{i_j}, t_{\mathrm{reg}})$，$\mathrm{ID}_{\mathrm{ES}_i}$ 首先检测时间戳 t_{reg} 是否失效，然后验证以下方程：

$$e(\mathrm{sig}_{i_j,2}, g_1)=e(H(\mathrm{ID}_{\mathrm{ES}_i}), \mathrm{sig}_{i_j,1}^{h(\mathrm{ID}_{\mathrm{PS}_{i_j}}\|t_{\mathrm{reg}})}U_{i_j})$$

如果验证方程通过，边缘计算服务器 $\mathrm{ID}_{\mathrm{ES}_i}$ 采用秘密共享技术为合法用户 $\mathrm{ID}_{\mathrm{PS}_{ij}}$ 分享秘密参数。

(1) $\mathrm{ID}_{\mathrm{ES}_i}$ 设置两个秘密参数 λ_i，γ_i，满足 $\lambda_i+\gamma_i=0(\mathrm{mod}\, q_0)$。

(2) $\mathrm{ID}_{\mathrm{ES}_i}$ 设置 $k-1$ 次多项式 $\mathrm{EK}_i(x)=\lambda_i+a_{i,1}x+a_{i,2}x^2+\cdots+a_{i,k-1}x^{k-1}$，其中对应的多项式系数满足 $a_{i,1}, a_{i,2}, \cdots, a_{i,k-1}\in Z_{q_0}$。

(3) $\mathrm{ID}_{\mathrm{ES}_i}$ 为用户 $\mathrm{ID}_{\mathrm{PS}_{ij}}$ 计算秘密值 $\lambda_{i_j}=\mathrm{EK}_i(j)$，同时秘密保存$(\mathrm{ID}_{\mathrm{PS}_{i_j}}, \lambda_{i_j})$。

3. 医疗数据加密和签名上传阶段

(1) 对于医疗数据 m_{i_j}，用户 $\mathrm{ID}_{\mathrm{PS}_{ij}}$ 选择随机数 $r_{i_j}(1\leqslant r_{i_j}\leqslant n)$，利用秘密参数 λ_{i_j}，计算盲化的密态数据 $c_{i_j}=f^{\lambda_{i_j}}v_1^{m_{i_j}}v_2^{m_{i_j}^2}v_3^{r_{i_j}}\in\widetilde{G}_1$。

(2) $\mathrm{ID}_{\mathrm{PS}_{ij}}$ 选取随机数 $w_{i_j}\leftarrow Z_p^*$，利用私钥 u_{i_j} 产生 c_{i_j} 的数字签名如下：

$$\sigma_{i_j}=(\sigma_{i_j,1}, \sigma_{i_j,2})=(g_1^{w_{i_j}}, H(\mathrm{tag})^{h(\mathrm{ID}_{\mathrm{PS}_{ij}}\|c_{i_j}\|t_{i_j})w_{i_j}+u_{i_j}})$$

其中 tag 是医疗数据的属性类型，t_{i_j} 是当前时间戳。

(3) $\mathrm{ID}_{\mathrm{PS}_{ij}}$ 将可验证密态数据信息 $\mathrm{Auth}_{i_j}=\{c_{i_j}, \sigma_{i_j}, \mathrm{ID}_{\mathrm{PS}_{ij}}, t_{i_j}, \mathrm{tag}\}$发送给对应的边缘计算服务器 $\mathrm{ID}_{\mathrm{ES}_i}$。

4. 边缘计算服务器数据聚合去盲化阶段

一旦成功接收到不同用户 $\mathrm{ID}_{\mathrm{PS}_{ij}}$ 发送的 $\mathrm{Auth}_{i_j}=\{c_{i_j}, \sigma_{i_j}, \mathrm{ID}_{\mathrm{PS}_{ij}}, t_{i_j}, \mathrm{tag}\}$，$\mathrm{ID}_{\mathrm{ES}_i}$ 将这些有效身份 $\mathrm{ID}_{\mathrm{PS}_{ij}}$ 信息形成数据集 $\mathrm{PST}_i=\{\mathrm{ID}_{\mathrm{PS}_{ij}}\}$，当数据集中的有效样本容量 l_i 满足 $l_i\geqslant k$(k 为门限值)，$\mathrm{ID}_{\mathrm{ES}_i}$ 对这 l_i 个不同的可验证密态数据信息进行如下批量验证：

$$e\left(\prod_{\mathrm{ID}_{\mathrm{PS}_{ij}}\in\mathrm{PST}_i}\sigma_{i_j,2}, g_1\right)=e\left(H(\mathrm{tag}), \prod_{\mathrm{ID}_{\mathrm{PS}_{ij}}\in\mathrm{PST}_i}\sigma_{i_j,1}^{h(\mathrm{ID}_{\mathrm{PS}_{ij}}\|c_{i_j}\|t_{i_j})}U_{i_j}\right)$$

如果验证未通过则表示至少有一个用户 $\mathrm{ID}_{\mathrm{PS}_{ij}}$ 上传的 Auth_{i_j} 已经遭到替换或者篡改，$\mathrm{ID}_{\mathrm{ES}_i}$ 终止后续操作。如果通过，$\mathrm{ID}_{\mathrm{ES}_i}$ 计算拉格朗日插值系数 $\beta_{i_j}=\prod_{\mathrm{ID}_{\mathrm{PS}_{i_z}}\in\mathrm{PST}_i, z\neq j}\frac{z}{z-j}$，进行如下边缘级密态数据聚合去盲化操作：

$$c_i = f^{\gamma_i} \prod_{ID_{PS_{ij}} \in PST_i} f^{\lambda_{i_j}(\beta_{i_j}-1)} c_{i_j}$$

$$= f^{\gamma_i} \prod_{ID_{PS_{ij}} \in PST_i} f^{\lambda_{i_j}(\beta_{i_j}-1)} f^{\lambda_{i_j}} v_1^{m_{i_j}} v_2^{m_{i_j}^2} v_3^{r_{i_j}}$$

$$= f^{\gamma_i} \prod_{ID_{PS_{ij}} \in PST_i} f^{\lambda_{i_j}\beta_{i_j}} v_1^{m_{i_j}} v_2^{m_{i_j}^2} v_3^{r_{i_j}}$$

$$= f^{\gamma_i} f^{\sum_{ID_{PS_{ij}} \in PST_i} \lambda_{i_j}\beta_{i_j}} v_1^{\sum_{ID_{PS_{ij}} \in PST_i} m_{i_j}} v_2^{\sum_{ID_{PS_{ij}} \in PST_i} m_{i_j}^2} v_3^{\sum_{ID_{PS_{ij}} \in PST_i} r_{i_j}}$$

$$= f^{\gamma_i+\lambda_i} v_1^{\sum_{ID_{PS_{ij}} \in PST_i} m_{i_j}} v_2^{\sum_{ID_{PS_{ij}} \in PST_i} m_{i_j}^2} v_3^{\sum_{ID_{PS_{ij}} \in PST_i} r_{i_j}}$$

$$= v_1^{\sum_{ID_{PS_{ij}} \in PST_i} m_{i_j}} v_2^{\sum_{ID_{PS_{ij}} \in PST_i} m_{i_j}^2} v_3^{\sum_{ID_{PS_{ij}} \in PST_i} r_{i_j}}$$

ID_{ES_i} 选取随机数 $w_i \leftarrow Z_p^*$，利用私钥 u_i 产生 c_i 的数字签名如下：

$$\sigma_i = (\sigma_{i,1}, \sigma_{i,2}) = (g_1^{w_i}, H(tag)^{h(ID_{ES_i} \| c_i \| l_i \| Tim) w_i + u_i})$$

其中，Tim 是有效周期。

最后，ID_{ES_i} 向云服务器 ID_{PCC} 上载可验证的边缘级聚合密态数据信息$\{c_i, \sigma_i, ID_{ES_i}, tag, l_i\}$。

5. 云服务器存储有效数据

当云服务器 ID_{PCC} 接收到边缘计算服务器 ID_{ES_i} $(i=1, 2, \cdots, N)$的边缘级聚合密态数据信息$\{\sigma_i, ID_{ES_i}, c_i, tag, l_i\}$，云服务器 ID_{PCC} 对这 N 个可验证的边缘级聚合密态数据信息进行如下批量验证：

$$e\left(\prod_{i=1}^{N} \sigma_{i,2}, g_1\right) = e\left(H(tag), \prod_{i=1}^{N} \sigma_{i,1}^{h(ID_{ES_i} \| c_i \| l_i \| Tim)} U_i\right)$$

如果验证未通过则表示至少有一个边缘计算服务器 ID_{ES_i} 上传的信息是无效的，然后 ID_{PCC} 逐个执行 $e(\sigma_{i,2}, g_1) = e(H(tag), \sigma_{i,1}^{h(ID_{ES_i} \| c_i \| l_i \| Tim)} U_i)$验证。当所有信息验证通过之后，$ID_{PCC}$ 存储有效的边缘级聚合密态数据信息$\{\sigma_i, ID_{ES_i}, c_i, Tim, tag, l_i\}_{1 \leqslant i \leqslant N}$。

6. 云服务器数据聚合阶段

在有效周期 Tim 内，当医疗数据分析中心 ID_{DAC} 需要对特定区域的 tag 属性类型的医疗数据进行统计分析时，选择这些区域的边缘计算服务器的身份信息的集合 EST，然后发送挑战信息{EST，tag}给云服务器 ID_{PCC}。按照集合 EST 中的所有身份信息提取出 tag 属性类型对应的可验证的边缘级聚合密态数据信息，ID_{PCC} 产生如下云级聚合密态数据：

$$c = \prod_{ID_{ES_i} \in EST} c_i = v_1^{\sum_{ID_{ES_i} \in EST} \sum_{ID_{PS_{ij}} \in PST_i} m_{i_j}} v_2^{\sum_{ID_{ES_i} \in EST} \sum_{ID_{PS_{ij}} \in PST_i} m_{i_j}^2} v_3^{\sum_{ID_{ES_i} \in EST} \sum_{ID_{PS_{ij}} \in PST_i} r_{i_j}}$$

ID_{PCC} 产生如下云级聚合数字签名：

$$\sigma_{\text{Agg}}=(\sigma_{\text{Agg},1},\sigma_{\text{Agg},2})=\Big(\prod_{\text{ID}_{\text{ES}_i}\in\text{EST}}\sigma_{i,1}^{h(\text{ID}_{\text{ES}_i}\parallel c_i\parallel l_i\parallel\text{Tim})},\ \prod_{\text{ID}_{\text{ES}_i}\in\text{EST}}\sigma_{i,2}\Big)$$

ID_{PCC} 计算所有用户数量 $L=\sum_{\text{ID}_{\text{ES}_i}\in\text{EST}} l_i$。

最后，ID_{PCC} 选取随机数 $w\leftarrow Z_p^*$，并用私钥 u 产生如下数字签名：

$$\sigma_{\text{PCC}}=(\sigma_{\text{PCC},1},\sigma_{\text{PCC},2})=(g_1^w,\ H(\text{tag})^{h(\text{ID}_{\text{PCC}}\parallel\sigma_{\text{Agg}}\parallel c\parallel L\parallel\text{Tim})w+u})$$

ID_{PCC} 返回可验证的云级聚合数据信息$\{\sigma_{\text{Agg}},\text{ID}_{\text{PCC}},c,L,\text{tag},\sigma_{\text{PCC}},\text{Tim}\}$给 ID_{DAC}。

7. 可验证的聚合密态数据解密与统计分析

当收到 ID_{PCC} 发送的可验证的云级聚合数据信息$\{\sigma_{\text{Agg}},\text{ID}_{\text{PCC}},c,L,\text{tag},\sigma_{\text{PCC}},\text{Tim}\}$，医疗数据分析中心 ID_{DAC} 执行如下验证：

$$e(\sigma_{\text{PCC},2},g_1)=e(H(\text{tag}),\sigma_{\text{PCC},1}^{h(\text{ID}_{\text{PCC}}\parallel\sigma_{\text{Agg}}\parallel c\parallel L\parallel\text{Tim})}U)$$

如果验证未通过则表示数据无效(数据被替换或者篡改)，ID_{DAC} 重新发起挑战。如果通过则执行第二个验证方程：

$$e(\sigma_{\text{Agg},2},g_1)=e(H(\text{tag}),\sigma_{\text{Agg},1}\prod_{\text{ID}_{\text{ES}_i}\in\text{EST}}U_i)$$

如果验证通过，则表明 ID_{PCC} 是严格按照挑战信息{EST，tag}进行云级密态数据聚合。

最后，ID_{DAC} 利用私钥 sk_1，计算：

$$\begin{aligned}
\text{SC}&=c^{\text{sk}_1}\\
&=v_1^{(q_1q_2q_3)\sum_{\text{ID}_{\text{ES}_i}\in\text{EST}}\sum_{\text{ID}_{\text{PS}_{ij}}\in\text{PST}_i}m_{i_j}}v_2^{(q_1q_2q_3)\sum_{\text{ID}_{\text{ES}_i}\in\text{EST}}\sum_{\text{ID}_{\text{PS}_{ij}}\in\text{PST}_i}m_{i_j}^2}v_3^{(q_1q_2q_3)\sum_{\text{ID}_{\text{ES}_i}\in\text{EST}}\sum_{\text{ID}_{\text{PS}_{ij}}\in\text{PST}_i}r_{i_j}}\\
&=\tilde{g}^{(q_1^2q_2^2q_3)\sum_{\text{ID}_{\text{ES}_i}\in\text{EST}}\sum_{\text{ID}_{\text{PS}_{ij}}\in\text{PST}_i}m_{i_j}}\tilde{g}^{(q_0q_1q_2^2q_3)\sum_{\text{ID}_{\text{ES}_i}\in\text{EST}}\sum_{\text{ID}_{\text{PS}_{ij}}\in\text{PST}_i}m_{i_j}^2}\tilde{g}^{(q_0q_1^2q_2q_3)\sum_{\text{ID}_{\text{ES}_i}\in\text{EST}}\sum_{\text{ID}_{\text{PS}_{ij}}\in\text{PST}_i}r_{i_j}}\\
&=\tilde{g}^{(q_1^2q_2^2q_3)\sum_{\text{ID}_{\text{ES}_i}\in\text{EST}}\sum_{\text{ID}_{\text{PS}_{ij}}\in\text{PST}_i}m_{i_j}}
\end{aligned}$$

ID_{DAC} 利用私钥 sk_2 计算：

$$\begin{aligned}
\text{QSC}&=c^{\text{sk}_2}\\
&=v_1^{(q_0q_2q_3)\sum_{\text{ID}_{\text{ES}_i}\in\text{EST}}\sum_{\text{ID}_{\text{PS}_{ij}}\in\text{PST}_i}m_{i_j}}v_2^{(q_0q_2q_3)\sum_{\text{ID}_{\text{ES}_i}\in\text{EST}}\sum_{\text{ID}_{\text{PS}_{ij}}\in\text{PST}_i}m_{i_j}^2}v_3^{(q_0q_2q_3)\sum_{\text{ID}_{\text{ES}_i}\in\text{EST}}\sum_{\text{ID}_{\text{PS}_{ij}}\in\text{PST}_i}r_{i_j}}\\
&=\tilde{g}^{(q_0q_1q_2^2q_3)\sum_{\text{ID}_{\text{ES}_i}\in\text{EST}}\sum_{\text{ID}_{\text{PS}_{ij}}\in\text{PST}_i}m_{i_j}}\tilde{g}^{(q_0^2q_2^2q_3)\sum_{\text{ID}_{\text{ES}_i}\in\text{EST}}\sum_{\text{ID}_{\text{PS}_{ij}}\in\text{PST}_i}m_{i_j}^2}\tilde{g}^{(q_0^2q_1q_2q_3)\sum_{\text{ID}_{\text{ES}_i}\in\text{EST}}\sum_{\text{ID}_{\text{PS}_{ij}}\in\text{PST}_i}r_{i_j}}\\
&=\tilde{g}^{(q_0^2q_2^2q_3)\sum_{\text{ID}_{\text{ES}_i}\in\text{EST}}\sum_{\text{ID}_{\text{PS}_{ij}}\in\text{PST}_i}m_{i_j}^2}
\end{aligned}$$

根据新型 BGN 同态加密算法的解密步骤，ID_{DAC} 可有效求解$\log_{\tilde{g}^{q_1^2q_2^2q_3}}^{\text{SC}}$ 和$\log_{\tilde{g}^{q_0^2q_2^2q_3}}^{\text{QSC}}$，即可恢复 tag 属性类型医疗数据的统计和 $\sum_{\text{ID}_{\text{ES}_i}\in\text{EST}}\sum_{\text{ID}_{\text{PS}_{ij}}\in\text{PST}_i}m_{i_j}$ 以及平方和 $\sum_{\text{ID}_{\text{ES}_i}\in\text{EST}}\sum_{\text{ID}_{\text{PS}_{ij}}\in\text{PST}_i}m_{i_j}^2$。据此，$\text{ID}_{\text{DAC}}$ 可计算出该类型医疗数据的平均值和方差：

平均值$\bar{m}=\dfrac{\sum\limits_{\mathrm{ID}_{\mathrm{ES}_i}\in \mathrm{EST}}\ \sum\limits_{\mathrm{ID}_{\mathrm{PS}_{ij}}\in \mathrm{PST}_i} m_{i_j}}{L}$，方差$\mathrm{var}=\dfrac{\sum\limits_{\mathrm{ID}_{\mathrm{ES}_i}\in \mathrm{EST}}\ \sum\limits_{\mathrm{ID}_{\mathrm{PS}_{ij}}\in \mathrm{PST}_i} m_{i_j}^2}{L}-\left(\dfrac{\sum\limits_{\mathrm{ID}_{\mathrm{ES}_i}\in \mathrm{EST}}\ \sum\limits_{\mathrm{ID}_{\mathrm{PS}_{ij}}\in \mathrm{PST}_i} m_{i_j}}{L}\right)^2$。

最后，$\mathrm{ID}_{\mathrm{DAC}}$ 可进一步在确保用户医疗数据安全的情况下进行大数据统计与深度分析。

8.2.4 方案的正确性和安全性证明

1. 方案正确性证明

本小节首先进行方案中所涉及的密态数据完整性验证的各个方程正确性证明。

身份信息注册验证方程 $e(\mathrm{sig}_{i_j,2},\ g_1)=e(H(\mathrm{ID}_{\mathrm{ES}_i}),\ \mathrm{sig}_{i_j,1}{}^{h(\mathrm{ID}_{\mathrm{PS}_{ij}}\parallel t_{\mathrm{reg}})}U_{i_j})$的正确性推导如下：

$$
\begin{aligned}
e(\mathrm{sig}_{i_j,2},\ g_1)&=e(H(\mathrm{ID}_{\mathrm{ES}_i})^{h(\mathrm{ID}_{\mathrm{PS}_{ij}}\parallel t_{\mathrm{reg}})v_{i_j}+u_{i_j}},\ g_1)\\
&=e(H(\mathrm{ID}_{\mathrm{ES}_i})^{h(\mathrm{ID}_{\mathrm{PS}_{ij}}\parallel t_{\mathrm{reg}})v_{i_j}}H(\mathrm{ID}_{\mathrm{ES}_i})^{u_{i_j}},\ g_1)\\
&=e(H(\mathrm{ID}_{\mathrm{ES}_i})^{h(\mathrm{ID}_{\mathrm{PS}_{ij}}\parallel t_{\mathrm{reg}})v_{i_j}},\ g_1)e(H(\mathrm{ID}_{\mathrm{ES}_i})^{u_{i_j}},\ g_1)\\
&=e(H(\mathrm{ID}_{\mathrm{ES}_i}),\ g_1{}^{h(\mathrm{ID}_{\mathrm{PS}_{ij}}\parallel t_{\mathrm{reg}})v_{i_j}})e(H(\mathrm{ID}_{\mathrm{ES}_i}),\ g_1{}^{u_{i_j}})\\
&=e(H(\mathrm{ID}_{\mathrm{ES}_i}),\ \mathrm{sig}_{i_j,1}{}^{h(\mathrm{ID}_{\mathrm{PS}_{ij}}\parallel t_{\mathrm{reg}})})e(H(\mathrm{ID}_{\mathrm{ES}_i}),\ U_{i_j})\\
&=e(H(\mathrm{ID}_{\mathrm{ES}_i}),\ \mathrm{sig}_{i_j,1}{}^{h(\mathrm{ID}_{\mathrm{PS}_{ij}}\parallel t_{\mathrm{reg}})}U_{i_j})
\end{aligned}
$$

批量验证方程 $e\left(\prod\limits_{\mathrm{ID}_{\mathrm{PS}_{ij}}\in \mathrm{PST}_i}\sigma_{i_j,2},\ g_1\right)=e\left(H(\mathrm{tag}),\ \prod\limits_{\mathrm{ID}_{\mathrm{PS}_{ij}}\in \mathrm{PST}_i}\sigma_{i_j,1}{}^{h(\mathrm{ID}_{\mathrm{PS}_{ij}}\parallel c_{i_j}\parallel t_{i_j})}U_{i_j}\right)$的正确性推导如下：

$$
\begin{aligned}
e\left(\prod_{\mathrm{ID}_{\mathrm{PS}_{ij}}\in \mathrm{PST}_i}\sigma_{i_j,2},\ g_1\right)&=e(\prod_{\mathrm{ID}_{\mathrm{PS}_{ij}}\in \mathrm{PST}_i}H(\mathrm{tag})^{h(\mathrm{ID}_{\mathrm{PS}_{ij}}\parallel c_{i_j}\parallel t_{i_j})w_{i_j}+u_{i_j}},\ g_1)\\
&=e(\prod_{\mathrm{ID}_{\mathrm{PS}_{ij}}\in \mathrm{PST}_i}H(\mathrm{tag})^{h(\mathrm{ID}_{\mathrm{PS}_{ij}}\parallel c_{i_j}\parallel t_{i_j})w_{i_j}}H(\mathrm{tag})^{u_{i_j}},\ g_1)\\
&=e(H(\mathrm{tag})^{\sum_{\mathrm{ID}_{\mathrm{PS}_{ij}}\in \mathrm{PST}_i}h(\mathrm{ID}_{\mathrm{PS}_{ij}}\parallel c_{i_j}\parallel t_{i_j})w_{i_j}},\ g_1)e(H(\mathrm{tag})^{\sum_{\mathrm{ID}_{\mathrm{PS}_{ij}}\in \mathrm{PST}_i}u_{i_j}},\ g_1)\\
&=e(H(\mathrm{tag}),\ g_1{}^{\sum_{\mathrm{ID}_{\mathrm{PS}_{ij}}\in \mathrm{PST}_i}h(\mathrm{ID}_{\mathrm{PS}_{ij}}\parallel c_{i_j}\parallel t_{i_j})w_{i_j}})e(H(\mathrm{tag}),\ g_1{}^{\sum_{\mathrm{ID}_{\mathrm{PS}_{ij}}\in \mathrm{PST}_i}u_{i_j}})\\
&=e(H(\mathrm{tag}),\ \prod_{\mathrm{ID}_{\mathrm{PS}_{ij}}\in \mathrm{PST}_i}\sigma_{i_j,1}{}^{h(\mathrm{ID}_{\mathrm{PS}_{ij}}\parallel c_{i_j}\parallel t_{i_j})})e(H(\mathrm{tag}),\ \prod_{\mathrm{ID}_{\mathrm{PS}_{ij}}\in \mathrm{PST}_i}U_{i_j})\\
&=e(H(\mathrm{tag}),\ \prod_{\mathrm{ID}_{\mathrm{PS}_{ij}}\in \mathrm{PST}_i}\sigma_{i_j,1}{}^{h(\mathrm{ID}_{\mathrm{PS}_{ij}}\parallel c_{i_j}\parallel t_{i_j})}U_{i_j})
\end{aligned}
$$

批量验证方程 $e(\prod\limits_{i=1}^{N}\sigma_{i,2},\ g_1)=e(H(\mathrm{tag}),\ \prod\limits_{i=1}^{N}\sigma_{i,1}{}^{h(\mathrm{ID}_{\mathrm{ES}_i}\parallel c_i\parallel l_i\parallel \mathrm{Tim})}U_i)$ 正确性推导如下：

$$
\begin{aligned}
e(\prod_{i=1}^{N}\sigma_{i,2}, g_1) &= e(\prod_{i=1}^{N}H(\text{tag})^{h(\text{ID}_{\text{ES}_i}\|c_i\|l_i\|\text{Tim})w_i+u_i}, g_1)\\
&= e(\prod_{i=1}^{N}H(\text{tag})^{h(\text{ID}_{\text{ES}_i}\|c_i\|l_i\|\text{Tim})w_i}H(\text{tag})^{u_i}, g_1)\\
&= e(H(\text{tag})^{\sum_{i=1}^{N}h(\text{ID}_{\text{ES}_i}\|c_i\|l_i\|\text{Tim})w_i}, g_1)e(H(\text{tag})^{\sum_{i=1}^{N}u_i}, g_1)\\
&= e(H(\text{tag})^{\sum_{i=1}^{N}h(\text{ID}_{\text{ES}_i}\|c_i\|l_i\|\text{Tim})w_i}, g_1)e(H(\text{tag})^{\sum_{i=1}^{N}u_i}, g_1)\\
&= e(H(\text{tag}), g_1^{\sum_{i=1}^{N}h(\text{ID}_{\text{ES}_i}\|c_i\|l_i\|\text{Tim})w_i})e(H(\text{tag}), g_1^{\sum_{i=1}^{N}u_i})\\
&= e(H(\text{tag}), \prod_{i=1}^{N}\sigma_{i,1}^{h(\text{ID}_{\text{ES}_i}\|c_i\|l_i\|\text{Tim})})e(H(\text{tag}), \prod_{i=1}^{N}U_i)\\
&= e(H(\text{tag}), \prod_{i=1}^{N}\sigma_{i,1}^{h(\text{ID}_{\text{ES}_i}\|c_i\|l_i\|\text{Tim})}U_i)
\end{aligned}
$$

验证方程 $e(\sigma_{\text{PCC},2}, g_1)=e(H(\text{tag}), \sigma_{\text{PCC},1}^{h(\text{ID}_{\text{PCC}}\|\sigma_{\text{Agg}}\|c\|L\|\text{Tim})}U)$ 正确性的推到如下：

$$
\begin{aligned}
e(\sigma_{\text{PCC},2}, g_1) &= e(H(\text{tag})^{h(\text{ID}_{\text{PCC}}\|\sigma_{\text{Agg}}\|c\|L\|\text{Tim})w+u}, g_1)\\
&= e(H(\text{tag})^{h(\text{ID}_{\text{PCC}}\|\sigma_{\text{Agg}}\|c\|L\|\text{Tim})w}H(\text{tag})^{u}, g_1)\\
&= e(H(\text{tag})^{h(\text{ID}_{\text{PCC}}\|\sigma_{\text{Agg}}\|c\|L\|\text{Tim})w}, g_1)e(H(\text{tag})^{u}, g_1)\\
&= e(H(\text{tag}), g_1^{h(\text{ID}_{\text{PCC}}\|\sigma_{\text{Agg}}\|c\|L\|\text{Tim})w})e(H(\text{tag}), g_1^{u})\\
&= e(H(\text{tag}), \sigma_{\text{PCC},1}^{h(\text{ID}_{\text{PCC}}\|\sigma_{\text{Agg}}\|c\|L\|\text{Tim})})e(H(\text{tag}), U)\\
&= e(H(\text{tag}), \sigma_{\text{PCC},1}^{h(\text{ID}_{\text{PCC}}\|\sigma_{\text{Agg}}\|c\|L\|\text{Tim})}U)
\end{aligned}
$$

验证方程 $e(\sigma_{\text{Agg},2}, g_1)=e(H(\text{tag}), \sigma_{\text{Agg},1}\prod_{\text{ID}_{\text{ES}_i}\in\text{EST}}U_i)$ 正确性的推导如下：

$$
\begin{aligned}
e(\sigma_{\text{Agg},2}, g_1) &= (\prod_{\text{ID}_{\text{ES}_i}\in\text{EST}}\sigma_{i,2}, g_1)\\
&= e(\prod_{\text{ID}_{\text{ES}_i}\in\text{EST}}H(\text{tag})^{h(\text{ID}_{\text{ES}_i}\|c_i\|l_i\|\text{Tim})w_i+u_i}, g_1)\\
&= e(H(\text{tag})^{\sum_{\text{ID}_{\text{ES}_i}\in\text{EST}}h(\text{ID}_{\text{ES}_i}\|c_i\|l_i\|\text{Tim})w_i}H(\text{tag})^{\sum_{\text{ID}_{\text{ES}_i}\in\text{EST}}u_i}, g_1)\\
&= e(H(\text{tag})^{\sum_{\text{ID}_{\text{ES}_i}\in\text{EST}}h(\text{ID}_{\text{ES}_i}\|c_i\|l_i\|\text{Tim})w_i}, g_1)e(H(\text{tag})^{\sum_{\text{ID}_{\text{ES}_i}\in\text{EST}}u_i}, g_1)\\
&= e(H(\text{tag}), g_1^{\sum_{\text{ID}_{\text{ES}_i}\in\text{EST}}h(\text{ID}_{\text{ES}_i}\|c_i\|l_i\|\text{Tim})w_i})e(H(\text{tag}), g_1^{\sum_{\text{ID}_{\text{ES}_i}\in\text{EST}}u_i})\\
&= e(H(\text{tag}), \prod_{\text{ID}_{\text{ES}_i}\in\text{EST}}\sigma_{i,1}^{h(\text{ID}_{\text{ES}_i}\|c_i\|l_i\|\text{Tim})})e(H(\text{tag}), \prod_{\text{ID}_{\text{ES}_i}\in\text{EST}}U_i)\\
&= e(H(\text{tag}), \sigma_{\text{Agg},1}\prod_{\text{ID}_{\text{ES}_i}\in\text{EST}}U_i)
\end{aligned}
$$

2. 方案安全性证明

接下来，对支持传输容错的可验证医疗密态数据聚合与统计分析方案进行安全性分析。

定理 8.3　支持传输容错的医疗密态数据聚合与统计分析方案可确保各阶段用户医疗数据的机密性。

证明　移动终端用户 $ID_{PS_{ij}}$ 产生 m_{i_j} 的医疗密态数据 $c_{i_j}=f^{\lambda_{i_j}}v_1^{m_{i_j}}v_2^{m_{i_j}^2}v_3^{r_{i_j}}$，本质上是新型 BGN 同态加密算法生成密文的盲化值。

此外，在边缘计算服务器对数据集 $Auth_i$ 的有效性进行批量验证通过后，对数据集 $Auth_i$ 中所有医疗密态数据 $c_{i_j}=f^{\lambda_{i_j}}v_1^{m_{i_j}}v_2^{m_{i_j}^2}v_3^{r_{i_j}}$ 进行边缘级去盲化的密态数据聚合，最终得到：

$$c_i=v_1^{\sum_{ID_{PS_{ij}}\in PST_i}m_{i_j}}v_2^{\sum_{ID_{PS_{ij}}\in PST_i}m_{i_j}^2}v_3^{\sum_{ID_{PS_{ij}}\in PST_i}r_{i_j}}$$

本质上 c_i 是 $\sum_{j=1}^{l}m_{i_j}$ 和 $\sum_{j=1}^{l}m_{i_j}^2$ 的新型 BGN 同态加密算法去盲化的密文。

一旦接收到医疗数据分析中心 ID_{DAC} 的挑战信息，ID_{PCC} 云服务器产生如下的云级密态聚合数据：

$$c=\prod_{ID_{ES_i}\in EST}c_i=v_1^{\sum_{ID_{ES_i}\in EST}\sum_{ID_{PS_{ij}}\in PST_i}m_{i_j}}v_2^{\sum_{ID_{ES_i}\in EST}\sum_{ID_{PS_{ij}}\in PST_i}m_{i_j}^2}v_3^{\sum_{ID_{ES_i}\in EST}\sum_{ID_{PS_{ij}}\in PST_i}r_{i_j}}$$

本质上 c 是 $\sum_{ID_{ES_i}\in EST}\sum_{ID_{PS_{ij}}\in PST_i}m_{i_j}$ 和 $\sum_{ID_{ES_i}\in EST}\sum_{ID_{PS_{ij}}\in PST_i}m_{i_j}^2$ 的新型 BGN 的同态加密算法的密文。

新型 BGN 同态加密算法的安全性本质上与原型 BGN 加密算法一致，都是基于子群判定困难性问题，满足选择明文安全的语义安全性。因此，即使敌手在整个医疗信息传输或存储阶段截获到相关密文，也不能恢复用户的原始医疗数据及其相关统计信息。

定理 8.4　支持传输容错的医疗密态数据聚合与统计分析方案可确保各阶段医疗密态数据聚合的完整性。

证明　支持传输容错的医疗密态数据聚合与统计分析方案中设计了一个基于身份的聚合签名算法来确保各阶段医疗密态数据聚合的完整性。具体地，在医疗数据加密和签名上传阶段，用户 $ID_{PS_{ij}}$ 利用自己的私钥 u_{i_j} 对医疗密态数据进行数字聚合签名，得到签名值 $\sigma_{i_j}=(\sigma_{i_j,1},\sigma_{i_j,2})=(g_1^{w_{i_j}},H(tag)^{h(ID_{PS_{ij}}\|c_{i_j}\|t_{i_j})w_{i_j}+u_{i_j}})$；在边缘计算服务器数据聚合去盲化阶段，边缘服务器 ID_{ES_i} 利用自己的私钥 u_i 对聚合后的密态数据进行数字聚合签名，得到签名值 $\sigma_i=(g_1^{w_i},H(tag)^{h(ID_{ES_i}\|c_i\|l_i'\|Tim)w_i+u_i})$。事实上，本方案的核心是基于身份聚合签名算法，该算法存在不可伪造的可证明安全论证，可归约到 CDH(Computational Diffie Hellman)困难性问题，因此本方案中的聚合签名算法同样存在不可伪造性。

本方案将侧重证明在各阶段医疗密态数据传输与聚合的完整性，即在各阶段，敌手试图篡改或者替换密态数据来通过完整性验证是计算不可行的。接下来，我们将从 Game 1、Game 2、Game 3 和 Game 4 分别说明方案能够满足数据完整性保证的设计目标。

(1) Game 1：首先，在本方案中，在**医疗数据加密和签名上传阶段**，不同于按照方案步骤生成正确的可验证密态数据信息，我们假设至少有一个用户 $ID_{PS_{i_\tau}}$ 在传输可验证密态数据信息 $Auth_{i_\tau}=\{c_{i_\tau}, \sigma_{i_\tau}, ID_{PS_{i_\tau}}, t_{i_\tau}, tag\}$ 到边缘计算服务器 ID_{ES_i} 的过程中，其密态数据 c_{i_τ} 被敌手$\mathcal{A}_1$ 以不可忽略的优势篡改或者替换为 $c_{i_\tau}^*$，通过以下批量验证方程：

$$e(\prod_{ID_{PS_{ij}}\in PST_i}\sigma_{i_j,2}, g_1)=e(H(tag), \sigma_{i_\tau,1}^{h(ID_{PS_{i_\tau}}\|c_{i_\tau}^*\|t_{i_\tau})}\cdot\prod_{ID_{PS_{ij}}\in PST_i\backslash(ID_{PS_{i_\tau}})}\sigma_{i_j,1}^{h(ID_{PS_{ij}}\|c_{i_j}\|t_{i_j})}U_{i_j})$$

对于不同的真实的可验证密态数据信息需要满足如下批量验证方程：

$$e(\prod_{ID_{PS_{ij}}\in PST_i}\sigma_{i_j,2}, g_1)=e(H(tag), \prod_{ID_{PS_{ij}}\in PST_i}\sigma_{i_j,1}^{h(ID_{PS_{ij}}\|c_{i_j}\|t_{i_j})}U_{i_j})$$

结合以上两个方程得到：$\sigma_{i_\tau,1}^{h(ID_{PS_{i_\tau}}\|c_{i_\tau}^*\|t_{i_\tau})}=\sigma_{i_\tau,1}^{h(ID_{PS_{i_\tau}}\|c_{i_\tau}\|t_{i_\tau})}$

设置 $\beta=\sigma_{i_\tau,1}^{h(ID_{PS_{i_\tau}}\|c_{i_\tau}\|t_{i_\tau})}$，于是如果敌手可以在多项式时间内篡改或者替换密态数据并通过完整性验证，则其必在多项式时间内求解到 $\sigma_{i_\tau,1}$ 与 β 之间的离散对数 $h(ID_{PS_{i_\tau}}\|c_{i_\tau}^*\|t_{i_\tau})$。这与求解离散对数困难性相矛盾。因此，敌手$\mathcal{A}_1$ 以不可忽略的优势篡改或者替换某些用户的密态数据，通过边缘服务器的批量验证来赢得 Game 1 是计算不可行的。

(2) Game 2：在边缘计算服务器数据聚合去盲化阶段，由于 $c_i=v_1^{\sum_{Auth_{i_j}\in Auth_i}m_{i_j}}v_2^{\sum_{Auth_{i_j}\in Auth_i}m_{i_j}^2}v_3^{\sum_{Auth_{i_j}\in Auth_i}r_{i_j}}$ 是边缘服务器对密态数据聚合去盲化后产生的。不同于按照方案步骤生成正确的边缘级聚合信息，我们假设至少有一个边缘服务器 ID_{ES_τ} 在上传边缘级聚合数据 c_τ 到云服务器的过程中，敌手$\mathcal{A}_2$ 以不可忽略的优势替换或者篡改 c_τ 为 c_τ^*，即替换或者篡改后的边缘级聚合信息$\{\sigma_\tau, ID_{ES_\tau}, c_\tau^*, tag, l_\tau\}$ 要通过云服务器的如下批量验证方程：

$$e(\prod_{i=1}^{N}\sigma_{i,2}, g_1)=e(H(tag), \sigma_{\tau,1}^{h(ID_{ES_\tau}\|c_\tau^*\|l_\tau\|Tim)}\cdot\prod_{i\in\{1,\cdots N\}\backslash\{\tau\}}\sigma_{i,1}^{h(ID_{ES_i}\|c_i\|l_i\|Tim)}U_i)$$

对于 N 个不同的边缘级聚合信息$\{\sigma_i, ID_{ES_i}, c_i, tag, l_i\}$，应满足如下批量验证方程：

$$e(\prod_{i=1}^{N}\sigma_{i,2}, g_1)=e(H(tag), \prod_{i=1}^{N}\sigma_{i,1}^{h(ID_{ES_i}\|c_i\|l_i\|Tim)}U_i)$$

根据以上两个批量验证方程得知：

$$\sigma_{i,1}^{h(ID_{ES_i}\|c_i^*\|l_i\|Tim)}=\sigma_{i,1}^{h(ID_{ES_i}\|c_i\|l_i\|Tim)}$$

设置 $\alpha=g_1^{w_1h(ID_{ES_i}\|c_i^*\|l_i\|Tim)}=\sigma_{i,1}^{h(ID_{ES_i}\|c_i^*\|l_i\|Tim)}$，我们可以求解出 g_1 和 α 之间的离散对数 $w_1h(ID_{ES_i}\|c_i^*\|l_i\|Tim)$，这与离散对数困难问题假设是矛盾的。因此，敌手$\mathcal{A}_2$ 以不可忽略的优势篡改或者替换某些边缘级聚合数据，并通过云服务器的批量验证来赢得 Game 2 是计算不可行的。

(3) Game 3：在**云服务器数据聚合阶段**，ID_{PCC} 产生如下云级聚合密态数据：

$$c=\prod_{ID_{ES_i}\in EST}c_i=v_1^{\sum_{ID_{ES_i}\in EST}\sum_{ID_{PS_{ij}}\in PST_i}m_{i_j}}v_2^{\sum_{ID_{ES_i}\in EST}\sum_{ID_{PS_{ij}}\in PST_i}m_{i_j}^2}v_3^{\sum_{ID_{ES_i}\in EST}\sum_{ID_{PS_{ij}}\in PST_i}r_{i_j}}$$

以及云级聚合数字签名：

$$\sigma_{\mathrm{Agg}}=(\sigma_{\mathrm{Agg},1},\sigma_{\mathrm{Agg},2})=(\prod_{\mathrm{ID}_{\mathrm{ES}_i}\in \mathrm{EST}}\sigma_{i,1}^{h(\mathrm{ID}_{\mathrm{ES}_i}\parallel c_i\parallel l_i\parallel \mathrm{Tim})},\prod_{\mathrm{ID}_{\mathrm{ES}_i}\in \mathrm{EST}}\sigma_{i,2})$$

假设敌手$\mathcal{A}_3$以不可忽略的优势篡改或者替换聚合密态数据 c 为 c^*，通过验证方程

$$e(\sigma_{\mathrm{PCC},2},g_1)=e(H(\mathrm{tag}),\sigma_{\mathrm{PCC},1}^{h(\mathrm{ID}_{\mathrm{PCC}}\parallel\sigma_{\mathrm{Agg}}\parallel c^*\parallel L\parallel \mathrm{Tim})}U)$$

用同样方法可以分析得到敌手$\mathcal{A}_3$必须要求解离散对数困难问题。因此敌手$\mathcal{A}_3$以不可忽略的优势篡改或者替换最终挑战的聚合密态数据，并通过医疗数据分析中的完整性验证来赢得 Game 3 是计算不可行的。

（4）Game 4：由于σ_{Agg}是云服务器按照集合 EST 中的所有身份信息提取出 tag 属性类型对应的可验证的边缘级聚合密态数据的签名信息，进行聚合后的云级聚合数字签名，假设敌手$\mathcal{A}_4$（恶意云服务器）以不可忽略的优势在聚合过程中按照非法集合 EST^* 对边缘级聚合密态数据的签名信息，进行聚合得到非法的云级聚合数字签名σ^*_{Agg}，那么非法的云级聚合数字签名σ^*_{Agg}要通过医疗数据分析中心的验证，并满足以下方程：

$$e(\sigma^*_{\mathrm{Agg},2},g_1)=e(H(\mathrm{tag}),\sigma^*_{\mathrm{Agg},1}\prod_{\mathrm{ID}_{\mathrm{ES}_i}\in \mathrm{EST}}U_i)$$

根据方程的正确性验证可知σ^*_{Agg}满足$e(\sigma^*_{\mathrm{Agg},2},g_1)=e(H(\mathrm{tag}),\sigma^*_{\mathrm{Agg},1}\prod_{\mathrm{ID}_{\mathrm{ES}_i}\in \mathrm{EST}^*}U_i)$。

根据以上两个方程得知：

$$e(H(\mathrm{tag}),\sigma^*_{\mathrm{Agg},1}\prod_{\mathrm{ID}_{\mathrm{ES}_i}\in \mathrm{EST}^*}U_i)=e(H(\mathrm{tag}),\sigma^*_{\mathrm{Agg},1}\prod_{\mathrm{ID}_{\mathrm{ES}_i}\in \mathrm{EST}}U_i)$$

即$\prod_{\mathrm{ID}_{\mathrm{ES}_i}\in \mathrm{EST}^*}U_i=\prod_{\mathrm{ID}_{\mathrm{ES}_i}\in \mathrm{EST}}U_i$，显然是不成立的。因此敌手$\mathcal{A}_4$以不可忽略的优势按照非法集合 EST^* 对边缘级聚合密态数据的签名信息进行聚合，并通过医疗数据分析中的的验证来赢得 Game 4 是计算不可行的。

因此，根据以上 Game 1、Game 2、Game 3 和 Game 4 的安全性分析过程得知，支持传输容错的医疗密态数据聚合与统计分析方案可确保各阶段医疗密态数据聚合的完整性。

思考题 8

1. 基于云存储医疗加密数据聚合分析方案，如何进一步实现细粒度的多维度医疗密态数据的安全聚合？

2. 在支持传输容错的医疗密态数据聚合与统计分析方案中，改进了 BGN 同态加密算法，使得密文膨胀比较大，如何进一步降低方案的通信带宽？

第9章

智能电网环境中加密数据聚合分析方案

9.1 智能电网中可验证隐私保护多类型数据聚合方案

9.1.1 背景描述

用电数据的传输和分析效率也是影响智能电网系统稳定性的一个关键因素，电网系统的组件复杂性和数据量大的特点对用电数据传输和分析的实时性提出了严格的要求。根据智能电表的实际部署方式，用电数据通常有多种类型，这些数据可以根据用电电器进行分类，例如台灯、冰箱、空调、洗衣机等。同时智能电表采集的数据通常为多类型的电力参数数据，使用这些细粒度的用电数据，控制中心能够获取更有效的统计信息。一个智能电表采集的多类型电力参数类型的例子如表9.1所示。

表9.1 智能电表采集的多类型电力参数示例

电力参数类型	参数符号	单位
有功能量	Pt	Wh
无功能量	Qt	VARh
视在能量	St	VAh
有功功率	P	W
无功功率	Q	VAR
视在功率	S	VA
相移功率因数	dPF	ratio
视在功率因数	aPF	ratio

隐私保护的数据聚合技术常被用来解决以上所述的问题。特别地，同态加密技术常被用在数据聚合方案中，在智能电网的背景下，由智能电表采用同态加密技术对用户的用电数据进行加密，并采用数字签名算法对数据密文进行签名，以保证数据完整性并提供身份认证，最终将数据密文和数字签名一起发送给聚合器网关(Aggregator Gateway，AG)。聚

合器网关接收到所有智能电表发送的数据后，对数据进行聚合处理，将大量的用电数据聚合为单个的聚合值进行传输，极大地降低了数据传输的通信开销。借助于加密算法的同态性，通常在数据聚合的过程中也将用户用电数据的某一些统计信息(例如和、均值、方差等)计算出来了，并以密文的形式发送给智能电网控制中心(Control Center，CC)。最终控制中心对数据进行验证，确保数据的完整性未被破坏。验证通过后，控制中心利用解密私钥对聚合密文进行解密，得到想要的信息，并根据统计信息监控系统稳定性，同时动态灵活地调整电网其他部分的活动。在整个数据传输、聚合和解密的过程中，只有数据的统计信息能够被控制中心解密得到，任何单个用户的用电数据的机密性必须受到保护，这是隐私保护数据聚合方案中的一个最基本的安全需求。

和数据机密性一样，数据完整性也是一个十分重要的安全需求，因为任何在公开信道传输的用电数据都可能被外部恶意敌手替换、篡改进而破坏数据完整性，导致控制中心得到错误的信息。目前已有多种采用同态加密算法构造的隐私保护数据聚合方案被提出，但是大部分方案只关注于单类型(单维度)用电数据的聚合，即只支持智能电表向控制中心报告单个的用电数据，这在控制中心需要对细粒度数据进行深度分析的时候是远远不够的。

9.1.2 系统模型和设计目标

1. 系统模型

智能电网中可验证隐私保护多类型数据聚合方案(简称 VPMDA)主要包含如下四类通信实体，其基本的系统模型，如图 9.1 所示。

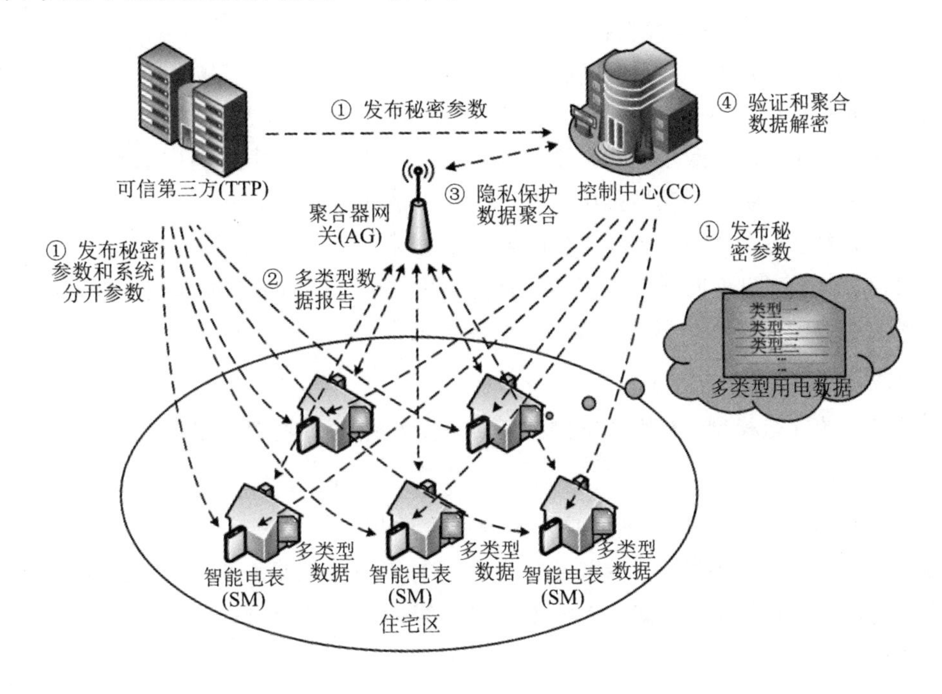

图 9.1　VPMDA 的系统模型

1）智能电表(Smart Meter，SM)

智能电表是智能电网中高级测量基础设施中的一个关键的嵌入式设备，它被安装在用户家附近或者用户家中，对用户的用电数据进行测量和收集，并周期性地将采集到的数据报告给智能电表控制中心或者接收从控制中心反馈的控制命令，为用户提供交互式用电服务。在本方案中，智能电表将采集的多类型用电数据进行加密，并对密文生成一个认证值，然后将所有数据发送给聚合器网关。

2）聚合器网关(Aggregator Gateway，AG)

聚合器网关负责一个用户区域的数据聚合和数据中继，它对接收到的来自智能电表的数据进行数据聚合，然后发送给控制中心。

3）控制中心(Control Center，CC)

智能电网控制中心是数据分析和发电、配电、输电的核心控制中心。当它接收到来自聚合器网关的聚合数据后，它首先验证数据的完整性以抵抗可能的主动攻击，完整性验证通过后，控制中心使用解密私钥对聚合数据进行解密并计算出所有用户数据的和、均值等，然后根据分析结果调整发电、配电过程。

4）可信第三方(Trust Third Party，TTP)

可信第三方负责初始化系统，生成系统参数和各实体的公私钥对，并将秘密参数分发给系统中的各个通信实体。

在这部分，我们对 VPMDA 的安全模型和设计目标分别进行介绍。我们从以下几个角度考虑 VPMDA 方案的安全模型：

(1) 在系统中存在外部敌手，可能对智能电表和聚合器网关或者聚合器网关和控制中心之间的公开通信信道进行窃听、截取、篡改、替换、重放通信数据信息。

(2) 系统中存在内部敌手，可能侵入聚合器网关或者控制中心的内部数据库窃取通信数据，并试图从窃取到的通信数据中恢复单个用户的用电数据信息。

(3) 系统中存在恶意用户，可能篡改通信数据来逃避后续的用户用电计费，干扰系统的正常运行。由于来自不同智能电表的数据量很大，聚合器网关可能在数据聚合的过程中，意外地替换或者破坏了用户发送的多类型数据密文。

2. 设计目标

针对以上的安全模型，在智能电网中部署安全高效的多类型数据聚合系统应该实现以下的设计目标：

1）加密数据机密性(Encrypted Data Confidentialilty)

由于智能电表收集和报告的多类型用电数据与用户隐私紧密相关，因此方案必须保证任意单个用户的数据机密性，即使系统中有多个智能电表被攻破，其他用户的数据也不能被敌手恢复。

2）加密数据完整性(Encrypted Data Integrity)

如安全模型所述，系统中存在外部恶意敌手可能发起主动攻击，因此方案必须为控制中心提供完整性验证机制。

3）数据聚合正确性(Data Aggregation Correctness)

聚合器网关 AG 应该正确地聚合多类型加密数据和密文对应的验证值，保证控制中心得到正确的数据和分析结果。

4）高性能(High Performance)

高性能是智能电网数据聚合方案的一个重要的性能要求，这要求在智能电表、聚合器网关端的计算开销和通信开销应尽可能的低。

9.1.3 方案具体设计

VPMDA 方案设计的详细内容如下。

1. 系统初始化(System Initialization)

TTP 按照如下的方式进行系统初始化，生成公开参数，选取系统中各类通信实体的公私钥对，并公开系统公开参数，通过安全信道将秘密参数分发给各通信实体。

(1) 基于安全参数 κ，TTP 选取三个大素数 q_1，q_2 和 p，计算 Paillier 同态加密算法的参数 $N=q_1q_2$，$g=1+N$，$\lambda=\text{lcm}(q_1-1, q_2-1)$。

(2) TTP 确定一个双线性对映射：$e: G_1\times G_1\rightarrow G_2$，其中 G_1 和 G_2 是两个具有相同素数阶 p 的乘法循环群，选取群 G_1 的一个生成元 ρ。TTP 设置四个抗碰撞的哈希函数如下：$H: \{0, 1\}^*\rightarrow G_1$，$h_1: \{0, 1\}^*\rightarrow Z_N^*$，$h_2: Z_N^*\rightarrow Z_p$，$h_3: Z_{N^2}^*\times\{0, 1\}^*\rightarrow Z_p$。

(3) TTP 从 Z_N^* 中选取 n 个随机数 γ_1，γ_2，…，γ_n，并且计算 $\gamma_0\in Z_N^*$ 满足

$$\gamma_0+k\cdot\sum_{i=1}^{n}\gamma_i=0(\text{mod}\lambda)$$

其中，k 是用户用电数据的类型数。然后 TTP 计算 $\beta_1=\rho^{h_2(\gamma_1)}$，…，$\beta_n=\rho^{h_2(\gamma_n)}$ 并且随机地从群 G_1 中选取一个随机元素 ν。

(4) TTP 通过安全信道将 γ_0 发送给 CC，将 γ_i，$i=1, 2, \cdots, n$ 分别发送给每个智能电表 SM_i，$i=1, 2, \cdots, n$，发布系统公开参数：$\Omega=(N, g, e, G_1, G_2, \rho, H, h_1, h_2, \nu, \beta_1, \beta_2, \cdots, \beta_n)$。

然后 CC 按照如下的方式确定一个超递增序列和一个伪随机数发生器：

(5) 为了正确地聚合多类型数据，CC 生成一个超递增序列$\{\omega_1, \omega_2, \cdots, \omega_k\}$，满足：

$$\omega_\alpha>\sum_{j=1}^{\alpha-1}(\omega_j\cdot\eta_j\cdot n)$$

其中，$\omega_1=1$，$\alpha=2, 3, \cdots, k$，η_j 为第 j 个类型数据的上界。然后 CC 计算群 G_1 中的一些公开元素：$Y=\{y_\alpha \mid y_\alpha=g^{\omega_\alpha}, \alpha=1, 2, \cdots, k\}$。

(6) 为了实现数据完整性批量验证，CC 设置一个伪随机数发生器 prg：$SK_{\text{prg}}\times I\rightarrow Z_p^{k-1}$，其中 SK_{prg} 表示密钥的集合，I 表示序列号的集合，然后 CC 随机选择一个密钥 $sk_{\text{prg}}\in SK_{\text{prg}}$，和聚合器网关共享这个密钥。

2. 多类型数据报告(Multi-type Data Reporting)

每个智能电表 SM_i，$i=1, 2, \cdots, n$ 按照如下的方式加密 k 个类型的用电数据$(m_{i1}, m_{i2}, \cdots, m_{ik})$并且计算对应的完整性验证值。

(1) SM_i 获取当前系统时间戳 T，加密每个类型的用电数据 $m_{i\alpha}$，$\alpha=1, 2, \cdots, k$ 如下：

$$CT_{i\alpha}=y_{\alpha}^{m_{i\alpha}} \cdot h_1(T)^{N \cdot \gamma_i} \pmod{N^2}$$

(2) SM_i 为每个数据密文计算一个完整性验证值：$\sigma_{i\alpha}=(H(\mathrm{att}_i) \cdot \nu^{CT_{i\alpha}})^{h_2(\gamma_i)}$，其中 $\mathrm{att}_i=\mathrm{RAID} \| i$，RAID 为一个特定用户住宅区的唯一标识符。

(3) SM_i 将 $\{CT_{i\alpha}, \sigma_{i\alpha}\}_{1 \leqslant \alpha \leqslant k}$ 发送给聚合器网关 AG。

3. 数据聚合(Data Aggregation)

一旦从 SM_i，$i=1, 2, \cdots, n$ 中接收到 $\{CT_{i\alpha}, \sigma_{i\alpha}\}_{1 \leqslant \alpha \leqslant k}$ 后，AG 执行如下的步骤计算聚合密文 CT 和聚合验证值 σ：

(1) AG 计算聚合密文 CT：$CT=\prod_{i=1}^{n} \prod_{\alpha=1}^{k} CT_{i\alpha}$。

(2) AG生成一个随机向量 $(\tau_1, \tau_2, \cdots, \tau_k) \in \mathbb{Z}_p^k$，其中 $(\tau_1, \tau_2, \cdots, \tau_{k-1}) \leftarrow \mathrm{prg}(\mathrm{sk}_{\mathrm{prg}}, \mathrm{nonce})$，且 $\tau_k=h_3(CT \| \mathrm{nonce})$。

(3) AG 计算一个组合密文值 $\xi_i=\sum_{\alpha=1}^{k} \tau_\alpha CT_{i\alpha}$，$i=1, 2, \cdots, n$，令 $\xi=\{\xi_i\}_{1 \leqslant i \leqslant n}$。计算单个用户的聚合验证值 $\sigma_i=\prod_{\alpha=1}^{k} \sigma_{i\alpha}^{\tau_\alpha}$ 和最终的聚合验证值 $\sigma=\prod_{i=1}^{n} \sigma_i$。

(4) AG 将聚合数据 (ξ, σ, CT) 发送给控制中心 CC。

4. 验证和解密(Verification and Decryption)

一旦从 AG 接收到聚合数据 (ξ, σ, CT)，CC 按照同样的方式生成随机向量 $(\tau_1, \tau_2, \cdots, \tau_k) \in Z_p^k$，然后执行如下的步骤验证所有数据的完整性、解密聚合数据并计算所有数据中每个类型的和值和平均值：

(1) CC 通过如下的方程验证数据完整性：

$$e(\sigma, \rho) \stackrel{?}{=} \prod_{i=1}^{n} e\left((H(\mathrm{att}_i))^{\sum_{\alpha=1}^{k} \tau_\alpha} \cdot \nu^{\xi_i}, \beta_i\right)$$

(2) 如果方程验证通过，CC利用解密私钥 γ_0 解密聚合密文，计算 $W=CT \cdot h_1(T)^{N \cdot \gamma_0}$，并令 $Q=\omega_1 \cdot \sum_{i=1}^{n} m_{i1}+\omega_2 \cdot \sum_{i=1}^{n} m_{i2}+\cdots+\omega_k \cdot \sum_{i=1}^{n} m_{ik}$，则 $W=g^Q \pmod{N^2}$，且

$$Q=\frac{W-1}{N} \pmod{N^2}$$

最后，CC 利用如下的算法 1 计算出每种类型用电数据的累和：

$$\{M_1, M_2, \cdots, M_k\}，其中\ M_\alpha=\sum_{i=1}^{n} m_{i\alpha}, \ \alpha=1, 2, \cdots, k。$$

算法 1：计算每种类型用电数据的累和：$\{M_1, M_2, \cdots, M_k\}$

```
    for α=k to 1 do
        M_α=(Q−Q mod ω_α)/ω_α
        Q=Q−(ω_α · M_α)
    end for
return {M_1, M_2, ⋯, M_k}
```

9.1.4 方案正确性与安全性证明

1. 方案正确性证明

在 VPMDA 方案的最后一个阶段**验证和解密**中，CC 首先验证数据完整性，下面对完整性验证方程的正确性进行如下推导：

$$
\begin{aligned}
e(\sigma, \rho) &= e\left(\prod_{i=1}^{n}\sigma_i, \rho\right) = \prod_{i=1}^{n} e(\sigma_i, \rho) = \prod_{i=1}^{n} e\left(\prod_{\alpha=1}^{k}\sigma_{i\alpha}^{\tau_\alpha}, \rho\right) \\
&= \prod_{i=1}^{n} e\left(\prod_{\alpha=1}^{k}((H(\mathrm{att}_i)\cdot \nu^{\mathrm{CT}_{i\alpha}})^{h_2(\gamma_i)})^{\tau_\alpha}, \rho\right) \\
&= \prod_{i=1}^{n} e\left(\prod_{\alpha=1}^{k}(H(\mathrm{att}_i)\cdot \nu^{\mathrm{CT}_{i\alpha}})^{\tau_\alpha}, \beta_i\right) \\
&= \prod_{i=1}^{n} e\left(\prod_{\alpha=1}^{k}(H(\mathrm{att}_i))^{\tau_\alpha}\cdot \prod_{\alpha=1}^{k}\nu^{\mathrm{CT}_{i\alpha}\tau_\alpha}, \beta_i\right) \\
&= \prod_{i=1}^{n} e\left(\prod_{\alpha=1}^{k}(H(\mathrm{att}_i))^{\tau_\alpha}\cdot \nu^{\sum_{\alpha=1}^{k}\mathrm{CT}_{i\alpha}\tau_\alpha}, \beta_i\right) \\
&= \prod_{i=1}^{n} e\left(\prod_{\alpha=1}^{k}(H(\mathrm{att}_i))^{\tau_\alpha}\cdot \nu^{\xi_i}, \beta_i\right) \\
&= \prod_{i=1}^{n} e\left((H(\mathrm{att}_i))^{\sum_{\alpha=1}^{k}\tau_\alpha}\cdot \nu^{\xi_i}, \beta_i\right)
\end{aligned}
$$

其次，对多类型数据密文的聚合、解密以及算法 1 的正确性进行如下推导：

$$
\begin{aligned}
\mathrm{CT} &= \prod_{i=1}^{n}\prod_{\alpha=1}^{k}\mathrm{CT}_{i\alpha} \\
&= \prod_{i=1}^{n}(y_1^{m_{i1}}\cdot h_1(T)^{N\cdot\gamma_i}\cdot y_2^{m_{i2}}\cdot h_1(T)^{N\cdot\gamma_i}\cdots y_k^{m_{ik}}\cdot h_1(T)^{N\cdot\gamma_i}(\bmod N^2)) \\
&= \prod_{i=1}^{n}(y_1^{m_{i1}}\cdots y_k^{m_{ik}}\cdot h_1(T)^{k\cdot N\cdot\gamma_i}(\bmod N^2)) \\
&= g^{\omega_1\cdot\sum_{i=1}^{n}m_{i1}+\omega_2\cdot\sum_{i=1}^{n}m_{i2}+\cdots+\omega_k\cdot\sum_{i=1}^{n}m_{ik}}\cdot h_1(T)^{k\cdot N\cdot\sum_{i=1}^{n}\gamma_i}(\bmod N^2)
\end{aligned}
$$

$$
\begin{aligned}
W &= \mathrm{CT}\cdot h_1(T)^{N\cdot\gamma_0} \\
&= g^{\omega_1\cdot\sum_{i=1}^{n}m_{i1}+\omega_2\cdot\sum_{i=1}^{n}m_{i2}+\cdots+\omega_k\cdot\sum_{i=1}^{n}m_{ik}}\cdot h_1(T)^{k\cdot N\cdot\sum_{i=1}^{n}\gamma_i}\cdot h_1(T)^{N\cdot\gamma_0}(\bmod N^2) \\
&= g^{\omega_1\cdot\sum_{i=1}^{n}m_{i1}+\omega_2\cdot\sum_{i=1}^{n}m_{i2}+\cdots+\omega_k\cdot\sum_{i=1}^{n}m_{ik}}\cdot h_1(T)^{N\cdot(\gamma_0+k\cdot\sum_{i=1}^{n}\gamma_i)}(\bmod N^2) \\
&= g^{\omega_1\cdot\sum_{i=1}^{n}m_{i1}+\omega_2\cdot\sum_{i=1}^{n}m_{i2}+\cdots+\omega_k\cdot\sum_{i=1}^{n}m_{ik}}(\bmod N^2)
\end{aligned}
$$

由于令 $Q=\omega_1\cdot\sum_{i=1}^{n}m_{i1}+\omega_2\cdot\sum_{i=1}^{n}m_{i2}+\cdots+\omega_k\cdot\sum_{i=1}^{n}m_{ik}$，则 $W=g^Q(\bmod N^2)$，由于

$$(1+N)^Q=\sum_{l=0}^{Q}\binom{Q}{l}N^l=1+NQ+\binom{Q}{2}N^2+N \text{ 的更高阶项}$$

这表明$(1+N)^Q=(1+NQ)(\bmod N^2)$，因为$W=g^Q(\bmod N^2)$，所以，

$$Q=\frac{W-1}{N}(\bmod N^2)$$

算法 1 的正确性推导如下，由于：

$$\begin{aligned}&\omega_1\cdot\sum_{i=1}^{n}m_{i1}+\omega_2\cdot\sum_{i=1}^{n}m_{i2}+\cdots+\omega_{k-1}\cdot\sum_{i=1}^{n}m_{i(k-1)}\\ \leqslant\ &\omega_1\cdot\sum_{i=1}^{n}\eta_1+\omega_2\cdot\sum_{i=1}^{n}\eta_2+\cdots+\omega_{k-1}\cdot\sum_{i=1}^{n}\eta_{k-1}\\ <\ &\sum_{j=1}^{k-1}\omega_j\cdot\eta_j\cdot n<\omega_k\end{aligned}$$

因此，能够通过如下的计算得到$M_k=\sum_{i=1}^{n}m_{ik}$：

$$\frac{(Q-Q\bmod\omega_k)}{\omega_k}=\frac{\left(\omega_k\cdot\sum_{i=1}^{n}m_{ik}\right)}{\omega_k}=\sum_{i=1}^{n}m_{ik}=M_k$$

使用同样的方法继续迭代，算法 1 能够最终计算得到$\{M_1, M_2, \cdots, M_k\}$。综上所述，面向智能电网的可验证隐私保护多类型数据聚合方案满足正确性。

2. 方案安全性证明

在这部分，我们将从数据机密性和完整性保护两方面严格地证明 VPMDA 的安全性。

定理 9.1　在多类型数据报告、聚合、验证和解密的所有阶段，用户用电数据的数据机密性都受到保护。

证明　我们将从以下三个方面分析用户数据的机密性保护。

首先，我们证明单个用户的用电数据机密性是受到保护的。每个智能电表 SM_i 将各个类型的用电数据加密为单个密文：$CT_{i\alpha}=y_\alpha^{m_{i\alpha}}\cdot h_1(T)^{N\cdot\gamma_i}(\bmod N^2)$，然后将所有密文发送给聚合器网关 AG。因此，即使存在敌手$\mathcal{A}$窃听了 SM_i 和 AG 之间的通信数据，他/她仅仅能够得到密文数据，而由于每个密文数据 $CT_{i\alpha}$ 实际上都是 Paillier 同态加密算法的一个密文，其中 $h_1(T)^{\gamma_i}$ 用于作为原始 Paillier 加密算法中的随机数，此改进的 Paillier 密文在选择明文攻击下是满足语义安全的，因此敌手$\mathcal{A}$无法恢复数据明文。

其次，当 AG 从 SM_i，$i=1, 2, \cdots, n$ 接收到所有密文用电数据后，AG 聚合密文如下：

$$CT=\prod_{i=1}^{n}\prod_{\alpha=1}^{k}CT_{i\alpha}=g^{\omega_1\cdot\sum_{i=1}^{n}m_{i1}+\omega_2\cdot\sum_{i=1}^{n}m_{i2}+\cdots+\omega_k\cdot\sum_{i=1}^{n}m_{ik}}\cdot h_1(T)^{k\cdot N\cdot\sum_{i=1}^{n}\gamma_i}\quad(\bmod N^2)$$

所有密文数据被聚合为单个聚合密文 CT，实际上 CT 也是 Paillier 加密算法的一个有效的密文数据。因此即使敌手$\mathcal{A}$攻破了聚合器网关，入侵了其数据库，他/她也只能获取加密形式的聚合密文。由于 Paillier 加密算法的语义安全性，密文数据不会泄露关于明文的任何信息，所以单个用户的用电数据机密性在数据聚合阶段也是受到保护的。

最后，我们证明即使系统中存在一个强敌手$\mathcal{A}$能够攻破同一个用户住宅区中的一些智能电表，其他未被攻破的智能电表的数据机密性仍然受到保护。我们假设在用户住宅区中存在 n 个智能电表，敌手$\mathcal{A}$能够攻破$\ell(1\leqslant\ell\leqslant n-1)$个智能电表，这意味着$\mathcal{A}$能够恢复这些智能电表的用电数据以及秘密参数 γ_1，γ_2，…，γ_{n-1}。由于这些秘密参数是由 TTP 随机选取的，它们相互独立，因此即使敌手获取其中一个或一些参数也无法计算出其他智能电表的秘密参数。例如在极端情况下，$\mathcal{A}$能够攻破 $n-1$ 个智能电表，即$\mathcal{A}$能够获取 γ_1，γ_2，…，γ_{n-1}，由于满足 $\gamma_0+k\gamma_n+k\cdot\sum_{i=1}^{n-1}\gamma_i=0(\bmod\lambda)$，没有 γ_n 和 λ，$\mathcal{A}$无法恢复出 γ_0。因此，无论多少智能电表被攻破，敌手仍然无法窃取其他智能电表的用电数据。

定理 9.2　VPMDA 方案能够保证多类型加密用电数据的完整性。

证明　在这部分我们将从 Game 1、Game 2 和 Game 3 来证明 VPMDA 能够满足保证完整性的方案设计目标。

(1) Game 1：在这个模拟游戏中，一个敌手$\mathcal{A}_1$ 被训练能够替换一些类型的用电数据，同时他/她能够进一步生成伪造的聚合信息来通过数据完整性验证。具体细节描述如下：不同于按照方案步骤生成正确的聚合信息，$\mathcal{A}_1$ 以不可忽略的优势成功地生成伪造的聚合信息$(\xi^*,\sigma,\mathrm{CT})$，其中 $\xi*\neq\xi$，$\xi^*=\{\xi_1^*,\xi_2^*,\cdots,\xi_n^*\}$，其中每个数据 $\xi_i^*=\sum_{\alpha=1}^{k}\tau_\alpha\mathrm{CT}_{i\alpha}^*$，假设至少有一个加密用电数据被敌手$\mathcal{A}_1$ 替换：$\mathrm{CT}_{i\alpha}\neq\mathrm{CT}_{i\alpha}^*$，因此我们有$\Delta\mathrm{CT}_{i\alpha}=\mathrm{CT}_{i\alpha}-\mathrm{CT}_{i\alpha}^*$ 和 $\Delta\xi_i=\xi_i-\xi_i^*\neq0$，$i\in\{1,2,\cdots,n\}$。假设伪造的聚合信息$(\xi^*,\sigma,\mathrm{CT})$ 能够通过方程：

$$e(\sigma,\rho)=\prod_{i=1}^{n}e((H(\mathrm{att}_i))^{\sum_{\alpha=1}^{k}\tau_\alpha}\cdot\nu^{\xi_i^*},\beta_i)$$

由于通过正确的数据聚合得到的聚合信息(ξ,σ,CT)能够通过验证方程如下：

$$e(\sigma,\rho)=\prod_{i=1}^{n}e((H(\mathrm{att}_i))^{\sum_{\alpha=1}^{k}\tau_\alpha}\cdot\nu^{\xi_i},\beta_i)$$

因此，根据以上两个方程，我们有：

$$e((H(\mathrm{att}_i))^{\sum_{\alpha=1}^{k}\tau_\alpha}\cdot\nu^{\xi_i},\beta_i)=e((H(\mathrm{att}_i))^{\sum_{\alpha=1}^{k}\tau_\alpha}\cdot\nu^{\xi_i^*},\beta_i)$$

进一步地有：

$$(H(\mathrm{att}_i))^{\sum_{\alpha=1}^{k}\tau_\alpha}\cdot\nu^{\xi_i^*}=(H(\mathrm{att}_i))^{\sum_{\alpha=1}^{k}\tau_\alpha}\cdot\nu^{\xi_i}$$

由于$(H(\mathrm{att}_i))^{\sum_{\alpha=1}^{k}\tau_\alpha}=0$的概率为$1/p$，为可忽略的概率，得到$\xi_i^*=\xi_i$，这推出了矛盾，因此敌手$\mathcal{A}_1$ 通过替换某些类型的用电数据并以不可忽略的优势伪造聚合数据来赢得 Game 1 是计算不可行的。

(2) Game 2：在 Game 2 中我们考虑一个更强的攻击情况，假设存在一个敌手$\mathcal{A}_2$，不仅能够篡改某些类型的用电数据，同时能够篡改对应的完整性验证值，并且其仍然能够生成伪造的聚合数据来通过验证方程，细节描述如下。

不同于真实生成正确的完整性验证值$\sigma_{i\alpha}=(H(\mathrm{att}_i)\cdot\nu^{\mathrm{CT}_{i\alpha}})^{h_2(\gamma_i)}$，敌手$\mathcal{A}_2$ 以不可忽略

的优势成功地生成伪造验证值 $\sigma_{i\alpha}^*$，假设某个类型的用电数据密文 $CT_{i\alpha}$ 被敌手$\mathcal{A}_2$ 篡改为 $CT_{i\alpha}^*$，则 $\xi^*=\{\xi_i^*, \xi_2^*, \cdots, \xi_n^*\}$，其中每个数据 $\xi_i^*=\sum_{\alpha=1}^{k}\tau_\alpha CT_{i\alpha}^*$，并且我们假设经过数据聚合阶段以后得到的聚合验证值为σ^*，聚合器网关 AG生成的正确的数据为ξ_1，ξ_2，…，ξ_n 和 σ。由方案的正确性可知：

$$e(\sigma, \rho)=\sum_{i=1}^{n}e((H(\text{att}_i))^{\sum_{\alpha=1}^{k}\tau_\alpha}\cdot \nu^{\xi_i}, \beta_i)$$

由假设可知

$$e(\sigma^*, \rho)=\prod_{i=1}^{n}e((H(\text{att}_i))^{\sum_{\alpha=1}^{k}\tau_\alpha}\cdot \nu^{\xi_i^*}, \beta_i)$$

其中 $\beta_i=\rho^{h_2(\gamma_i)}$是公共参数的一部分。观察可知，如果对于每个 i 满足 $\xi_i^*=\xi_i$，则由验证方程可以得到 $\sigma^*=\sigma$，这和我们的假设矛盾。因此，如果对于 $1\leqslant i\leqslant n$，我们定义 $\Delta\xi_i=\xi_i^*-\xi_i$，则可知至少存在一个 $\Delta\xi_i$ 是非零的。现在我们将证明敌手$\mathcal{A}_2$ 将能够构造一个算法$\mathcal{B}$来解决离散对数(DL)困难问题，在不知道 γ_i 的情况下对于给定输入 ρ，β_i 和某个$\delta\in G_1$，算法能够得到 $\delta^{h_2(\gamma_i)}$。将上述两个验证方程相除可以得到：

$$\begin{aligned}
e(\sigma^*/\sigma, \rho)&=e(\prod_{i=1}^{n}\sigma_i^*/\prod_{i=1}^{n}\sigma_i, \rho)=e(\prod_{i=1}^{n}(\sigma_i^*/\sigma), \rho)\\
&=e(\prod_{i=1}^{n}(\prod_{\alpha=1}^{k}((\sigma_{i\alpha}^*)^{\tau_\alpha}/\prod_{\alpha=1}^{k}\sigma_{i\alpha}^{\tau_\alpha}), \rho)\\
&=e(\prod_{i=1}^{n}\prod_{\alpha=1}^{k}((\sigma_{i\alpha}^*)^{\tau_\alpha}/\sigma_{i\alpha}^{\tau_\alpha}), \rho)\\
&=e(\prod_{i=1}^{n}\prod_{\alpha=1}^{k}((\sigma_{i\alpha}^*)/\sigma_{i\alpha})^{\tau_\alpha}, \rho)\\
&=e(\prod_{i=1}^{n}\prod_{\alpha=1}^{k}((H(\text{att}_i)\cdot \nu^{CT_{i\alpha}^*})^{h_2(\gamma_i)}/(H(\text{att}_i)\cdot \nu^{CT_{i\alpha}})^{h_2(\gamma_i)})^{\tau\alpha}, \rho)\\
&=e(\prod_{i=1}^{n}\prod_{\alpha=1}^{k}((\nu^{CT_{i\alpha}^*}/\nu^{CT_{i\alpha}})^{h_2(\gamma_i)})^{\tau_\alpha}, \rho)\\
&=\prod_{i=1}^{n}e(\prod_{\alpha=1}^{k}(\nu^{CT_{i\alpha}^*}/\nu^{CT_{i\alpha}})^{\tau_\alpha}, \beta_i)
\end{aligned}$$

特别地，因为每个智能电表报告的数据中都包含 k 个类型的用电数据密文和对应的验证值，我们可以将多个用户的情况转化为单个用户的情况进行考虑，即令 $n=1$。$\mathcal{A}_2$ 随机选择 θ，$\iota\in Z_p$，令 $\nu=\rho^\theta\cdot\delta^\iota$，则可以得到：

$$\begin{aligned}
e(\sigma^*/\sigma, \rho)&=e(\prod_{\alpha=1}^{k}(\nu^{CT_\alpha^*}/\nu^{CT_\alpha})^{\tau_\alpha}, \beta)=e((\rho^\theta\cdot\delta^\iota)^{\Delta\xi}, \beta)\\
&=e(\rho^{\theta\Delta\xi}, \beta)e(\delta^{\iota\Delta\xi}, \beta)=e(\beta^{\theta\Delta\xi}, \rho)e(\delta, \beta)^{\iota\Delta\xi}
\end{aligned}$$

对上述等式的各项进行重新排列，可以得到：

$$e(\sigma^*\cdot\sigma^{-1}\cdot\beta^{-\theta\Delta\xi}, \rho)=e(\delta, \beta)^{\iota\Delta\xi}$$

并且由于 $\beta=\rho^{h_2(\gamma)}$，则：

$$e(\sigma^* \cdot \sigma^{-1} \cdot \beta^{-\theta\Delta\xi}, \rho)=e((\delta^{h_2(\gamma)})^{\iota\Delta\xi}, \rho)$$

因此，算法$\mathcal{B}$能够使用如下的方式计算得到 $\delta^{h_2(\gamma)}$ 的值：

$$\delta^{h_2(\gamma)}=(\sigma^* \cdot \sigma^{-1} \cdot \beta^{-\theta\Delta\xi})^{\frac{1}{\iota\Delta\xi}}$$

本质上，除非在上式中，指数的分母等于零，否则算法将能够解决这里所述的离散对数困难问题实例。令 $y_2=(\sigma^* \cdot \sigma^{-1} \cdot \beta^{-\theta\Delta\xi})^{\frac{1}{\iota\Delta\xi}}$，由于前提中假设了一个或者多个用户数据密文 $CT_{i\alpha}$ 已经被敌手$\mathcal{A}_2$ 篡改，则 $\Delta\xi$ 不等于零，并且 ι 的值是被隐藏的，所以分母等于零的概率为 $1/p$，是可忽略的。因此，存在一个算法$\mathcal{C}$也能以不可忽略的优势 $1-1/p$ 将$\mathcal{A}_2$ 作为子程序来计算 δ 和 y_2 之间的离散对数 $h_2(\gamma)$。

(3) Game 3：这个游戏类似于 Game 1，唯一的区别在于存在敌手$\mathcal{A}_3$ 能够被训练来在不篡改任何单个类型的用电数据密文的前提下篡改或替换最终的聚合密文，并且他能够进一步地生成伪造的聚合信息来通过完整性验证方程。

具体细节如下所示：不同于按照 VPMDA 方案中的步骤诚实地生成正确的聚合信息，$\mathcal{A}_3$ 能够以不可忽略的优势成功地生成伪造的聚合信息(ξ, σ, CT^*)，其中 $CT^* \neq CT$。因此，伪造的聚合信息能够通过方程：

$$e(\sigma, \rho)=\prod_{i=1}^{n} e((H(att_i))^{\sum_{\alpha=1}^{k-1}\tau_\alpha+\tau_k^*} \cdot \nu^{\xi_i}, \beta_i)$$

这里 $\tau_k^*=h_3(CT^* \parallel nonce)$，由于聚合器网关生成的聚合信息可以通过方程如下：

$$e(\sigma, \rho)=\prod_{i=1}^{n} e((H(att_i))^{\sum_{\alpha=1}^{k}\tau_\alpha} \cdot \nu^{\xi_i}, \beta_i)$$

因此根据以上两个方程，对于每一个 $i=1, 2, \cdots, n$，我们能够得到：
$e((H(att_i))^{\sum_{\alpha=1}^{k-1}\tau_\alpha+h_3(CT^* \parallel nonce)} \cdot \nu^{\xi_i}, \beta_i)=e((H(att_i))^{\sum_{\alpha=1}^{k}\tau_\alpha} \cdot \nu^{\xi_i}, \beta_i)$，令$(H(att_i))^{\sum_{\alpha=1}^{k}\tau_\alpha} \cdot \nu^{\xi_i}=y_1$ 和$(H(att_i))^{\sum_{\alpha=1}^{k-1}\tau_\alpha} \cdot \nu^{\xi_i}=y_2$，因此 $y_1y_2^{-1}=H(att_i)^{h_3(CT^* \parallel nonce)}$。

因此如果敌手$\mathcal{A}_3$ 能够通过篡改或者替换最终的聚合数据并且以不可忽略的优势伪造聚合信息通过验证方程来赢得 Game 3，则也存在一个算法$\mathcal{D}$能够通过将$\mathcal{A}_3$ 作为子程序以不可忽略的优势来求解 $y_1y_2^{-1}$ 和 $H(att_i)$之间的离散对数 $h_3(CT^* \parallel nonce)$。

9.2　基于雾计算辅助智能电网的抗密钥泄露加密数据聚合方案

9.2.1　问题描述

抗密钥泄露的加密数据聚合能够保证在用户数据的整个生命周期，即使在用于解密聚合数据的解密私钥被意外泄露或破坏的情况下，任何外部或内部的敌手都无法解密单个用户的用电数据密文，获取用户用电信息。除了上述的安全需求意外，用户数据的完整性也是一个基本的安全需求，用以抵抗各种形式的主动攻击：包括对数据的篡改、替换、伪造和重放等。虽然现有的大多数方案能够通过交互式的同步算法来实现数据完整性验证，但是它们的验证计算开销随着区域数量和智能电表数据的增加呈现线性增长，这给中间的聚合器和电网控制中心带来了沉重的计算负担。此外，大多数方案中指定了参与数据聚合传输的用户区域数，指定的区域必须参与数据的报告和聚合，以保证控制中心能够正确地解密聚合数据，得到有用的分析结果，这降低了方案的灵活性和扩展性。一种更加灵活的方案是控制中心能够自由指定一个感兴趣的用户区域子集进行隐私保护的数据聚合与统计分析，而不是所有提前指定的固定区域。因此，如何平衡数据机密性，保证高效的完整性验证、灵活的数据查询与数据可用性之间的关系是构造智能电网数据聚合方案中的关键的问题。为了提供各种实时性的电力服务和优化方法，控制中心总是需要同时执行大量数据统计分析任务，为了减轻控制中心的通信负担和计算负担，可以将雾计算技术集成到电网系统的系统模型中。雾计算是一种新兴的计算框架，其将用户数据传输与存储层和业务逻辑层划分开，将计算和存储压力从业务系统转移到云服务器和雾结点服务器，极大地提升了传统智能电网系统的性能。

9.2.2 系统模型与设计目标

1. 系统模型

基于雾计算辅助智能电网的抗密钥泄露加密数据聚合方案(简称为 KLR-EDA)主要包括如下 5 类不同的通信实体：**智能电表**(Smart Meter，SM)、**雾结点**(Fog Node，FN)、**云服务器**(Cloud Server，CS)、**控制中心**(Control Center，CC)和**可信第三方**(Trust Third Party，TTP)。具体的系统模型，如图 9.2 所示。

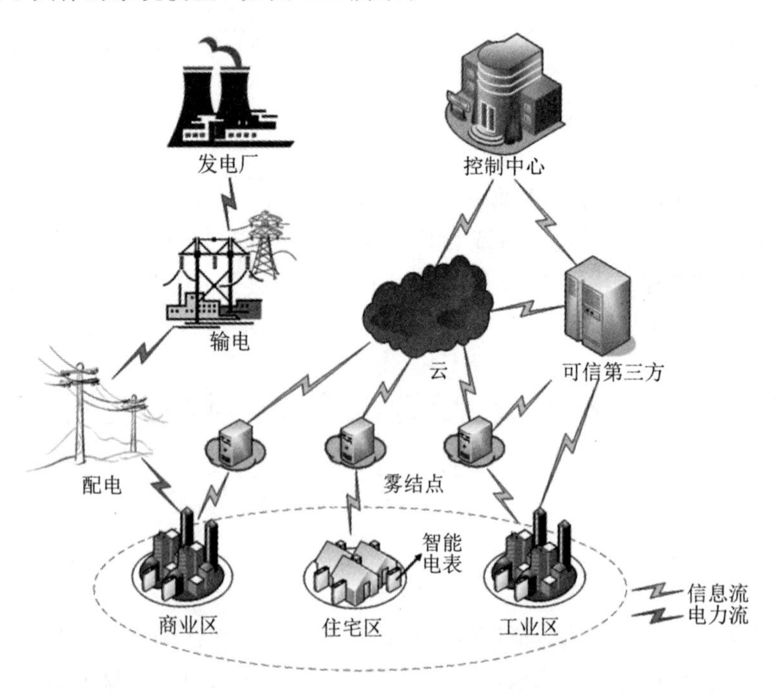

图 9.2 KLR-EDA 的系统模型

(1) **智能电表**(SM)　每个智能电表被安装在商业区/住宅区/工业区，用于收集用户的用电数据，同一个区域中的智能电表在本地生成用电数据的密文和对应的数字签名，然后将数据发送给负责本区域的同一个雾结点进行第一级数据聚合。

(2) **雾结点**(FN)　每个商业区/住宅区/工业区都由一个雾结点负责，雾结点作为区域数据的中继结点和网关。雾结点在接收到来自智能电表的数据后，首先采用批量验证的方式检查通信数据的完整性。验证通过后，雾结点计算第一级聚合密文，并对密文生成一个数字签名，最后将所有数据发送给云服务器进行长期存储。

(3) **云服务器**(CS)　云服务器接收来自不同区域雾结点发送的数据，在完整性验证通过后将所有数据存储在数据库中，此后，云服务器将能够向控制中心/服务提供商/科研机构等提供隐私保护的数据分析查询服务，用于电网系统稳定性监控、态势感知、发电配电优化以及学术研究等目的。当云服务器接收到数据分析查询请求后，它根据请求中所指定的用户区域执行第二级数据聚合处理，并生成用于数据完整性验证的证明信息。最终，云服务器将这些数据返回作为请求的响应信息。

(4) **控制中心**(CC)　控制中心(也可能为服务提供商或者其他科研机构)是电网系统控制和数据分析的中心角色。当智能电表生成的海量用户密文数据和数字签名被上传到云服务器以后，控制中心或其他机构能够根据需求向云服务器提交一个数据统计分析请求，请求中指定一个感兴趣的区域列表和一个随机数序列作为数据完整性验证的挑战信息。当接收到云服务器返回的响应信息后，控制中心高效执行数据完整性验证，然后对数据进行解密，得到数据的和、平均值和方差。

(5) **可信第三方**(TTP)　可信第三方是系统中的一个可信实体，负责初始化系统，生成并发布系统公开参数和各实体的公私钥，以及方案中的其他秘密参数。

在 KLR-EDA 方案中，我们从以下几个方面考虑安全模型：

(1) 系统中存在外部敌手，可能窃听任意两个逻辑上邻近的通信实体之间的通信信道，截取和篡改通信数据来干扰系统的正常运行。位于用户区内的外部敌手也可能尝试攻破智能电表以窃取用户的用电数据信息，破坏用户隐私。

(2) 系统中存在内部敌手，可能侵入雾结点、云服务器和控制中心的数据库，窃取秘密参数，出于恶意目的尝试恢复单个用户的用电数据信息。

(3) 系统中存在恶意的用户，尝试篡改智能电表收集的用电数据以逃避后续的用电计费。出于某些商业和经济的目的，例如为了节省存储空间和计算开销，云服务器或雾结点可能有意或无意地销毁用户数据或破坏用户用电数据的完整性。

(4) 由于控制中心在密钥管理中的疏忽或系统漏洞，解密私钥可能泄露给敌手。

2. 设计目标

因此，为了在雾计算辅助的智能电网系统中实现抗密钥泄露加密数据聚合，方案需要实现如下的设计目标：

(1) **数据机密性**(Data Confidentiality)：智能电表收集的用户用电数据和用户的日常生活习惯和家居安全紧密相关，如果这些数据泄露给恶意敌手，则敌手可以通过机器学习等方法推断出一些重要的隐私信息，例如住房主人在什么时间段不在家等。因此，方案必须保证每个用户的用电数据的机密性受到保护。

(2) **数据完整性**(Data Integrity)：系统中存在的敌手可能发起主动攻击，如对通信数据进行篡改、替换、伪造和重放等。因此方案必须设计数据完整性验证机制，例如采用数字签名算法来抵抗各种形式的主动攻击。

(3) **灵活的统计分析查询**(Flexible Statistical Analysis Query)：一个面向智能电网的实用数据聚合方案应该为电网控制中心提供灵活的数据统计分析查询能力。具体地说，这要求控制中心能够灵活地根据应用需求向云服务器提交请求，指定任意感兴趣的区域列表进行数据分析。同时，方案需要保证云服务器在不破坏单个用户的用户隐私的情况下，向控制提供足够的数据，使得控制中心能够根据这些数据计算数据和、均值和方差。

(4) **抗密钥泄露**(Key Leakage Resistance)：抗密钥泄露也是智能电网加密数据聚合方案中的一个重要的安全需求，由于不同区域的所有智能电表通常都采用控制中心的公钥对用电数据进行加密，因此如果控制中心的解密私钥泄露给敌手，用户隐私将被破坏。

(5) **高性能**(High Performance)：由于智能电网中用户数量多、数据量大、要求实时性等特点，方案需要支持控制中心能够执行高效的数据验证解密和数据分析。

9.2.3 方案具体设计

KLR-EDA 方案的具体构造细节如下所示：

1. 系统初始化(System Initialization)

给定安全参数 k，可信第三方 TTP 按照如下的方式生成系统公开参数和各通信实体的公私钥对，并发布公开参数，分配秘密参数：

(1) TTP 生成 BGN 同态加密算法的参数(n, g, G, G_T, e)，其中(G, G_T)为合数阶的双线性对映射群，阶为 $n=p_1p_2$，p_1，p_2 为两个 k 比特长度的大素数，选取群 G 的一个生成元并计算 $\xi=g^{p_2}$，则 ξ 为群 G 的一个 p_1 阶子群的生成元。

(2) TTP 选取有限域 F_p(p 为一个大素数)上的一个椭圆曲线 E，选取一个非退化的双线性对映射 $\tilde{e}$：$G_1\times G_1\rightarrow G_2$，其中群 G_1 为椭圆曲线 E 上定义的一个 q 阶加法循环群，选取群 G_1 的一个生成元 P，设置雾结点的个数为 N，每个用户区域中智能电表的个数为ℓ。TTP 设置两个抗碰撞的哈希函数：H_1：$\{0, 1\}^*\rightarrow G_1$，$h_1$：$\{0, 1\}^*\rightarrow Z_q$。

(3) TTP 选取五个常数：α，β，γ，δ，$\zeta\in Z_n$，满足如下的约束条件：$\alpha\cdot\beta+\gamma\cdot\delta+\zeta=n$，计算 $f=g^\alpha$，$\varepsilon=g^\gamma$，为每个雾结点 FN_i 选取一个私钥 $y_i\in Z_q$，计算公钥 $Y_i=y_iP$。

(4) 对于具有唯一标识符 $\mathrm{ID}_{\mathrm{SM}_{ij}}$ 的智能电表 SM_{ij}，TTP 随机选取一个秘密参数 $y_{ij}\in Z_q$，计算对应的公钥 $Y_{ij}=y_{ij}P$。对于每个用户区域，TTP 为 SM_{ij} 选择两个随机数 π_{ij}，$s_{ij}\in Z_n$，这两个随机数需要满足如下的约束条件：$\alpha\cdot\pi_{ij}+\gamma\cdot s_{ij}=\zeta$，$\sum_{j=1}^{\ell}\pi_{ij}\leqslant\beta$，$\sum_{j=1}^{\ell}s_{ij}\leqslant\delta$，最后 TTP 计算如下的值：$\pi_i=\beta-\sum_{j=1}^{\ell}\pi_{ij}$，$s_i=\delta-\sum_{j=1}^{\ell}s_{ij}$。

(5) TTP 发布系统参数 $\Omega=(G, G_T, e, g, \xi, n, G_1, G_2, \tilde{e}, P, \{Y_{ij}\}_{1\leqslant i\leqslant N, 1\leqslant j\leqslant\ell}, H_1, h_1, \{Y_i\}_{1\leqslant i\leqslant N}, f, \varepsilon)$，通过安全信道将私钥 p_1 发送给 CC、将$\{y_{ij}, \pi_{ij}, s_{ij}\}$发送给 SM_{ij}，将$\{y_{ij}, \pi_{ij}, s_{ij}\}$发送给 FN_i。最后，TTP 将选取的五个常量 α，β，γ，δ，ζ 在本地销毁。

2. 数据报告(Data Reporting)

对于用电数据 $m_{ij}\in[0, \mathrm{Max}]$，$\mathrm{Max}<p_2$，每个智能电表 SM_{ij} 按照如下的方式生成数

据密文并计算一个数字签名：

- SM_{ij} 选取一个随机数 $r_{ij} \in Z_n$，计算数据密文如下：

$$c_{ij} = f^{\pi_{ij}} \varepsilon^{s_{ij}} g^{m_{ij}} \xi^{r_{ij}} \in G。$$

- SM_{ij} 获取当前系统时间戳 t_{ij}，并且计算一个 BLS 数字签名如下：

$$\sigma_{ij} = y_{ij} H_1(ID_{SM_{ij}} \parallel c_{ij} \parallel t_{ij})。$$

- SM_{ij} 将 $\{ID_{SM_{ij}}, c_{ij}, \sigma_{ij}, t_{ij}\}$ 发送给对应的雾结点 FN_i。

3. 雾级数据聚合(Fog-level Data Aggregation)

一旦接收到智能电表 $SM_{ij}(j=1, 2, \cdots, \ell)$ 发送的数据密文和数字签名，FN_i 验证签名、计算聚合密文和生成数字签名如下：

(1) 雾结点使用如下的方程批量验证数字签名：

$$\tilde{e}\left(\sum_{j=1}^{\ell} \sigma_{ij}, P\right) \stackrel{?}{=} \sum_{j=1}^{\ell} \tilde{e}(H_1(ID_{SM_{ij}} \parallel c_{ij} \parallel t_{ij}), Y_{ij})$$

(2) 如果验证通过，FN_i 计算 $c_i = \sum_{j=1}^{\ell} c_{ij}$，$C_i = f^{\pi_i} \varepsilon^{s_i} c_i$。

(3) FN_i 计算雾级聚合密文如下：$CT_i = C_i^{\ell} \cdot c_i$，$SCT_i = \sum_{j=1}^{\ell} e(c_{ij} C_i, c_{ij} C_i)$。

(4) FN_i 选取随机数 $\nu_i \in Z_q$，对雾级聚合密文计算一个新的数字签名 $\sigma_i = (\sigma_{i,1}, \sigma_{i,2})$，其中

$$\sigma_{i,1} = \nu_i P \text{ 和 } \sigma_{i,2} = (y_i + \nu_i h_1(CT_i \parallel SCT_i)) H_1(ID_{CS})。$$

(5) FN_i 将雾级聚合数据 $\{CT_i, SCT_i, \sigma_i\}$ 发送给云服务器 ID_{CS} 进行长期存储。

4. 数据分析查询和响应(Data Analysis Query and Response)

当控制中心 CC 需要获取用电数据的统计分析结果时，其选取一个包含 θ 个用户区域的列表，并生成一个长度为 θ 的随机数序列：$L = \{\vartheta_1, \vartheta_2, \cdots, \vartheta_\theta\} \subseteq \{1, 2, \cdots, N\}$、$chal = (\eta_{\vartheta_1}, \eta_{\vartheta_2}, \cdots, \eta_{\vartheta_{\theta-2}}, \lambda, \mu)$。CC 将 $\{L, chal\}$ 发送给 ID_{CS}，ID_{CS} 计算云级聚合密文和完整性证明信息如下：

(1) ID_{CS} 计算云级聚合密文

$$CT = \sum_{\vartheta \in L} CT_\vartheta,\ PCT = \sum_{\vartheta \in L} e(CT_\vartheta, CT_\vartheta),\ SCT = \sum_{\vartheta \in L} SCT_\vartheta。$$

(2) ID_{CS} 使用密文 CT，PCT，SCT 和 λ，μ 计算 $\eta_{\vartheta_{\theta-1}} = h_1(CT \parallel \lambda)$，$\eta_{\vartheta_\theta} = h_1(PCT \parallel SCT \parallel \mu)$，并对雾结点的数字签名 $\{\sigma_{\vartheta_1}, \sigma_{\vartheta_2}, \cdots, \sigma_{\vartheta_\theta}\}$（对于其中每个 $\vartheta \in L$，$\sigma_\vartheta = (\sigma_{\vartheta,1}, \sigma_{\vartheta,2})$）进行聚合：$\sigma_1 = \sum_{\vartheta \in L} h_1(CT_\vartheta \parallel PCT_\vartheta) \sigma_{\vartheta,1}$ 和 $\sigma_2 = \sum_{\vartheta \in L} (\eta_\vartheta H_1(ID_{CS}) + \sigma_{\vartheta,2})$，然后将聚合签名设置为 $\sigma = (\sigma_1, \sigma_2)$，最后 ID_{CS} 计算一个组合公钥 $Y = \sum_{\vartheta \in L} Y_\vartheta$。

(3) ID_{CS} 将 $Agg = \{\sigma, Y, CT, PCT, SCT\}$ 发送给控制中心 CC 作为响应数据。

5. 验证和解密(Verification and Decryption)

一旦从云服务器 ID_{CS} 接收到 Agg，CC 首先验证数据完整性，然后使用私钥 p_1 解密聚合密文，计算统计结果如下：

(1) CC 使用接收到的聚合密文和 λ，μ 计算 $\eta_{\vartheta_{\theta-1}} = h_1(CT \parallel \lambda)$，$\eta_{\vartheta_\theta} =$

$h_1(\mathrm{PCT} \| \mathrm{SCT} \| \mu)$，并计算 $\eta=\sum_{\vartheta \in L} \eta_{\vartheta}$，然后采用如下的方程验证聚合密文的数据完整性：

$$\tilde{e}(\sigma_2, P) \stackrel{?}{=} \tilde{e}(\eta H_1(\mathrm{ID_{CS}}), P) \cdot \tilde{e}(H_1(\mathrm{ID_{CS}}), Y) \cdot \tilde{e}(H_1(\mathrm{ID_{CS}}), \sigma_1)$$

(2) 方程验证通过后，CC 使用私钥 p_1 计算以 $\hat{g}=g^{p_1}$ 为底 CT^{p_1} 的离散对数，然后将结果除以 $\ell+1$，得到所有用户数据的和：即 $M=\sum_{\vartheta \in L} \sum_{j=1}^{\ell} m_{\vartheta j}=\log_{\hat{g}}^{\mathrm{CT}^{p_1}} /(\ell+1)$。

(3) CC 用私钥 p_1 计算以 $\hat{e}=e(g, g)^{p_1}$ 为底 SCT^{p_1} 和 PCT^{p_1} 的离散对数 $\log_{\hat{e}}^{\mathrm{SCT}^{p_1}}$，$\log_{\hat{e}}^{\mathrm{PCT}^{p_1}}$，然后计算 $W=\sum_{\vartheta \in L} \sum_{j=1}^{\ell} m_{\vartheta j}^2=\log_{\hat{e}}^{\mathrm{SCT}^{p_1}}-(\ell+2) \cdot (\log_{\hat{e}}^{\mathrm{PCT}^{p_1}} /(\ell+1)^2)$。

(4) CC 计算所有用户用电数据的平均值如下：

$$\bar{m}=\frac{M}{\theta \cdot \ell}$$

计算所有用户用电数据的方差如下：

$$\operatorname{var}(m)=\frac{W}{\theta \cdot \ell}-\bar{m}^2$$

验证和解密阶段中 CC 执行的步骤如下所示：

算法 1：验证和解密阶段控制中心 CC 执行的步骤。

Input：一个长度为 θ 的用户区域列表：L，一个长度为 θ 的随机数序列：chal，以及控制中心的解密私钥 p_1。

Output：所有用户用电数据的平均值 $\bar{m}$ 和方差 $\operatorname{var}(m)$。

控制中心 CC 将{L，chal}发送给 $\mathrm{ID_{CS}}$，等待响应数据 Agg

if CC 接收到了 Agg={σ，Y，CT，PCT，SCT} **then**

  $\eta_{\vartheta_{\theta-1}}=h_1(\mathrm{CT} \| \lambda)$

  $\eta_{\vartheta_\theta}=h_1(\mathrm{PCT} \| \mathrm{SCT} \| \mu)$

  $\eta=\sum_{\vartheta \in L} \eta_{\vartheta}$

  if $\tilde{e}(\sigma_2, P)==\tilde{e}(\eta H_1(\mathrm{ID_{CS}}), P) \cdot \tilde{e}(H_1(\mathrm{ID_{CS}}), Y) \cdot \tilde{e}(H_1(\mathrm{ID_{CS}}), \sigma_1)$ **then**

    $M=\log_{\hat{g}}^{\mathrm{CT}^{p_1}} /(\ell+1)$

    $W=\log_{\hat{e}}^{\mathrm{SCT}^{p_1}}-(\ell+2) \cdot (\log_{\hat{e}}^{\mathrm{PCT}^{p_1}} /(\ell+1)^2)$

    $\bar{m}=M /(\theta \cdot \ell)$

    $\operatorname{var}(m)=W /(\theta \cdot \ell)-\bar{m}^2$

  end

  else

    丢弃 Agg={σ，Y，CT，PCT，SCT}，重复执行算法

  end

end

9.2.4 方案正确性与安全性证明

1. 方案正确性证明

在这部分，我们给出 KLR-EDA 方案的正确性证明。

首先，对雾级数据聚合阶段的雾结点 FN_i 的完整性验证方程的正确性进行如下推导：

$$\begin{aligned}\tilde{e}\Big(\sum_{j=1}^{\ell}\sigma_{ij},\ P\Big)&=\tilde{e}\Big(\sum_{j=1}^{\ell}y_{ij}H_1(\mathrm{ID}_{\mathrm{SM}_{ij}}\parallel c_{ij}\parallel t_{ij}),\ P\Big)\\&=\sum_{j=1}^{\ell}\tilde{e}(y_{ij}H_1(\mathrm{ID}_{\mathrm{SM}_{ij}}\parallel c_{ij}\parallel t_{ij}),\ P)\\&=\sum_{j=1}^{\ell}\tilde{e}(H_1(\mathrm{ID}_{\mathrm{SM}_{ij}}\parallel c_{ij}\parallel t_{ij}),\ y_{ij}P)\\&=\sum_{j=1}^{\ell}\tilde{e}(H_1(\mathrm{ID}_{\mathrm{SM}_{ij}}\parallel c_{ij}\parallel t_{ij}),\ Y_{ij})\end{aligned}$$

其次，对数据聚合和解密的正确性进行如下推导：令 $M_\vartheta=\sum_{j=1}^{\ell}m_{\vartheta j}$，$M_\vartheta^2=\Big(\sum_{j=1}^{\ell}m_{\vartheta j}\Big)^2$，$R_\vartheta=\sum_{j=1}^{\ell}r_{\vartheta j}$，$M=\sum_{\vartheta\in L}M_\vartheta$，$W=\sum_{\vartheta\in L}\sum_{j=1}^{\ell}m_{\vartheta j}^2$，$R=\sum_{\vartheta\in L}R_\vartheta$，则有：

$$\begin{aligned}c_i&=\prod_{j=1}^{\ell}c_{ij}=\prod_{j=1}^{\ell}f^{\pi_{ij}}\epsilon^{s_{ij}}g^{m_{ij}}\xi^{r_{ij}}\\&=f^{\sum_{j=1}^{\ell}\pi_{ij}}\epsilon^{\sum_{j=1}^{\ell}s_{ij}}g^{\sum_{j=1}^{\ell}m_{ij}}\xi^{\sum_{j=1}^{\ell}r_{ij}}\end{aligned}$$

$$\begin{aligned}C_i&=f^{\pi_i}\epsilon^{s_i}c_i=f^{\pi_i}\epsilon^{s_i}f^{\sum_{j=1}^{\ell}\pi_{ij}}\epsilon^{\sum_{j=1}^{\ell}s_{ij}}g^{\sum_{j=1}^{\ell}m_{ij}}\xi^{\sum_{j=1}^{\ell}r_{ij}}\\&=f^{\pi_i+\sum_{j=1}^{\ell}\pi_{ij}}\epsilon^{s_i+\sum_{j=1}^{\ell}s_{ij}}g^{\sum_{j=1}^{\ell}m_{ij}}\xi^{\sum_{j=1}^{\ell}r_{ij}}\\&=f^{\beta}\epsilon^{\delta}g^{\sum_{j=1}^{\ell}m_{ij}}\xi^{\sum_{j=1}^{\ell}r_{ij}}\\&=g^{\alpha\beta}g^{\gamma\delta}g^{\sum_{j=1}^{\ell}m_{ij}}\xi^{\sum_{j=1}^{\ell}r_{ij}}\end{aligned}$$

$$\begin{aligned}\mathrm{CT}_i&=C_i^{\ell}\cdot c_i\\&=\Big(g^{\alpha\beta}g^{\gamma\delta}g^{\sum_{j=1}^{\ell}m_{ij}}\xi^{\sum_{j=1}^{\ell}r_{ij}}\Big)^{\ell}\cdot f^{\sum_{j=1}^{\ell}\pi_{ij}}\epsilon^{\sum_{j=1}^{\ell}s_{ij}}g^{\sum_{j=1}^{\ell}m_{ij}}\xi^{\sum_{j=1}^{\ell}r_{ij}}\\&=g^{\ell\alpha\beta}g^{\ell\gamma\delta}g^{\ell\cdot\sum_{j=1}^{\ell}m_{ij}}\xi^{\ell\cdot\sum_{j=1}^{\ell}r_{ij}}\cdot g^{\alpha\cdot\sum_{j=1}^{\ell}\pi_{ij}}g^{\gamma\cdot\sum_{j=1}^{\ell}s_{ij}}g^{\sum_{j=1}^{\ell}m_{ij}}\xi^{\sum_{j=1}^{\ell}r_{ij}}\\&=g^{\ell\alpha\beta}g^{\ell\gamma\delta}\cdot g^{\alpha\cdot\sum_{j=1}^{\ell}\pi_{ij}+\gamma\cdot\sum_{j=1}^{\ell}s_{ij}}\cdot g^{(\ell+1)\cdot\sum_{j=1}^{\ell}m_{ij}}\xi^{(\ell+1)\cdot\sum_{j=1}^{\ell}r_{ij}}\\&=g^{\ell\alpha\beta+\ell\gamma\delta+l\zeta}\cdot g^{(\ell+1)\cdot\sum_{j=1}^{\ell}m_{ij}}\xi^{(\ell+1)\cdot\sum_{j=1}^{\ell}r_{ij}}\\&=g^{(\ell+1)\cdot\sum_{j=1}^{\ell}m_{ij}}\xi^{(\ell+1)\cdot\sum_{j=1}^{\ell}r_{ij}}\end{aligned}$$

$$c_{ij}C_i = f^{\pi_{ij}}\epsilon^{s_{ij}} g^{m_{ij}}\xi^{r_{ij}} \cdot g^{\alpha\beta}g^{\gamma\delta}g^{\sum_{j=1}^{\ell}m_{ij}}\xi^{\sum_{j=1}^{\ell}r_{ij}}$$

$$= g^{\alpha\pi_{ij}+\gamma s_{ij}}g^{\alpha\beta}g^{\gamma\delta} \cdot g^{m_{ij}+\sum_{j=1}^{\ell}m_{ij}}\xi^{r_{ij}+\sum_{j=1}^{\ell}r_{ij}}$$

$$= g^{m_{ij}+\sum_{j=1}^{\ell}m_{ij}}\xi^{r_{ij}+\sum_{j=1}^{\ell}r_{ij}} = g^{m_{ij}+M_i}\xi^{r_{ij}+R_i}$$

$$\mathrm{SCT}_i = \prod_{j=1}^{\ell} e(c_{ij}C_i,\ c_{ij}C_i)$$

$$= \prod_{j=1}^{\ell} e(g^{m_{ij}+M_i}\xi^{r_{ij}+R_i},\ g^{m_{ij}+M_i}\xi^{r_{ij}+R_i})$$

$$= \prod_{j=1}^{\ell} (e(g,\ g)^{(m_{ij}+M_i)^2} \cdot e(g,\ \xi)^{2(m_{ij}+M_i)(r_{ij}+R_i)+p_2(r_{ij}+R_i)^2})$$

$$= e(g,\ g)^{\sum_{j=1}^{\ell}(m_{ij}^2+2m_{ij}M_i+M_i^2)} \cdot e(g,\ \xi)^{\sum_{j=1}^{\ell}(2(m_{ij}+M_i)(r_{ij}+R_i)+p_2(r_{ij}+R_i)^2)}$$

$$= e(g,\ g)^{\sum_{j=1}^{\ell}m_{ij}^2+2M_i\sum_{j=1}^{\ell}m_{ij}+\ell M_i^2} \cdot e(g,\ \xi)^{\sum_{j=1}^{\ell}(2(m_{ij}+M_i)(r_{ij}+R_i)+p_2(r_{ij}+R_i)^2)}$$

$$= e(g,\ g)^{\sum_{j=1}^{\ell}m_{ij}^2+(\ell+2)M_i^2} \cdot e(g,\ \xi)^{\sum_{j=1}^{\ell}(2(m_{ij}+M_i)(r_{ij}+R_i)+p_2(r_{ij}+R_i)^2)}$$

$$\mathrm{CT} = \prod_{\vartheta\in L}\mathrm{CT}_\vartheta = \prod_{\vartheta\in L} g^{(\ell+1)\cdot\sum_{j=1}^{\ell}m_{\vartheta j}}\xi^{(\ell+1)\cdot\sum_{j=1}^{\ell}r_{\vartheta j}}$$

$$= g^{(\ell+1)\sum_{\vartheta\in L}\sum_{j=1}^{\ell}m_{\vartheta j}}\xi^{(\ell+1)\sum_{\vartheta\in L}\sum_{j=1}^{\ell}r_{\vartheta j}}$$

所以有 $\log_{\hat{g}}^{\mathrm{CT}^{p_1}}/(\ell+1) = (\ell+1)\sum_{\vartheta\in L}\sum_{j=1}^{\ell}m_{\vartheta j}/(\ell+1) = \sum_{\vartheta\in L}\sum_{j=1}^{\ell}m_{\vartheta j} = M$。

$$\mathrm{PCT} = \prod_{\vartheta\in L} e(\mathrm{CT}_\vartheta,\ \mathrm{CT}_\vartheta)$$

$$= \prod_{\vartheta\in L} e(g^{(\ell+1)\cdot\sum_{j=1}^{\ell}m_{\vartheta j}}\xi^{(\ell+1)\cdot\sum_{j=1}^{\ell}r_{\vartheta j}},\ g^{(\ell+1)\cdot\sum_{j=1}^{\ell}m_{\vartheta j}}\xi^{(\ell+1)\cdot\sum_{j=1}^{\ell}r_{\vartheta j}})$$

$$= \prod_{\vartheta\in L} (e(g,\ g)^{(\ell+1)^2(\sum_{j=1}^{\ell}m_{\vartheta j})^2} \cdot e(g,\ \xi)^{2(\ell+1)^2\sum_{j=1}^{\ell}m_{\vartheta j}\sum_{j=1}^{\ell}r_{\vartheta j}+p_2(\ell+1)^2(\sum_{j=1}^{\ell}r_{\vartheta j})^2})$$

$$= e(g,\ g)^{(\ell+1)^2\sum_{\vartheta\in L}M_\vartheta^2} \cdot e(g,\ \xi)^{\sum_{\vartheta\in L}(2(\ell+1)^2\sum_{j=1}^{\ell}m_{\vartheta j}\sum_{j=1}^{\ell}r_{\vartheta j}+p_2(\ell+1)^2(\sum_{j=1}^{\ell}r_{\vartheta j})^2)}$$

所以有 $\log_{\hat{e}}^{\mathrm{PCT}^{p_1}}/(\ell+1)^2 = (\ell+1)^2\sum_{\vartheta\in L}M_\vartheta^2/(\ell+1)^2 = \sum_{\vartheta\in L}M_\vartheta^2$。

$$\mathrm{SCT} = \prod_{\vartheta\in L}\mathrm{SCT}_\vartheta$$

$$= \prod_{\vartheta\in L} e(g,\ g)^{\sum_{j=1}^{\ell}m_{\vartheta j}^2+(\ell+2)M_\vartheta^2} \cdot e(g,\ \xi)^{\sum_{j=1}^{\ell}(2(m_{\vartheta j}+M_\vartheta)(r_{\vartheta j}+R_\vartheta)+p_2(r_{\vartheta j}+R_\vartheta)^2)}$$

$$= e(g,\ g)^{\sum_{\vartheta\in L}\sum_{j=1}^{\ell}m_{\vartheta j}^2+(\ell+2)\sum_{\vartheta\in L}M_\vartheta^2} \cdot e(g,\ \xi)^{\sum_{\vartheta\in L}\sum_{j=1}^{\ell}(2(m_{\vartheta j}+M_\vartheta)(r_{\vartheta j}+R_\vartheta)+p_2(r_{\vartheta j}+R_\vartheta)^2)}$$

所以有

$$\log_{\hat{e}}^{\mathrm{SCT}^{p_1}} - (\ell+2)\sum_{\vartheta\in L} M_{\vartheta}^2 = \log_{\hat{e}}^{\mathrm{SCT}^{p_1}} - (\ell+2)\cdot\frac{\log_{\hat{e}}^{\mathrm{PCT}^{p_1}}}{(\ell+1)^2}$$

$$= \sum_{\vartheta\in L}\sum_{j=1}^{\ell} m_{\vartheta j}^2 = M^2$$

2. 方案安全性证明

基于雾计算辅助智能电网的抗密钥泄露加密数据聚合方案的安全性证明包括数据机密性、数据完整性和抗密钥泄漏三个方面，以下是证明的具体细节。

定理 9.3　在方案的所有阶段，任何单个用户的用电数据的机密性都受到保护。

证明　在最开始的数据报告阶段，用户的用电数据 m_{ij} 被加密为 $c_{ij}=f^{\pi_{ij}}\varepsilon^{s_{ij}}g^{m_{ij}}\xi^{r_{ij}}$，并发送给对应的雾结点 FN_i，即使一个外部敌手$\mathcal{A}_1$ 窃听 SM_{ij} 和 FN_i 之间的通信信道并截取了通信数据$\{\mathrm{ID}_{\mathrm{SM}_{ij}}, c_{ij}, \sigma_{ij}, t_{ij}\}$，当且仅当 SM_{ij} 的所有秘密参数$\{\pi_{ij}, s_{ij}, r_{ij}\}$都泄漏给了$\mathcal{A}_1$，他/她才能恢复 m_{ij}。实际上，由于 SM_{ij} 在加密算法中加入了盲化项 $f^{\pi_{ij}}\varepsilon^{s_{ij}}$，只要其秘密参数$\{\pi_{ij}, s_{ij}, r_{ij}\}$是被安全保存的，那么包括雾结点 FN_i、控制中心 CC、任意内部/外部敌手在内的所有实体都无法正确解密单个用户的数据密文，恢复明文 m_{ij}。

在雾级数据聚合阶段，雾结点 FN_i 的雾级聚合密文为 $\mathrm{CT}_i=C_i^{\ell}\cdot c_i=g^{(\ell+1)M_i}\xi^{(\ell+1)R_i}$，其中 $M_i=\sum_{j=1}^{\ell}m_{ij}$，$R_i=\sum_{j=1}^{\ell}r_{ij}$，因此 CT_i 仍然为一个有效的 BGN 算法的密文。由于 BGN 同态加密算法的语义安全性，即使敌手$\mathcal{A}_1$ 截获了雾级聚合数据$\{\mathrm{CT}_i, \mathrm{SCT}_i, \sigma_i\}$，他/她在没有控制中心的私钥 p_1 的情况下无法解密密文，恢复区域中数据的聚合值 M_i。

在数据分析查询和响应阶段、验证和解密阶段中，聚合数据在 $\mathrm{ID}_{\mathrm{CS}}$ 和 CC 之间传输：$\mathrm{CT}_{\vartheta}=g^{(\ell+1)M_{\vartheta}}\xi^{(\ell+1)R_{\vartheta}}$，$\vartheta\in L$，$\mathrm{CT}=\prod_{\vartheta\in L}\mathrm{CT}_{\vartheta}=g^{(\ell+1)\cdot\sum_{\vartheta\in L}M_{\vartheta}}\xi^{(\ell+1)\cdot\sum_{\vartheta\in L}R_{\vartheta}}$，$\mathrm{PCT}=\prod_{\vartheta\in L}e(\mathrm{CT}_{\vartheta}, \mathrm{CT}_{\vartheta})$ 以及 $\mathrm{SCT}=\prod_{\vartheta\in L}\mathrm{SCT}_{\vartheta}$，由于这些都是聚合形式的数据，因此分析方法与雾级数据聚合阶段中的方法类似。综上所述，在所有阶段中，用户数据的机密性都是受到保护的。

定理 9.4　在方案的所有阶段，任何单个用户的用电数据的完整性都受到保护。

证明　在数据报告阶段，每个智能电表的数据 m_{ij} 被加密为 c_{ij}，并且生成一个数字签名 $\sigma_{ij}=y_{ij}H_1(\mathrm{ID}_{\mathrm{SM}_{ij}}\parallel c_{ij}\parallel t_{ij})$，然后 SM_{ij} 将这些数据发送给 FN_i。然后雾结点 FN_i 根据批量验证方程：$\tilde{e}(\sum_{j=1}^{\ell}\sigma_{ij}, P)\overset{?}{=}\sum_{j=1}^{\ell}\tilde{e}(H_1(\mathrm{ID}_{\mathrm{SM}_{ij}}\parallel c_{ij}\parallel t_{ij}), Y_{ij})$ 验证数据完整性，如果来自任意单个智能电表的报告数据$\{\mathrm{ID}_{\mathrm{SM}_{ij}}, c_{ij}, \sigma_{ij}, t_{ij}\}$被一个敌手$\mathcal{A}_2$ 截获和篡改，则这个验证方程将不能成立，由此可以保证从智能电表 SM_{ij} 和雾结点 FN_i 之间通信数据的完整性。

在雾级数据聚合阶段，雾结点 FN_i 计算的聚合密文为$\{\mathrm{CT}_i, \mathrm{SCT}_i\}$，对应的数字签名为 $\sigma_i=(\sigma_{i,1}, \sigma_{i,2})$，其中 $\sigma_{i,2}=(y_i+\nu_i h_1(\mathrm{CT}_i\parallel\mathrm{SCT}_i))H_1(\mathrm{ID}_{\mathrm{CS}})$和 $\sigma_{i,1}=\nu_i P$，然后将这些数据上传到云服务器上存储。因为数字签名由 FN_i 的私钥 y_i 和一个随机数 ν_i 生成，所以如果敌手$\mathcal{A}_2$ 能够以不可忽略的优势伪造一个合法的签名 σ_i^*，则存在一个多项式时间算

法能够将$\mathcal{A}_2$作为子程序解决椭圆曲线上的离散对数问题，由于假设了椭圆曲线上的离散对数问题是计算不可解的，因此敌手$\mathcal{A}_2$无法对任意雾结点FN_i的聚合密文$\{CT_i, SCT_i\}$伪造合法的数字签名。同时，在数据分析查询和响应阶段，即使敌手$\mathcal{A}_2$截取了随机数序列 $chal=(\eta_{\vartheta_1}, \eta_{\vartheta_2}, \cdots, \eta_{\vartheta_{\theta-2}}, \lambda, \mu)$，他/她也无法伪造一个合法的签名$\sigma^*$满足$\sigma^*=(\sigma_1, \sigma_2)$，其中$\sigma_1=\sum_{\vartheta\in L}\sigma_{\vartheta,1}h_1(CT_\vartheta \parallel PCT_\vartheta)$，$\sigma_2=\sum_{\vartheta\in L}(\eta_\vartheta H_1(ID_{CS})+\sigma_{\vartheta,2})$。

另一方面，如果雾结点FN_i的聚合密文$\{CT_i, SCT_i\}$被篡改为$\{CT_i^*, SCT_i^*\}$，这里假设第i个用户区域被指定在区域列表L中，即$i\in L$。则$CT=\sum_{\vartheta\in L}CT_\vartheta$将改变为$CT^*$，并且$PCT=\sum_{\vartheta\in L}e(CT_\vartheta, CT_\vartheta)$将变为$PCT^*$，$SCT=\sum_{\vartheta\in L}SCT_\vartheta$将变为$SCT^*$。此外，在验证与解密阶段，因为控制中心CC计算$\eta_{\vartheta_{\theta-1}}=h_1(CT\parallel\lambda)$，$\eta_{\vartheta_\theta}=h_1(PCT\parallel SCT\parallel\mu)$和$\eta=\sum_{\vartheta\in L}\eta_\vartheta$，则$\eta$将改变为$\eta^*$，如果被篡改的聚合信息$Agg^*=\{\sigma, Y, CT^*, PCT^*, SCT^*\}$能够通过方程：

$$\tilde{e}(\sigma_2, P)=\tilde{e}(\eta^* H_1(ID_{CS}), P)\cdot\tilde{e}(H_1(ID_{CS}), Y)\cdot\tilde{e}(H_1(ID_{CS}), \sigma_1)$$

由于正确的聚合信息也应该能够通过方程：

$$\tilde{e}(\sigma_2, P)=\tilde{e}(\eta H_1(ID_{CS}), P)\cdot\tilde{e}(H_1(ID_{CS}), Y)\cdot\tilde{e}(H_1(ID_{CS}), \sigma_1)$$

因此可以得到

$$\eta^* H_1(ID_{CS})=\eta H_1(ID_{CS})$$

令$W=\eta H_1(ID_{CS})$，则敌手$\mathcal{A}_2$能解决以$H_1(ID_{CS})$为基W的离散对数问题实例，这和我们的假设矛盾。相似地，如果云服务器向控制中心返回的聚合响应数据$Agg=\{\sigma, Y, CT, PCT, SCT\}$在传输的过程中被敌手篡改，假设数据$\{\sigma, Y\}$，则可以直接地得到完整性验证方程不能成立。另一方面，如果$\{CT, PCT, SCT\}$被篡改，由于$\eta_{\vartheta_{\theta-1}}=h_1(CT\parallel\lambda)$，$\eta_{\vartheta_\theta}=h_1(PCT\parallel SCT\parallel\mu)$，$\eta=\sum_{\vartheta\in L}\eta_\vartheta$，则$\eta$将改变为$\eta^*$，完整性验证方程同样不能成立。综上所述，数据完整性在方案的所有阶段都受到保护。

定理 9.5 KLR-EDA方案能够实现抗密钥泄漏的特性。

证明 在最开始的用户数据报告阶段，用电数据m_{ij}被加密为$c_{ij}=f^{\pi_{ij}}\varepsilon^{s_{ij}}g^{m_{ij}}\xi^{r_{ij}}$，即使一个内部/外部敌手获取了控制中心CC的解密私钥p_1并且截获了用电数据的密文c_{ij}，其仍然无法对密文进行解密，恢复出明文数据。在后续的雾级数据聚合、数据分析查询和响应、验证和解密阶段，各通信实体之间的通信数据均为某种形式的用电数据聚合密文，例如$CT_\vartheta=g^{(\ell+1)M_\vartheta}\xi^{(\ell+1)R_\vartheta}$，$\vartheta\in L$，$CT=\prod_{\vartheta\in L}CT_\vartheta=g^{(\ell+1)\cdot\sum_{\vartheta\in L}M_\vartheta}\xi^{(\ell+1)\cdot\sum_{\vartheta\in L}R_\vartheta}$等，因此控制中心CC或者获取了私钥$p_1$的恶意敌手即使能正确地解密密文，也只能得到指定区域中所有用户用电数据的和即$M=\sum_{\vartheta\in L}\sum_{j=1}^{\ell}m_{\vartheta j}$以及数据平方的和$W=\sum_{\vartheta\in L}\sum_{j=1}^{\ell}m_{\vartheta j}^2$。

综上所述，KLR-EDA能够保证数据机密性、完整性，实现了抗密钥泄漏的目的。

9.3　智能电网中轻量级多维加密数据聚合方案

9.3.1　问题描述

随着电能设备的广泛部署与应用，传统电网的产供销与管理模式已经无法满足用户的基本要求，而智能电网的出现为人们提供了更便利、更合理、更经济的模式。智能电表被广泛地安装在每一个家庭住户中，负责收集用户的日常电力数据并上传给对应的边缘计算服务器，如雾节点服务器。雾节点服务器收集其所管辖区域的智能电表所汇报的数据之后，进行聚合处理后发送给电网控制中心。电网控制中心通过对电力消耗数据进行分析，做出按需供电的决策，该模式从电力生产、传输和使用三个阶段节约电力资源，智能电网的具体工作流程如图 9.3 所示。

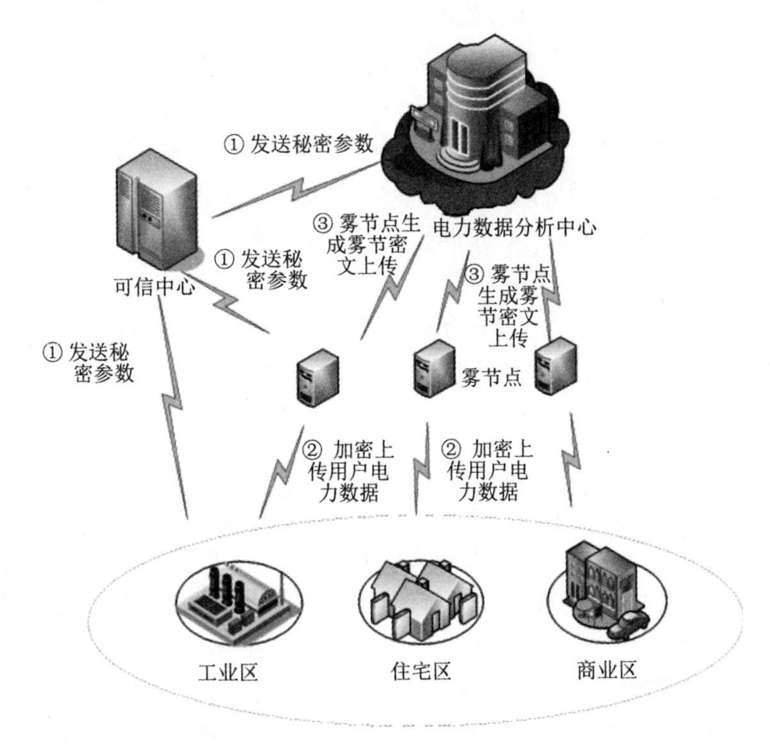

图 9.3　智能电网系统数据流程

但是，电力数据通常会反映出用户生活习惯等隐私信息，因此需要对敏感电力数据加密来保障用户隐私性。智能电表通常都是一个小型的计算单元，无法进行复杂的加密操作，并且发送的数据可能依赖于家庭网络或专用的小型网络，其通信的密文长度不宜过长，否则会导致传输堵塞等情况。此外，为解决数据孤岛问题，同态加密技术可以让雾节点对多个终端电表传输的密文数据进行线性聚合，为控制中心提供隐私保护的数据分析便利[94]。

现有的加密聚合技术大多基于经典的 Paillier 和 BGN 同态加密算法，这两种算法都需要用到大量的模指数计算，这就导致了终端智能电表的计算开销特别大，并不适用于小型计量设备。

在传输过程中，电网用户自身可能会试图篡改智能电表中的电力数据以逃避后续的用电计费。同时，电网系统中可能存在内部敌手，窃取智能电表或者控制中心的私钥，通过解密单个密文破坏数据机密性和用户隐私安全。除此之外，智能电表的故障损坏在实际中也是无法避免的，实际应用中加密算法应该带有容错机制。因此，设计一个支持传输容错和验证功能的轻量级加密聚合技术是实现智能电网安全广泛部署的重要保障。

综上所述，本章节提出一个面向智能电网中轻量级多维加密数据聚合方案(MD-EDA)。本章节的主要工作可概括如下：

(1) 本方案改进了对称同态加密算法，使得智能电表不仅能够在资源受限的背景下完成对多维功耗数据的加密，同时能够抵抗原加密系统可能遭受到的选择明文攻击。

(2) 为了实现抗密钥泄露特性，本方案在加密的多维数据中添加了 Shamir 随机掩码。因此，即便修改后的对称同态加密算法的密钥泄露或雾节点受到攻击，任何多项式敌手也无法从失真的用户密态数据中破坏智能电网系统用户的隐私。

(3) 考虑到智能电表宕机或被恶意破坏的情况难以避免，该方案结合了 Shamir 秘密共享技术与改进的对称同态加密算法，以增强智能电网的鲁棒性并实现了容错机制。只要智能电网系统中一个管辖区域内的智能电表数量大于或等于预定阈值，加密数据中的随机掩码值就可以在数据聚合中被相应的雾节点消除。因此，即便部分电表的汇报信息无法传输到控制中心，电网控制中心依旧可以正确地解密聚合密文。

(4) 本方案阐述了 MD-EDA 的正确性，并提供详细的安全分析以证明 MD-EDA 能够实现功耗数据的机密性和隐私性、加密数据的完整性和抗密钥泄漏特性。在性能评估中展示了 MD-EDA 方案在雾辅助智能电网部署中的轻量优势。

9.3.2 系统模型

由于雾节点可以部署在智能电网系统中以辅助控制中心进行边缘计算，本方案引入了雾节点为控制中心平衡计算代价，降低单点失效的风险。因此，在 MD-EDA 方案中一共包括了四种类型的通信实体：可信第三方、智能电表、雾节点和控制中心。各实体之间的具体通信流程如图 9.4 所示。

(1) **可信第三方**(Third Trusted Party, TTP)：可信第三方在现实场景中往往由政府或公共安全监管机构担任，基于机构的声誉与特殊性，其在系统的任务中往往是可以完全信赖的。可信第三方负责初始化算法公共参数，公/私钥、秘密参数的生成与分发等，可信第三方会通过预分配或加密信道的方式分别为不同实体分发对应秘密参数。该实体往往只参与整个系统的初始化过程，在完成系统初始化后便会销毁生成参数并退出该系统。

(2) **智能电表**(Smart Meters, SMs)：智能电表作为系统中用户电力功耗数据采集的计量设备，该设备会周期性地收集用户的各类型数据，按照既定协议对用户所产生的功耗数据进行加密与签名。随后，智能电表会将加密数据连同数字签名一同发送给负责本区域信息收集的雾节点。

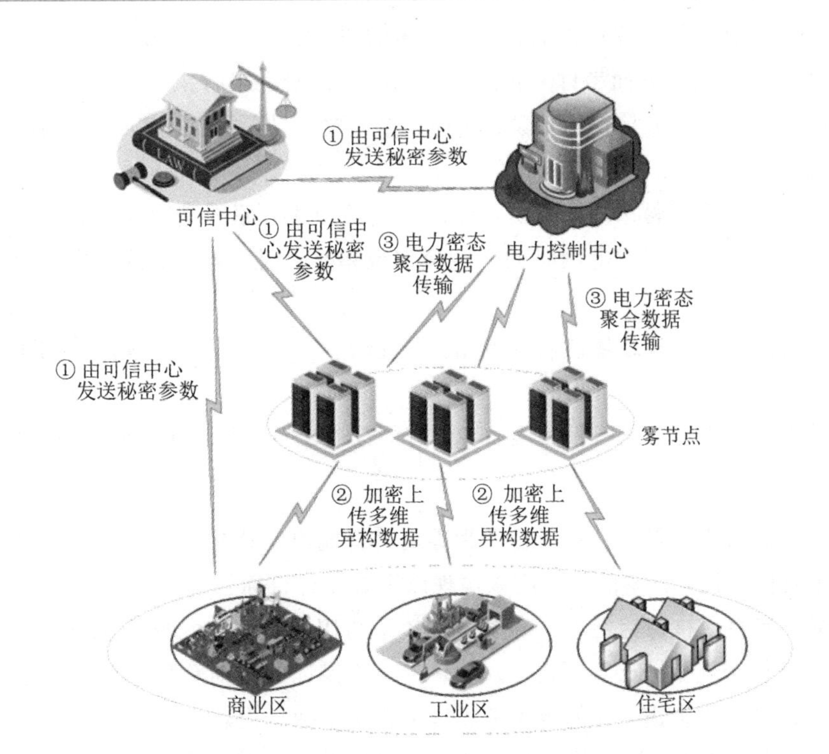

图 9.4 MD-EDA 方案系统框架

(3) **雾节点**(Fog Nodes，FNs)：雾节点被安装在智能电网系统中间层，它将作为区域网关的角色执行加密数据批量聚合与验证。它将同一电网区域中生成的所有合法密态数据进行聚合，并生成为一个可验证的雾级聚合密文。随后，将其转发给智能电网控制中心。雾节点的引入能够解决中心化单点服务器消息阻塞，以及恶意服务器解密单个用户数据的安全问题。

(4) **控制中心**(Control Center，CC)：智能电网控制中心作为整个系统的大脑，首先需要对雾节点发来数据的完整性进行验证，再利用私钥对聚合密文进行解密。完成上述操作后，控制中心会根据周期性获取的聚合数据投入到数据分析模型中，作为下一时刻“产-供-销”决策的数据支撑。

9.3.3 安全模型与设计目标

本小节将会对方案中的安全模型与设计目标分别进行介绍。首先，本方案考虑了系统来自内部与外部两种类型敌手的安全威胁。

1. 安全模型

在 MD-EDA 方案的设定中，雾节点和智能电网控制中心诚实但好奇。具体而言，每个雾节点诚实地聚合来自同一区域的加密多维功耗数据，控制中心诚实地验证和解密接收到的数据。然而，他们对用户的功耗数据感到好奇，试图提取有价值的信息用于恶意目的。此外，本方案假设存在着一个好奇的用户试图利用他/她的智能电表的私钥和其他的秘密参数用于恢复安装在其他用户家中的其他智能电表的原始数据。

本方案将从以下四个方面考虑来自外部敌手的潜在安全威胁。

(1) 敌手可能会窃听通信信道，截取功耗数据和聚合结果，或破坏某些智能仪表，从而侵犯用户的隐私。

(2) 对称同态加密密码系统的密钥可能会泄露给敌手，原因是智能电表的安全措施脆弱，以及控制中心在管理智能电网时的一些疏忽或错误。因此，敌手试图恢复单个用户的功耗数据。

(3) 敌手可能试图替换或篡改功耗数据，冒充合法用户上传这些虚假数据避免付款或造成混乱。

(4) 敌手可能会物理攻击智能仪表，导致智能仪表出现故障，无法向雾节点报告数据。

2. 设计目标

基于上述系统安全威胁，本章节旨在为雾辅助智能电网构建一个安全的多维加密数据聚合方案。更具体地说，方案的设计应该实现以下的设计目标：

(1) **数据机密性和抗密钥泄漏**：由于多维数据与用户行为和家庭隐私密切相关，因此保护耗电数据的机密性十分必要。此外，方案还应该保证即使对称同态加密算法的密钥在整个雾辅助智能电网中泄露，任何敌手都无法了解单个数据内容。

(2) **加密数据完整性**：为了防止各种敌手替换或篡改功耗数据，所有的数据接收方都需要检查传输的加密功耗数据的完整性。

(3) **容错机制**：在实际的智能电网场景中，由于系统崩溃或人为破坏而导致智能电表故障的现象是不可避免的，在聚合过程中传输的功耗数据应具有容错性。容错功能可以保证即便存在电表损坏或因为网络堵塞，导致没有接收到部分智能电表的数据，但控制中心仍然能够从大部分的智能电表数据中分析出正确的结果，这是整个系统高鲁棒性的重要体现。

(4) **高性能**：高性能是雾辅助智能电网中多维加密数据聚合的实际要求。高性能计算的小型芯片做到供应给每一个住户显然是不现实的。所以，在不影响安全性的同时降低计算复杂度与智能电表的通信带宽，能够有效提高系统效率、减低时延。

9.3.4 方案具体设计

本小节中详细地介绍了针对雾辅助智能电网所提出具有容错能力的轻量级多维加密数据聚合(MD-EDA)方案。MD-EDA 由以下四个阶段组成：**系统初始化、加密数据上传、雾辅助加密数据聚合、控制中心聚合数据恢复**。MD-EDA 方案的具体设计细节如下所示：

1) 系统初始化

该阶段主要依靠 TTP 运行密钥生成 KeyGen( )这一概率多项式时间(PPT)算法。该算法以安全参数 λ 作为输入，随后 KeyGen( )将生成系统内所需的加密算法参数、秘密参数、设备签名密钥等。完成系统初始化后，TTP 会公开公共参数并通过安全信道将秘密参数发送给对应设备。

(1) TTP 根据安全参数 λ 选择两个较大的安全素数 u，v，且满足 $u \gg v$。随后，TTP 随机从 Z_u^* 中选择一个整数 s 并选择一个小整数作为密文度 d，最后，TTP 将公布对称加密算法的公共参数(s, u)。

(2) TTP 设置双线性对映射 $\tilde{e}: G_1 \times G_1 \to G_2$。其中，$G_1$ 是一个 q 阶的加法循环群，G_2 是一个 q 阶的乘法循环群，P 是 G_1 的随机生成元。TTP 确定系统中智能电表数量的最大值 N，智能电表上传单维度数据的上界 D，并设置 $z=\lceil \log_2 ND \rceil$。最后，TTP 选取一个安全抗碰撞的哈希函数 $H: \{0, 1\}^* \to G_1$ 和一个消息认证码函数 HMAC(·)。

(3) TTP 从 Z_q^* 为每一个雾节点 F_i 选取一个签名私钥 x_i，并为 F_i 计算其签名公钥为：$W_i = x_i P$。同样地，TTP 从 Z_q^* 为控制中心选取一个签名私钥 x，并计算控制中心的签名公钥为：$W = xP$。

(4) TTP 随机选取两个参数 ζ_0，ζ_1 并满足 $\zeta_0 + \zeta_1 = 0 \bmod u$。然后，TTP 会生成一个 $t-1$ 阶多项式 $f(x)=\zeta_0 + a_1 x + a_2 x^2 + \cdots + a_{t-1} x^{t-1} \bmod u$，其中，$a_1$，$a_2$，…，$a_{t-1} \in Z_u^*$。最后，TTP 还会选择多个随机的小整数 d_{i_j}（$|s^{d-d_{i_j}} \bmod u| < |u|/8$）作为每一个用户不同的密文度。TTP 计算 $\mathrm{sk}_{i_j,1} = s^{d_{i_j}-d} \bmod u$，$\mathrm{sk}_{i_j,2} = s^{-d_{i_j}} \bmod u$ 以及 Shamir 秘密分享份额参数 $\beta_{i_j,1} = f(j) \cdot \mathrm{sk}_{i_j,2}^{-1} \bmod u$，$\beta_{i_j,2} = f(j) \bmod u$ 和全局秘密参数私钥 $\mathrm{sk} = s^d \bmod u$。

(5) 在完成了上述所有的秘密参数生成后，可信第三方机构会公布所有的系统公共参数 $\Gamma = (\tilde{e}, G_1, G_2, p, P, N, z, D, H, W, \{W_i\}, \{W_{i_j}\}_{1 \leqslant j \leqslant N}, \mathrm{HMAC}, u)$，并通过安全信道将$(\mathrm{sk}, v, \zeta_1, x)$发送给 CC，将$(\mathrm{sk}_{i_j,2}, \beta_{i_j,2}, x_i)$发送给对应的雾节点 F_i，将$(v, \mathrm{sk}_{i_j,1}, \beta_{i_j,1}, x_{i_j})$发送给对应的智能电表 SM_{i_j}。

2) 加密数据上传

在 T 时刻内，每一个智能电表 SM_{i_j} 会加密本地产生的 l 维度的电力消耗数据$(m_{i_j,1}, m_{i_j,2}, \cdots, m_{i_j,l})$，同时还会生成对应的签名。具体的加密步骤描述如下：

(1) SM_{i_j} 需要将本地产生多维度电力数据$(m_{i_j,1}, m_{i_j,2}, \cdots, m_{i_j,l})$进行降维操作，首先将其转换为二进制形式$(b_{i_j,1}, b_{i_j,2}, \cdots, b_{i_j,l})$，其中，$b_{i_j,J} = (m_{i_j,J})_2 \parallel 0^{z*(J-1)}$（$J = 1, 2, \cdots, l$）。并将电力隐私数据设为 $m_{i_j} = \sum_{J=1}^{l} b_{i_j,J}$。

(2) SM_{i_j} 利用加密密钥和参数$(v, \mathrm{sk}_{i_j,1}, \beta_{i_j,1})$加密本地所产生的电力消耗数据，首先 SM_{i_j} 随机选择两个正整数 $r_{i_j,1}$，$r_{i_j,2}$，且满足 $|r_{i_j,1}| < |u|/4$，$|r_{i_j,2}| < |u|/8$。然后，将隐私数据 m_{i_j} 加密为：

$$C_{i_j} = \mathrm{sk}_{i_j,1}(r_{i_j,1} v + m_{i_j}) + r_{i_j,2} v + \beta_{i_j,1} \bmod u$$

(3) SM_{i_j} 根据由 TTP 颁发的签名私钥 x_{i_j}，基于加密数据 C_{i_j} 生成对应的数字签名

$$\sigma_{i_j} = x_{i_j} H(C_{i_j} \parallel T \parallel \mathrm{ID}_i \parallel \mathrm{ID}_{i_j})$$

(4) SM_{i_j} 将所生成的可验证的密文信息$(C_{i_j}, \sigma_{i_j}, T, \mathrm{ID}_{i_j})$一起打包发送给对应的雾节点 F_i。

3) 雾辅助加密数据聚合

在 T 时刻内，假设在智能电网系统中存在宕机的智能电表。令符号 S_i 表示在雾节点 F_i 所管辖区域内有效的智能电表集合，符号 ξ_i 用于表示 F_i 所管辖区域内有效的智能电表

数量，即 $\xi_i=|S_i|$，符号 t 表示明文恢复的最小样本量。当且仅当用户上传时间截至且雾节点收到 $\xi_i \geqslant t$ 条可验证密文信息，F_i 按照以下协议进行密态数据聚合：

(1) 当雾节点收到了 $\xi_i(\xi_i \geqslant t)$ 条用户上传的密态电力消耗数据后，雾节点 F_i 首先需要通过如下等式批量验证消息的合法性：

$$\tilde{e}\left(\sum_{i_j \in S_i} \sigma_{i_j}, P\right)=\prod_{i_j \in S_i} \tilde{e}\left(H(C_{i_j} \parallel T \parallel \mathrm{ID}_i \parallel \mathrm{ID}_{i_j}), W_{i_j}\right)$$

(2) 当雾节点签名验证通过后，雾节点才会继续下述步骤，否则中止。

(3) F_i 为每一个上传的数据计算对应的拉格朗日插值系数 $\Delta_{i_j}=\prod_{\alpha=1, \alpha \neq j}^{i_j \in S_i} \frac{\alpha}{\alpha-j}$，并且生成雾级聚合密文：

$$C_i=\sum_{i_j \in S_i}\left(\beta_{i_j, 2}(\Delta_{i_j}-1)+C_{i_j} \mathrm{sk}_{i_j, 2}\right)$$

(4) F_i 计算一个临时会话密钥 $K_i=x_i W$，并计算一个消息认证码 $\mathrm{HMAC}_i=\mathrm{HMAC}_{K_i^*}(C_i \parallel T \parallel \mathrm{ID}_i)$，其中 K_i^* 代表椭圆曲线点 K 的纵坐标。

(5) F_i 将所生成的可验证雾级聚合密文信息(C_i，HMAC_i，T，ID_i)一起打包发送给控制中心 CC。

4) 控制中心聚合数据恢复

当控制中心 CC 收到 F_i 发送过来的可验证聚合密文信息(C_i，HMAC_i，T，ID_i)后，CC 计算临时会话密钥 $K_i=xW_i$，并通过下述等式验证雾级密文的完整性：

$$\mathrm{HMAC}_{i'}=\mathrm{HMAC}_{K_i^*}(C_i \parallel T \parallel \mathrm{ID}_i)$$

当 $\mathrm{HMAC}_{i'}=\mathrm{HMAC}_i$ 时，CC 会利用预分配的私钥与秘密份额(sk，v，ζ_1)对雾级密文进行解密：

$$M_i=[(C_i+\zeta_1) * \mathrm{sk} \bmod u] \bmod v$$

令符号 $\{M_i\}_{\theta_1, \cdots, \theta_2}$ 表示 M_i 二进制表示下的第 θ_1 比特到 M_i 的第 θ_2 比特。因为聚合后的单维度数据小于 ND 的。即 F_i 发送的雾级密文中第 J 维度的聚合数据应该是在 M_i 二进制表示下的 $\{M_i\}_{z(J-1), \cdots, zJ}$。所以，在 CC 解密雾级密文后，会通过如下算法进行每个维度数据的恢复。

算法 1：恢复特定维度的聚合数据。

Iuput：解密的聚合数据 M_i，所需要恢复的数据维度 J，以及预定义的单维度聚合数据的最大长度 z。

Output：特定的维度聚合数据 M_{i_J}。

将解密的聚合数据 M_i 进行二进制编码得到二进制比特串 X；

令 $\theta_1=z * J$，$\theta_2=z *(J-1)$；

将比特串 X 从第 θ_1 比特分割，并将低位的比特串保存为 X_1；

删除 X_1 比特串第 θ_2 比特后的所有数据，并保存该比特串为 X_2；

将 X_2 转换为十进制表示，并赋值给 M_{i_J}；

输出 M_{i_J}。

9.3.5 方案正确性和安全性证明

1. 方案正确性证明

在雾辅助密文聚合阶段，雾节点 F_i 会在 T 时刻内收到所属区域内所有工作的智能电表发送过来的密文信息。在数据聚合之前，雾节点需要首先验证数据的完整性。而为了更高效的对所有的密态数据进行完整性验证，F_i 可以依照同态签名的批量验签步骤对当前时间段内收集到的所有的密态电力功耗数据进行批量验证。批量验证的正确性推导如下所示：

$$\begin{aligned}\tilde{e}(\sum_{i_j\in S_i}\sigma_{i_j},\ P)&=\prod_{i_j\in S_i}\tilde{e}(H(C_{i_j}\parallel T\parallel \mathrm{ID}_i\parallel \mathrm{ID}_{i_j}),\ W_{i_j})\\&=\prod_{i_j\in S_i}\tilde{e}(H(C_{i_j}\parallel T\parallel \mathrm{ID}_i\parallel \mathrm{ID}_{i_j}),\ x_{i_j}P)\\&=\prod_{i_j\in S_i}\tilde{e}(x_{i_j}H(C_{i_j}\parallel T\parallel \mathrm{ID}_i\parallel \mathrm{ID}_{i_j}),\ P)\\&=\prod_{i_j\in S_i}\tilde{e}(\sigma_{i_j},\ P)=\tilde{e}(\sum_{i_j\in S_i}\sigma_{i_j},\ P)\end{aligned}$$

在验证和解密阶段，由于 HMAC 输入密钥的构造采用的是 Diffie-Hellman 密钥交换算法，其构造方式为：$K_i=xW_i=x_iW=xx_iP$，所以控制中心 CC 和雾节点 F_i 能够在通信前生成一个共享的对称密钥，并根据雾级聚合密文生成或验证消息认证码 HMAC_i 以确保消息的完整性。

在通过消息的完整性验证后，为了最终控制中心 CC 解密的正确性，雾节点需要将所有密文的密文度进行对齐。

$$\begin{aligned}C'_{i_j}&=C_{i_j}\mathrm{sk}_{i_j,2}\\&=[s^{d_{i_j}-d}(r_{i_j,1}v+m_{i_j})+r_{i_j,2}v+\beta_{i_j,1}]\cdot \mathrm{sk}_{i_j,2}\\&=[s^{d_{i_j}-d}(r_{i_j,1}v+m_{i_j})+r_{i_j,2}v+\beta_{i_j,1}]\cdot s^{-d_{i_j}}\\&=s^{-d}(r_{i_j,1}v+m_{i_j})+r_{i_j,2}v\cdot \mathrm{sk}_{i_j,2}+\beta_{i_j,1}\cdot \mathrm{sk}_{i_j,2}\\&=s^{-d}(r_{i_j,1}v+m_{i_j})+\mathrm{sk}_{i_j,2}r_{i_j,2}v+\beta_{i_j,2}\bmod u\end{aligned}$$

为了方便理解，令 $r_{i_j,3}v=\mathrm{sk}_{i_j,3}r_{i_j,2}v$。雾节点在将所有智能电表发送密文的密文度都转换为 d 后，便将所有的密文进行聚合并生成雾级聚合密文：

$$\begin{aligned}C_i&=\sum_{i_j\in S_i}(\beta_{i_j,2}(\Delta_{i_j}-1)+C'_{i_j})\\&=\sum_{i_j\in S_i}(\beta_{i_j,2}(\Delta_{i_j}-1)+s^{-d}(r_{i_j,1}v+m_{i_j})+r_{i_j,3}v+\beta_{i_j,2})\\&=\sum_{i_j\in S_i}(\beta_{i_j,2}\Delta_{i_j}+s^{-d}(r_{i_j,1}v+m_{i_j})+r_{i_j,3}v)\\&=\sum_{i_j\in S_i}\beta_{i_j,2}\Delta_{i_j}+\sum_{i_j\in S_i}(s^{-d}(r_{i_j,1}v+m_{i_j})+r_{i_j,3}v)\\&=\zeta_0+\sum_{i_j\in S_i}(s^{-d}(r_{i_j,1}v+m_{i_j})+r_{i_j,3}v)\bmod u\end{aligned}$$

随后，CC 在接收到雾节点发送的雾级密文后，便同样可以通过 Diffie-Hellman 密钥交换协议计算 HMAC，并对密文的完整性进行认证。由于在系统初始化阶段中 TTP 设置了 $\zeta_0+\zeta_1\equiv 0 \bmod u$，因此在雾级密文完整性验证通过后，CC 便能够根据以下步骤对雾级密文进行解密：

$$
\begin{aligned}
M_i &= ((C_i+\zeta_1)\cdot \mathrm{sk} \bmod u) \bmod v \\
&= [\sum_{i_j\in S_i}(s^{-d}(r_{i_j,1}v+m_{i_j})+r_{i_j,3}v+\zeta_0+\zeta_1)\cdot \mathrm{sk} \bmod u] \bmod v \\
&= [\sum_{i_j\in S_i}(s^{-d}(r_{i_j,1}v+m_{i_j})+r_{i_j,3}v)\cdot \mathrm{sk} \bmod u] \bmod v \\
&= \sum_{i_j\in S_i}(s^{-d}(r_{i_j,1}v+m_{i_j})+r_{i_j,3}v)\cdot s^d \bmod u \bmod v \\
&= \sum_{i_j\in S_i}(r_{i_j,1}v+m_{i_j})+s^{d-d_{ij}}r_{i_j,2}v \bmod v \\
&= \sum_{i_j\in S_i}(r_{i_j,1}+s^{d-d_{i_j}}r_{i_j,2})v+m_{i_j} \bmod v \\
&= \sum_{i_j\in S_i}m_{i_j}
\end{aligned}
$$

在完成数据解密后，控制中心 CC 能够得到雾级聚合明文。但由于数据在加密前进行了数据的预处理工作，即利用二进制的加法特性将个人多维度的电力映射到一个整数上。所以，CC 还需要利用二进制加法的特性，释放每一个维度的聚合数据值。由于在系统初始化过程中，设定了系统中智能电表数量的最大值 N，智能电表上传单维度数据的上界 D。所以每个维度数据的聚合值的最大比特长度小于或等于 z。为了更加直观的描述各个维度数据的释放过程，其数据预处理过程与聚合过程的二进制加法的详细流程展示如图 9.5 所示。

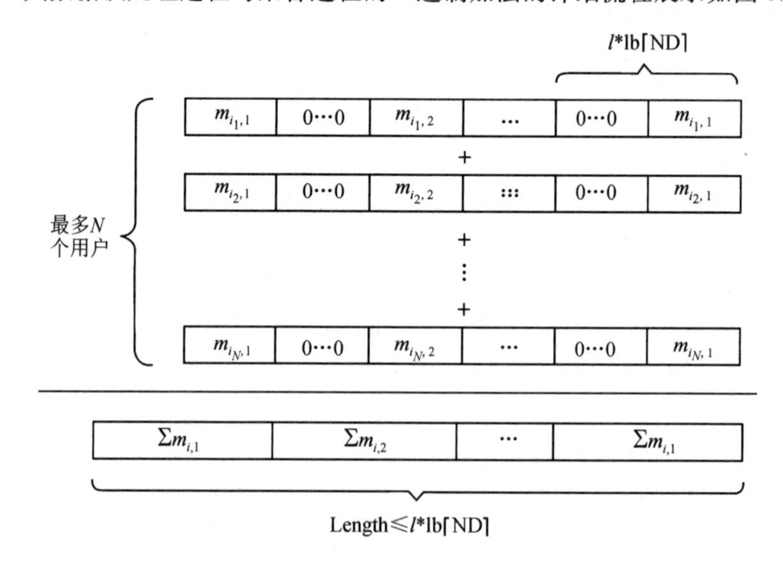

图 9.5 二进制数据聚合可视化流程

由上图所示，当完成解密后的雾级聚合数据 M_i 在通过二进制编码，其数据比特分布可以写作为：

$$\sum_{i_j \in S_i} m_{i_j,1} \parallel \sum_{i_j \in S_i} m_{i_j,2} \parallel \cdots \parallel \sum_{i_j \in S_i} m_{i_j,l}$$

所以，CC 在正确解密后可以将解密数据转化为二进制比特串，并可以对固定比特位进行切分，划分各个维度的聚合电力消耗数据。该操作在针对指定数据的恢复过程中，不需要释放所有维度的数据。最后，在数据分析阶段，CC 仅需要将对应比特位的二进制比特串转换为十进制便能够得到该维度的聚合值。

2. 方案安全性证明

接下来，将会系统地提供 MD-EDA 方案的安全性证明。

定理 9.6　即便是在多类型敌手的威胁下，MD-EDA 中的用户电力消耗数据的机密性依旧能够得到保障。

证明　在加密数据报告阶段，每个智能电表 SM_{i_j} 首先会将本地当前阶段所产生的 l 个维度的电力消耗数据 $(m_{i_j,1}, m_{i_j,2}, \cdots, m_{i_j,l})$ 通过二进制编码转化为比特串 $(b_{i_j,1}, b_{i_j,2}, \cdots, b_{i_j,l})$。其中，每个 $b_{i_j,J} = (m_{i_j})_2 \parallel 0^{z*(J-1)}$，$(J=1, 2, \cdots, l)$。随后，$SM_{i_j}$ 将其隐私的电力数据设置为 $m_{i_j} = \sum_{s=1}^{l} b_{i_j,J}$，并在改进的对称同态加密算法与 Shamir 盲化因子的共同盲化下生成的密文：$C_{i_j} = sk_{i_j,1}(r_{i_j,1}v + m_{i_j}) + r_{i_j,2}v + \beta_{i_j,1} \bmod u$。此处每一个智能电表 SM_{i_j} 所掌握着各自的秘密参数 $sk_{i_j,1} = s^{d_{i_j}-d} \bmod u$，其中 d_{i_j} 互不相同。此外，为抵抗选择明文攻击，本方案添加了一个随机掩码因子 $r_{i_j,2}v$ 和一个常数的盲化因子，以防止攻击者消除部分的对称密钥 s^d。这样，MD-EDA 方案中使用改进的对称同态加密算法实现了针对选择明文攻击的安全性。因此，即使外部敌手$\mathcal{A}_1$ 窃听了 SM_{i_j} 和雾节点 F_i 之间在公共信道的通信并捕获密文 C_{i_j}，敌手$\mathcal{A}_1$ 想在多项式时间内恢复明文在计算上是不可行的。

针对雾计算辅助智能电网中存在内部敌手。首先假设系统内部存在着一个好奇的控制中心的管理者，称为内部敌手$\mathcal{A}_2$。该敌手可能会尝试恢复特定智能电表(指定用户)的明文信息。但由于每一个报告密文 $C_{i_j} = sk_{i_j,1}(r_{i_j,1}v + m_{i_j}) + r_{i_j,2}v + \beta_{i_j,1} \bmod u$ 都包含了随机掩码因子和致盲因子，以便雾计算节点来检验数据是否满足上传脱敏要求。由于存在部分参数无法通过解密步骤进行消去，敌手$\mathcal{A}_2$ 若企图恢复隐私数据，只能通过猜测或计算用户的秘密参数 $\{s^{d_{i_j}-d}, \beta_{i_j,1}\}$。而 d_{i_j} 是由 TTP 选择的随机数并通过安全信道发送给 SM_{i_j} 的，因此，$\mathcal{A}_2$ 是无法在多项式时间内基于离散对数问题的困难性假设下计算出 d_{i_j}。同时，秘密参数 $\beta_{i_j,1}$ 同样也是通过 TTP 秘密分发给每个 SM_{i_j} 的，因此，$\mathcal{A}_2$ 破坏功耗数据的机密性在计算上是不可行的。

此外，该方案还考虑了系统内部可能存在恶意雾节点管理者，称为内部敌手$\mathcal{A}_3$。因为 TTP 只向$\mathcal{A}_3$ 提供了 $\{x_i, sk_{i_j,2}, \beta_{i_j,2}\}$，如果$\mathcal{A}_3$ 有意恢复明文数据 $m_{i_j} = \sum_{=1}^{l} b_{i_j,}$，即便雾节点可以通过预分配的参数删除 Shamir 秘密因子，剩下的部分同样是改进的对称同态加密算法的有效形式。注意，$\mathcal{A}_3$ 只拥有中间参数 $sk_{i_j,2}$ 而没有解密参数 s^d，$\mathcal{A}_3$ 企图恢复明文同样是不可行的。若$\mathcal{A}_3$ 尝试选择明文攻击分析方法，$\mathcal{A}_3$ 需要计算通过密文与另一密文逆元之积消去包含密文度的元素。但即使$\mathcal{A}_3$ 消除了 Shamir 秘密因子，密文中仍然存在随机盲化

因子 $r_{i_j,2}v$ 使其无法完成上述攻击流程。

因此即便在多类型敌手的威胁下，MD-EDA 中的用户电力消耗数据的机密性依旧能够得到保障。

定理 9.7 加密的功耗数据可以在 MD-EDA 方案中实现抗密钥泄露特性。

证明 现在，该部分将证明加密的功耗数据可以在雾计算辅助智能电网中实现抗密钥泄露特性。即在修改后的对称同态加密密码算法中，即使用户的秘密密钥 $\{s^{d_{i_j}-d}, v\}$ 或控制中心的秘密密钥 $\{\mathrm{sk}, v\}$ 泄露后，用户个人的细粒度密态功耗数据的机密性依旧能够得到保证。

首先，假设外部敌手 $\mathcal{A}_4$ 通过侧信道攻击等恶意手段掌握了智能电表 SM_{i_j} 的秘密密钥 $\{s^{d_{i_j}-d}, v\}$ 并通过监听公共信道共获取了 n 条密文。因此，$\mathcal{A}_4$ 若想要恢复明文数据便可以构造以下 n 个线性方程组：

$$\begin{cases} C_{i_j,1} = s^{d_{i_j}-d}(r_{i_j,1}v + m_{i_j,1}) + r_{i_j,2}v + \beta_{i_j,1} \bmod u \\ C_{i_j,2} = s^{d_{i_j}-d}(r_{i_j,3}v + m_{i_j,2}) + r_{i_j,4}v + \beta_{i_j,1} \bmod u \\ \qquad\qquad \vdots \\ C_{i_j,n} = s^{d_{i_j}-d}(r_{i_j,2n-1}v + m_{i_j,n}) + r_{i_j,2n}v + \beta_{i_j,1} \bmod u \end{cases}$$

根据以上等式，可以看出即使 SM_{i_j} 的秘密密钥 $\{s^{d_{i_j}-d}, v\}$ 在泄露的情况下，Shamir 秘密值 $\beta_{i_j,1}$ 以及随机数都安全地嵌入到每个密文中。n 个方程组存在 $2n+1$ 个未知数，$\mathcal{A}_4$ 同样无法获取单个终端的数据内容。

若 $\mathcal{A}_4$ 掌握了控制中心的秘密密钥 $\{\mathrm{sk}, v\}$ 并通过雾辅助聚合过程后拦截 F_i，生成聚合后的密文 $C_i = \sum_{i_j \in S_i}(\beta_{i_j,2}(\Delta_{i_j} - 1) + C_{i_j}\mathrm{sk}_{i_j,2})$。但是因为在协议中设定雾节点在通过 Shamir 秘密重构后会生成另一秘密参数 ζ_0，因此 $\mathcal{A}_4$ 同样无法解密聚合密文 C_i，更无法进一步获取指定 SM_{i_j} 的数据内容。

因此，加密的功耗数据可以在 MD-EDA 中满足抗密钥泄露特性。

定理 9.8 MD-EDA 保证了加密功耗数据在所有传输过程中的完整性。

证明 在加密数据报告阶段，智能电表 SM_{i_j} 会为其当前阶段的密文 C_{i_j} 生成签名 $\sigma_{i_j} = x_{i_j}H(C_{i_j} \| T \| \mathrm{ID}_i \| \mathrm{ID}_{i_j})$，这实际上是同态签名的有效形式。在雾节点 F_i 在所其管辖的区域内收到 $\xi_i(\xi_i \geqslant t)$ 个智能电表所提交的密态电力消耗数据报告后(例如，$(C_{i_j}, \sigma_{i_j}, T, \mathrm{ID}_{i_j})$)，雾节点 F_i 首先需要检查每个报告的身份和时间是否有效，然后根据验证方程 $e(\sum_{i_j \in S_i}\sigma_{i_j}, P) = \prod_{i_j \in S_i} e(H(C_{i_j} \| T \| \mathrm{ID}_i \| \mathrm{ID}_{i_j}), W_{i_j})$ 检查所有加密用电数据的完整性。由于签名 σ_{i_j} 包含了上报信息的全部内容，敌手 $\mathcal{A}_5$ 无论篡改已验证数据上报信息元组中的任何元素，都无法通过验证。因此，如果没有每个 SM_{i_j} 的签名私钥 x_{i_j}，$\mathcal{A}_5$ 在多项式时间内伪造任何签名以通过 F_i 的完整性验证，在计算上都是不可行的。

在雾辅助聚合阶段，F_i 将生成可验证的雾级聚合密文 $(C_i, \mathrm{HMAC}_i, T, \mathrm{ID}_i)$。这里 $\mathrm{HMAC}_i = \mathrm{HMAC}_{K_i^*}(C_i \| T \| \mathrm{ID}_i)$，其中 K_i^* 表示椭圆曲线点 $K_i = x_iW$ 的纵坐标。由于

CDH 问题的困难性假设，任何敌手$\mathcal{A}_6$，除了 F_i 和 CC 都无法在多项式时间内重构消息认证码 $HMAC_i$ 的会话密钥。此外，如果没有会话密钥，且消息验证码所采用的哈希函数是抗碰撞的，$\mathcal{A}_6$ 替换或篡改聚合密文 C_i 以欺骗 CC 在计算上是不可行的。

因此，加密功耗数据在传输过程中的完整性是能够得到保证的。

思考题 9

1. 在智能电网中可验证隐私保护多类型数据聚合方案中，为实现非交互式可验证功能，双线性对运算与终端智能电表数量呈线性增长趋势，如何实现常量级验证效率？

2. 在雾计算辅助智能电网的抗密钥泄露加密数据聚合方案中，可以在有效抵御系统的密钥泄露，但方案需要各个区域聚合所有智能电表，如何进一步实现加密数据传输的可容错聚合功能？

3. 在智能电网中轻量级多维加密数据聚合方案中，设计了对称同态加密算法，如何实现智能电网系统的各个终端智能电表的对称密钥管理？

第10章

智能网联车载系统安全认证与密钥协商方案

10.1 基于智能车载网络的匿名身份可追踪认证方案

10.1.1 问题描述

随着无线通信和网络技术的高速发展，为了更好地改善传统的智能交通系统现状，逐渐地引入车联网技术。智能网联系统装载在可通信模块OBU的车辆上，可以通过网络或路边基站单元或其他车辆进行通信，通常情况下它们使用的是专短距离通信协议(DSRC)。通过网络，每辆车都可以交互交通状况，包括天气状况、道路缺陷、自身的速度和位置等，从而可以快速避免可能出现的交通拥堵或交通事故。出现交通事故时，车辆可以通过路边基站单元RSU向交通控制中心发送交通信息，这样，交管中心也能及时采取行动，广播紧急情况和交通违章警告，从而达到提高交通安全和效率的目的。

尽管车联网有如此多的优势，但因为其开放性的公共通信方式会使得处于车联网中的设备很容易遭受各种各样的攻击。其中，消息机密性、完整性、身份匿名性等在安全方面显得尤为重要。如果一辆车的真实身份被暴露，该车的位置隐私也会被暴露。此外，如果车辆间通信没有提供消息完整性验证功能，那么恶意攻击者可能会更改合法车辆发送的消息内容，导致车辆和路边单元之间就不能从交互的信息中得到真实的交通状况，也不能随意地根据指令操作。

截止目前，国内外大量的学者已经提出了基于公钥基础设施(PKI)的匿名认证方案。但是这些协议都需要复杂的证书管理机制，因此在实际实施过程中有一定的难度。为了改善这种情况，Shamir等首先提出了基于身份的密码系统，可以很好地避免建立公钥基础设施。该系统中，由一个可信的第三方密钥生成中心根据通信实体的真实身份信息为其生成专门的私钥。因此，基于身份的匿名认证方案非常适用于车联网。

尽管一些方案中可以实现身份隐私、消息完整性验证和身份验证，但在传输过程中，消息的机密性同样重要。特别是在一些敏感的地理区域，车辆需要向RSU发送一些经过认证后的加密信息，以此来保证通信的安全性。此外，可追踪性在车辆网中也非常重要，如果

网络中的匿名车辆变成恶意节点去随意攻击其他车辆，那么它的身份应该是可以被可信机构(TA)揭露并撤销其证书的。

10.1.2 系统模型与安全性需求

1. 系统模型

智能网联车载系统中主要的通信实体分为车辆、路边基站单元 RSU、可信中心 TA，如下图 10.1 所示。

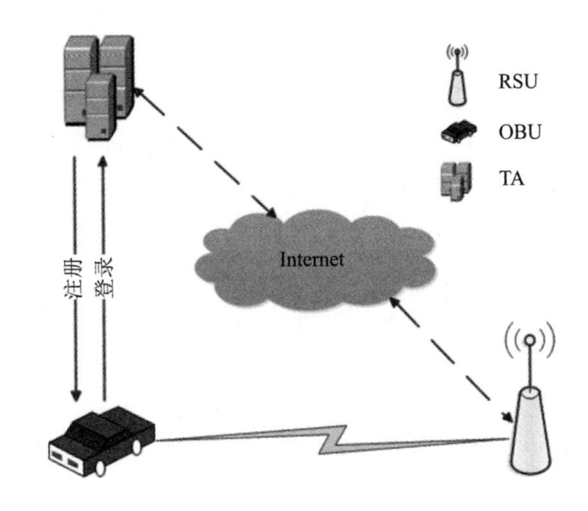

图 10.1　智能网联车载系统模型

1）智能车辆

加入智能网联车载系统中的所有车辆都已经装备了可通信的车载单元 OBU，OBU 可以使用 DSRC 协议与相邻的 RSU 进行通信。每一个 OBU 都装载了一个防篡改设备(Tamper-Proof Device，TPD)，用于存储车辆的私密信息，如私钥；内置一个 GPS 系统，用于提供位置和时间信息；一个数据记录器(Data Recorder，EDR)，用于记录车辆碰撞等相关信息的事件数据。

2）RSU

路边基站单元是一个固定的路边基础设施，位于道路两边，也可以使用 DSRC 协议与车辆进行通信。同时它可以验证从车辆处接收到的消息并将其发送到交通管理中心或自己处理后转发出去。

3）TA

可信中心负责维护整个智能网联车载系统，它被认为是一个完全可信的第三方机构，且同时具有很高的计算能力和通信能力。TA 负责为 RSU 和智能车辆注册身份信息，生成系统安全参数并将公共参数预加载到车辆的 OBU 中。此外，它同时扮演着密钥生成中心(Key Generator Centre，KGC)的角色，可以为车辆生成匿名身份及其相应的私钥。在智能网联车载系统网络模型中，有且只有 TA 能跟踪车辆的真实身份。

2. 安全性需求

智能网联车载系统面临着各种各样的网络攻击，如拒绝服务(DS)攻击、重放攻击、伪造攻击、位置欺骗等。所以，一个智能网联车载系统应该具有安全通信的匿名认证协议，应该满足以下安全要求。

1）消息可认证性和完整性

RSU 在接收到智能车辆发来的信息时，应该能够验证消息是否被篡改。同时，任何恶意节点通过篡改、伪造等手段发送的信息，RSU 都能检测出来该信息非法。

2）消息的机密性

当智能车辆向 RSU 发送信息的时候，应该通过 OBU 进行加密后传输，防止被恶意的拦截。当 RSU 收到密文信息后，只能通过相应的私钥才能进行解密，并且该私钥除 RSU 和车辆本身外，任何节点都不能知道。

3）身份匿名性

为了保护车主的隐私安全，RSU 和其他的任意节点都不能通过网络中传输的信息去恢复出车辆的真实身份。

4）可追踪性

当发生恶性事件时，TA 可以根据车辆的匿名身份恢复出其真实的身份信息。

10.1.3 方案具体设计

本小节将介绍基于智能车载网络的匿名身份可追踪认证方案的具体设计细节，该方案包含四个阶段：系统初始化阶段、匿名身份私钥产生阶段、可认证的消息加密阶段、消息解密和认证阶段。方案匿名认证流程如图 10.2 所示。

OBD_i $(v\mathrm{RID}_i, v\mathrm{PWD}_i, \mathrm{vAID}_{i1}, \mathrm{SK}_{\mathrm{vAID}_i}, \mathrm{VS}_{i1}, \mathrm{VS}_{i2})$	RSU $(x_{\mathrm{RSU}}, y_{\mathrm{RSU}})$

$k_i \in Z_q$
$C_{i1} \leftarrow 1$
$C'_{i2} \leftarrow 1$
For $j = l_q - 1$ to 0 do
If j −th bit of k_i is 1 then
$C_{i1} \leftarrow C_{i1} \cdot \mu_j \bmod p$
$C'_{i2} \leftarrow C'_{i2} \cdot \nu_j \bmod p$
End if
End for
$C'_{i1} = C_{i1} \bmod q$
$C_{i2} = C'_{i2} \cdot M \bmod p$	

$\sigma_i = h_i(\text{vAID}_i \parallel t_i \parallel M)k_i - \text{SK}_{\text{vAID}_i} C'_{i1} \bmod q$

$\xrightarrow{\{C_{i1},\ C_{i2},\ \sigma_i,\ \text{vAID}_i,\ t_i\}}$

If T_i is not allowable

Return 0

Else

$$M = \frac{C_{i2}}{C_{i1}^{x_{\text{RSU}}}} \bmod p$$

If $C_{i1}^{h_i(\text{vAID}_i \parallel t_i \parallel M)} = \alpha^{\sigma_i} (\text{vAID}_i P_{\text{pub}})^{H_2(\text{vAID}_i) C'_{i1}} \bmod p$

Return

Else

Return 0

图 10.2　方案匿名认证流程

1. 系统初始化阶段

TA 产生系统所需要的各个参数，并且把这些参数加载到每辆小车的防篡改设备(TPD)中以及所有的 RSU 中，具体步骤如下：

(1) 首先由可信中心 TA 选择两个大素数 p，q，其中 q 是 $p-1$ 的大素数因子，再选择一个 q 阶生成元 α，其中 $1 \leqslant q \leqslant p-1$，$\alpha^q \equiv 1 \bmod p$，$\alpha \neq 1$。最后构建三个安全的抗碰撞的 Hash 函数：

$$H_1: Z_p \times Z_p \times \{0, 1\}^* \rightarrow \{0, 1\}^\kappa$$

$$H_2: Z_p \times \{0, 1\}^\kappa \rightarrow Z_q$$

$$h: Z_p \times \{0, 1\}^\kappa \times \{0, 1\}^* \times Z_p \rightarrow Z_q$$

(2) TA 选择一个随机数 $x \leftarrow Z_q^*$ 作为自己的主私钥，并计算其对应的公钥 $P_{\text{pub}} = \alpha^x \bmod p$。同时 RSU 选择一个随机数 $x_{\text{RSU}} \leftarrow Z_q^*$ 作为自己的私钥，计算自己的公钥 $y_{\text{RSU}} \equiv \alpha^{x_{\text{RSU}}} \bmod p$。

(3) 为了减少每个车辆的计算开销，TA 提供了两个预处理计算集合 $\text{VS}_{i1} = \{\mu_0, \mu_1, \cdots, \mu_{l_q-1}\}$，其中 $\mu_j \equiv \alpha^{2^j} \bmod p$，$0 \leqslant j \leqslant l_q - 1$，$l_q$ 代表 q 个比特长度；$\text{VS}_{i2} = \{v_0, v_1, \cdots, v_{l_q-1}\}$，其中 $\nu_j \equiv y_{\text{RSU}}^{2^j} \bmod p$，$0 \leqslant j \leqslant l_q - 1$。

(4) TA 为每个合法注册的车辆分配一个身份信息 $v\text{RID}_i$(此身份信息为车辆的真实身份信息)和一个对应的登陆密码 $v\text{PWD}_i$，并且加载到车辆的 TPD 中。

最后，TA 通过广播的方式把系统的公共参数$\{p, q, \alpha, P_{\text{pub}}, y_{\text{RSU}}\}$和预处理数据集 VS_{i1}，VS_{i2}发送至每个 RSU 和合法的车辆中。

2. 匿名身份私钥产生阶段

在这个阶段，TA 首先需要去校验车辆的真实身份($v\text{RID}_i \in \{0, 1\}^\kappa$)和登陆密码 $v\text{PWD}_i$，然后 TA 为每一个合法的车辆产生一个与真实身份相对应的匿名身份和一个对应的会话私钥，过程如下：

(1) TA 选择一个随机数 $r_i \leftarrow Z_q^*$，并使用其对应的主私钥产生一个匿名的身份信息 $\text{vAID}_i = \{\text{vAID}_{i1}, \text{vAID}_{i2}\}$，其中：

$$\text{vAID}_{i1} = \alpha^{r_i} \bmod p, \ \text{vAID}_{i2} = v\text{RID}_i \oplus H_1(\text{vAID}_{i1}{}^x, P_{\text{pub}}, T_i),$$

T_i 是一个针对匿名身份有效的时间周期。

(2) TA 使用自己的主私钥 x 去计算与匿名身份相对应的会话私钥，如下：

$$\text{SK}_{\text{vAID}_i} = (r_i + x) H_2(\text{vAID}_i) \bmod q$$

最后，TA 通过一条安全的通信信道返回一个匿名身份信息和对应的会话私钥 $\{\text{vAID}_i, \text{SK}_{\text{vAID}_i}, T_i\}$ 给相应的车辆。

3. 可认证的消息加密阶段

当一个智能车辆到达一个敏感区域时，智能车辆上的 OBU 就会产生一个经过身份验证的加密信息发送给邻近的 RSU 请求与其通信，具体过程如下：

(1) OBU_i 选择一个随机数 $k_i \leftarrow Z_q^*$，改进 ELGamal 加密算法，使用快速的平方乘运算，并结合预处理的数据集 VS_{i1}，VS_{i2}，去加密消息 $M \leftarrow Z_p$，如下：

$$C_{i1} = \alpha^{k_i} \bmod p$$

$$C_{i2} = y_{\text{RSU}}^{k_i} M \bmod p$$

(2) 智能车辆 OBU_i 计算 $C_{i1}{}' = C_{i1} \bmod q$，并且利用 TA 为其颁布的会话私钥 $\text{SK}_{\text{vAID}_i}$ 计算签名信息，过程如下：

$$\sigma_i = h_i(\text{vAID}_i \parallel t_i \parallel M) k_i - \text{SK}_{\text{vAID}_i} C_{i1}{}' \bmod q$$

其中，t_i 是一个时间戳。

最后，智能车辆发送这个认证加密信息 $\{C_{i1}, C_{i2}, \sigma_i, \text{vAID}_i, t_i\}$ 给 RSU。

4. 消息解密和认证阶段

RSU 一旦接受到从 OBU_i 处发送过来的认证加密信息 $\{C_{i1}, C_{i2}, \sigma_i, \text{vAID}_i, t_i\}$，首先对时间戳 t_i 进行验证。如果时间范围有效，然后再利用自己的私钥 x_{RSU} 去解密密文 C_{i1}，C_{i2}，过程如下：

$$M = \frac{C_{i2}}{C_{i1}^{x_{\text{RSU}}}} \bmod p$$

使用解密出来的消息 M 和认证的加密信息 $\{C_{i1}, C_{i2}, \sigma_i, \text{vAID}_i, t_i\}$，RSU 可以计算 $C'_{i1} = C_{i1} \bmod q$，进一步去验证签名信息，过程如下：

$$C_{i1}^{h_i(\text{vAID}_i \parallel t_i \parallel M)} = \alpha^{\sigma_i} (\text{vAID}_i P_{\text{pub}})^{H_2(\text{vAID}_i) C'_{i1}} \bmod p$$

如果上面的方程验证成立，就意味着签名是有效的，RSU 就可以接受该消息；否则，RSU 将拒绝该消息。

10.1.4 方案正确性与安全性证明

对于这个可认证的加密消息 $\{C_{i1}, C_{i2}, \sigma_i, \text{vAID}_i, t_i\}$，RSU 可以使用其私钥 x_{RSU} 做如下的运算：

$$\frac{C_{i2}}{C_{i1}^{x_{\mathrm{RSU}}}} \bmod p = \frac{y_{\mathrm{RSU}}^{k_i} M}{(\alpha^{k_i})^{x_{\mathrm{RSU}}}} \bmod p = \frac{y_{\mathrm{RSU}}^{k_i} M}{y_{\mathrm{RSU}}^{k_i}} \bmod p = M$$

1. 方案正确性证明

验证签名方程的正确性分析如下：

$$\alpha^{\sigma_i} = \alpha^{h_i(\mathrm{vAID}_i \| t_i \| M)k_i - \mathrm{SK}_{\mathrm{vAID}_j} C'_{i1} \bmod q} \bmod p$$

$$\alpha^{\sigma_i} = \alpha^{h_i(\mathrm{vAID}_i \| t_i \| M)k_i} \alpha^{-\mathrm{SK}_{\mathrm{vAID}_j} C'_{i1}} \bmod p$$

$$\alpha^{\sigma_i} \alpha^{(r_i + x)H_2(\mathrm{vAID}_i)C'_{i1}} = \alpha^{h_i(\mathrm{vAID}_i \| t_i \| M)k_i} \bmod p$$

$$\alpha^{\sigma_i} (\mathrm{vAID}_{i1} P_{\mathrm{pub}})^{H_2(\mathrm{vAID}_i)C'_{i1}} = C_{i1}^{h_i(\mathrm{vAID}_i \| t_i \| M)} \bmod p$$

2. 方案安全性证明

本小节将对提出的方案进行详细地安全性分析，证明该协议具备消息的机密性、可认证性、完整性、身份的隐私和可追踪性、前向安全性、抗重放和伪造攻击的特性。

定理 10.1　该方案可确保消息的机密性。

证明　在以上提出的方案中，智能车辆产生的可认证的加密信息为$\{C_{i1}, C_{i2}, \sigma_i, \mathrm{vAID}_i, t_i\}$，其中$C_{i1} = \alpha^{k_i} \bmod p$，$C_{i2} = y_{\mathrm{RSU}}^{k_i} M \bmod p$是使用的RSU的公钥$y_{\mathrm{RSU}}$产生的，消息$M$使用的是密文传输。因此，任何外部的攻击者想恢复这个原始消息M，就必须知道RSU的私钥，然后使用$M = C_{i2}/C_{i1}^{x_{\mathrm{RSU}}} \bmod p$进行解密，但这显然是计算不可行的。因此，上述提出的方案具有保护消息机密性的功能。

定理 10.2　该方案基于离散对数(Discrete Logarithm，DL)困难问题，可确保消息的认证性和完整性。

证明　在上述方案中，智能车辆的可认证加密信息为$\{C_{i1}, C_{i2}, \sigma_i, \mathrm{vAID}_i, t_i\}$，其中$\sigma_i = h_i(\mathrm{vAID}_i \| t_i \| M)k_i - \mathrm{SK}_{\mathrm{vAID}_i} C'_{i1} \bmod q$，都是使用TA为其分配的匿名身份以及对应的会话私钥产生的。假设外部的攻击者能够通过网络分析数据去伪造一个合法的认证加密信息$\{C_{i1}, C_{i2}, \sigma_i^*, \mathrm{vAID}_i, t_i\}$，如果重复使用上面的构建过程去选择不同的$h_i(\mathrm{vAID}_i \| t_i \| M) \neq h_i^*(\mathrm{vAID}_i \| t_i \| M)$，那么构造出来的信息就是$\sigma_i^* = h_i^* k_i - \mathrm{SK}_{\mathrm{vAID}_i} C'_{i1} \bmod q$，$h_i^* = h_i^*(\mathrm{vAID}_i \| t_i \| M)$。在构造的信息中，可以验证方程$\alpha^{\sigma_i^*}(\mathrm{vAID}_{i1} P_{\mathrm{pub}})^{H_2(\mathrm{vAID}_i)C'_{i1}} = C_{i1}^{h_i^*} \bmod p$是成立的。所以验证方程$\alpha^{\sigma_i}(\mathrm{vAID}_{i1} P_{\mathrm{pub}})^{H_2(\mathrm{vAID}_i)C'_{i1}} = C_{i1}^{h_i^*} \bmod p$也是成立的。根据上面的两个方程，我们可以得到：

$$\alpha^{\sigma_i - \sigma_i^*} = C_{i1}^{h_i - h_i^*} \bmod p$$

方程$\alpha^{\sigma_i - \sigma_i^*} = \alpha^{k_i(h_i - h_i^*)} \bmod p$是成立的。所以攻击者可以根据$(h_i - h_i^*)^{-1}(\sigma_i - \sigma_i^*)$的结果并运用离散对数求解方法去解出$\alpha$和$C_{i1}$，但是这与基于离散对数困难问题是矛盾的。所以，该方案可以确保消息的认证和完整性。

在车辆的批量验证中，同样也可以实现消息的认证和完整性验证。同理，对于n个认证消息$\{C_{11}, C_{12}, \sigma_1, \mathrm{vAID}_1, t_1\}$，…，$\{C_{n1}, C_{n2}, \sigma_n, \mathrm{vAID}_n, t_n\}$，假设一个外部的攻击

者至少可以伪造一个合法的验证信息$\{C_{n1}, C_{n2}, \sigma_n^*, \text{vAID}_n, t_n\}$，如果用重复的过程来选择来不同的$h_n \neq h_n^*$，$i=1, \cdots, n$，得到的伪装的签名信息为$\sigma_n^* = h_n^* k_i - \text{SK}_{\text{vAID}_n} C'_{n1} \bmod q$，因此可以得到如下方程：

$$\alpha^{\sum_{i=1}^{n}\beta_i\sigma_i}\prod_{i=1}^{n}(\text{vAID}_{i1}P_{\text{pub}})^{\beta_i H_2(\text{vAID}_i)C'_{i1}} = \prod_{i=1}^{n}C_{i1}^{\beta_i h_i}$$

那么验证方程为

$$\alpha^{\sum_{i=1}^{n-1}\beta_i\sigma_i+\beta_n\sigma_n^*}\prod_{i=1}^{n}(\text{vAID}_{i1}P_{\text{pub}})^{\beta_i H_2(\text{vAID}_i)C'_{i1}} = C_{n1}^{\beta_n h_n^*}\prod_{i=1}^{n-1}C_{i1}^{\beta_i h_i}$$

因此攻击者同样可以根据$(h_n^* - h_n)^{-1}(\sigma_n^* - \sigma_n)$的结果使用离散对数求解方法去解出$\alpha$和$C_{i1}$，但是这与基于离散对数困难问题是矛盾的。所以，该方案在批量认证的时候也可以确保消息的认证和完整性验证。

定理 10.3　该方案基于计算性 Differ-Hellman(DH)困难问题，可确保身份匿名性。

证明　在上述方案中，智能车辆的匿名身份信息为$\text{vAID}_i = \{\text{vAID}_{i1}, \text{vAID}_{i2}\}$，其中TA选择了一个安全的随机数$r_i$构成了$\text{vAID}_{i1} = \alpha^{r_i} \bmod p$，$\text{vAID}_{i2} = v\text{RID}_i \oplus H_1(\text{vAID}_{i1}^x, P_{\text{pub}}, T_i)$是由TA的主私钥构成。因为计算性 Differ-Hellman 困难问题，所以任何一个攻击者在不知道r_i和x的前提下是无法计算出vAID_{i1}^x。即使攻击者通过网络分析得到了一个匿名身份vAID_i，也不能去恢复出车辆的真实身份，该协议可确保身份匿名性。

定理 10.4　该方案具有可追踪性。

证明　在上述的方案中，TA 使用自己的主私钥x，通过使用方程$v\text{RID}_i = \text{vAID}_{i2} \oplus H_1(\text{vAID}_{i1}^x, P_{\text{pub}}, T_i)$，可以把匿名身份$\text{vAID}_i = \{\text{vAID}_{i1}, \text{vAID}_{i2}\}$恢复出真实的身份信息$v\text{RID}_i$。因此，如果智能车辆对自己认证的签名信息有争议时，TA 可以从签名信息中跟踪智能车辆。

定理 10.5　该方案具有前向安全性，抗重放攻击和身份伪造攻击。

证明　在上述方案中，考虑到密钥可能被泄漏的情况，即攻击者可以在一个有效的时间周期T_i内去得到一个智能车辆隐私身份vAID_i对应的会话密钥$\text{SK}_{\text{vAID}_i}$。同时也假设攻击者可以拦截合法智能车辆身份可认证的加密消息$\{C_{i1}, C_{i2}, \sigma_i, \text{vAID}_i, t_i\}$，其中$C'_{i1} = C_{i1} \bmod q$，$C_{i2} = y_{\text{RSU}}^{k_i} M \bmod p$，$\sigma_i = h(\text{vAID}_i \parallel t_i \parallel M)k_i - \text{SK}_{\text{vAID}_i} C'_{i1} \bmod q$，$t_i$是一个时间戳，记录消息有效时间范围。但攻击者从海量的信息不能定位出智能车辆的消息C_{i1}，C_{i2}，σ_i究竟传输给哪个 RSU，所以就不能快速准确地得出随机数k_i，因此就不可能在短时间t_i范围内去构造一个可以通过 RSU 认证的签名信息σ_i^*。所以此方案具有前向安全性和抗重放攻击。

此外，攻击者如果要恢复出车辆的真实身份$v\text{RID}_i$，就需要使用其验证方程$v\text{RID}_i = \text{vAID}_{i2} \oplus H_1(\text{vAID}_{i1}^x, P_{\text{pub}}, T_i)$，但攻击者没有 TA 的私钥$x$，所以就不能通过该方程恢复出$v\text{RID}_i$，也不可能得到 TA 为其颁布的私钥$\text{SK}_{\text{vAID}_i}$和匿名身份信息$\text{vAID}_i$，所以就不可能通过智能车辆的真实身份$v\text{RID}_i$信息去产生可认证加密信息$\{C_{i1}, C_{i2}, \sigma_i, \text{vAID}_i, t_i\}$。

因此该方案可抵抗伪造攻击。

10.2 基于特殊车联网场景的完全匿名隐私保护认证方案

10.2.1 问题描述

随着无线传感器技术的飞速发展，车载自组织网络(VANETs)越来越普遍。VANETs作为智能交通系统的重要组成部分，为车辆提供重要或紧急的交通交互信息或驾驶决策，极大地提高了道路安全性、交通效率和驾驶便利性。

尽管VANETs给智能城市的交通系统带来了巨大的好处，但这些通信信道开放的特性可能会使VANETs容易受到各种攻击。例如，恶意车辆可以冒充紧急车辆，在未经允许的情况下超过限速。恶意车辆还可能伪造合法车辆给附近路边基站单元RSU发送的某些信息，或对交通事故造成虚假信息，从而导致严重后果。因此，要在智能交通系统中部署一个安全的VANETs，迫切需要实现这些安全需求，包括身份认证、消息完整性、实现抗重放攻击性，防止恶意车辆重放先前经过身份验证的消息来重复欺骗附近的RSU。

除了身份认证性、消息完整性、前向安全性和抗重放攻击性之外，车辆的身份隐私在VANETs中非常重要。在大多数情况下，车辆会犹豫是否发布与其真实身份相关的敏感信息。此外，还需要利用条件跟踪机制来跟踪滥用车辆的真实身份，并进一步撤销行为不端车辆的合法性。

近期，一些具有条件隐私保护的匿名认证协议已经被提出。然而，在一些更强大的攻击场景中，例如军用车辆自组织网络中，身份隐私对于军用车辆更为重要。它们要求绝对匿名，任何机构都不能根据一些军事通信信息进行追踪或撤销。此外，随着战争随时随地发生，迫切需要在军事基地建立移动车载自组织网络。为了以保密方式与附近的军用RSU通信，军用车辆需要在相互通信之前与附近的军用RSU签订会话密钥交换协议。

10.2.2 系统模型与安全需求

1. 系统模型

VANETs的系统网络模型的各个组成部分如图10.3所示。

(1) **可信中心**(TA)：作为交通的管理中心，它是一个完全可信的第三方权威机构，具有很高的计算和存储能力，负责发布系统公共参数。

(2) **路边通信基站**(RSU)：作为部署在路边的固定基础设施，它可以通过DSRC协议与车辆进行通信，也可以验证各种交通信息的有效性，并将其发送到交通管理中心或在本地进行处理。

(3) **应用服务器**(AS)：作为应用服务器，它与TA相关联，可以支持与安全相关的应用程序。特别是，AS可以帮助TA颁发私钥，并为每辆车创建帐户信息。

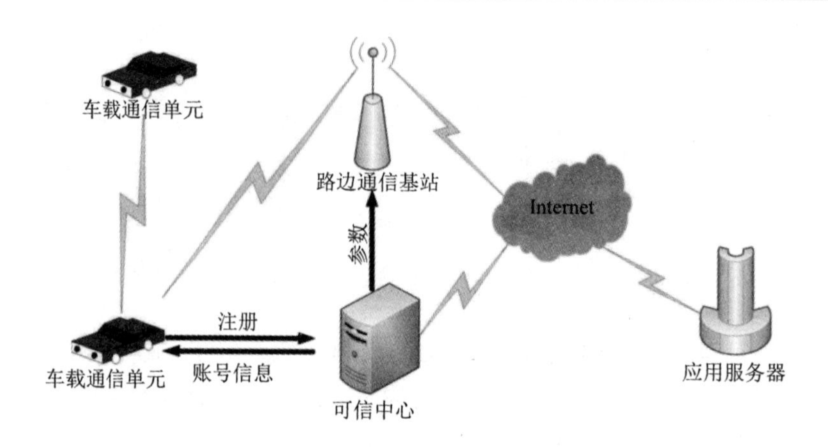

图 10.3 系统网络模型

(4) **车辆(Vehicle)**：它配备了 OBU，允许车辆与附近的 RSU 或其他车辆通信，共享交通信息，使驾驶更加舒适。在这里，每个 OBU 拥有一个防篡改设备(TPD)来存储敏感信息，例如私钥、一个用来提供位置和时间信息的全球定位系统(GPS)、一个用来记录相关信息和车辆碰撞信息的事件数据记录器(EDR)。

2. 安全需求

VANETs 系统网络模型面临各种主动攻击。安全性和机密性都对 VANETs 中的实时通信具有重要意义。对于特殊的车联网场景来说，要在 VANETs 中部署安全的身份验证协议，必须要实现以下安全性要求。

(1) **消息认证和完整性**：RSU 可以有效地验证车辆发送的交通信息。任何外部敌手都不能冒充合法车辆，或伪造经过身份验证的消息来欺骗 RSU。

(2) **消息机密性**：消息在传输过程中应该不能被第三方窃听。

(3) **身份匿名性**：RSU 和其他车辆无法从窃听信息中提取原始车辆的真实身份。特别是在军用车辆自组织网络中，实现绝对身份匿名具有重要意义。

(4) **抗攻击性**：该协议能抵抗多种常见的攻击，如伪造攻击、重放攻击和中间人攻击等。该协议还可以实现前向安全，因此任何人都不能根据当前的交互身份验证消息推断先前的身份验证消息。

(5) **认证密钥交换**：为了保证车辆在特殊车载网络中传输信息的机密性，车辆在相互安全通信之前需要与附近的 RSU 签订会话密钥交换协议。

10.2.3 方案具体设计

本小节提出了基于特殊场景下的智能车载网络的完全匿名隐私保护认证方案。它由四个阶段组成：**系统初始化阶段、车辆注册阶段、签名阶段、验证阶段**，流程如图 10.4 所示。

$\text{OBU}<S_{\text{ID}_v}>$	$\text{RSU}<\eta_{\text{rsu}}, Q_{\text{rsu}}>$
1. 选择随机数 $r \leftarrow Z_q^*$，并计算 $R=rP$； 2. 计算 $R'=rQ_{\text{rsu}}$，$J'=J+R$； 3. 计算： $\sigma=rH_3(J \parallel \text{nonce} \parallel Q_{\text{rsu}})+h_1(m)S_{\text{ID}_v}$； 4. 计算 $k=h_2(R \parallel R')$； 5. 计算 $M=\text{Enc}_{\text{AES}_k}(m)$ $\xrightarrow{(M, \sigma, \text{nonce}, R', J')}$	
	1. 计算 $R=\eta_{\text{rsu}}^{-1}R'$，$J=J'-R$； 2. 计算 $k=h_2(R \parallel R')$，$m=\text{Dec}_{\text{AES}_k}(M)$； 3. 验证方程： $\text{Ind}_v^{h_1(m)}e(H_3(J \parallel \text{nonce} \parallel Q_{\text{rsu}}), R)=e(\sigma, P)$； 4. 计算 $\text{MAC}_k(\sigma \parallel \text{nonce}+1)$ $\xleftarrow{\text{MAC}_k(\sigma \parallel \text{nonce}+1)}$
1. 检查 $\text{MAC}_k(\sigma \parallel \text{nonce}+1)$	

图 10.4　匿名认证协议流程

1. 系统初始化

在系统初始化阶段，TA 通过如下步骤产生系统公共参数：

(1) TA 选择 2 个大素数 p、q，一条定义在等式 $y^2=x^3+ax+b \bmod p$ 上的非奇异椭圆曲线 E，其中 a、$b \in Z_p$。TA 在一个 q 阶加法循环群 G_1 上选择一个生成元 P，同时构造双线性对 e：$G_1 \times G_1 \rightarrow G_2$，其中 G_2 是一个 q 阶乘法循环群。

(2) TA 选择一个随机数 $s \leftarrow Z_q^*$ 作为其私钥，并且计算相应的公钥 $P_{\text{pub}}=sP$。

(3) TA 选择 5 个安全的 Hash 函数 H_1：$\{0, 1\}^{\kappa_1} \rightarrow G_1$，$H_2$：$G_2 \times \{0, 1\}^* \rightarrow Z_q$，$H_3$：$G_1 \times \{0, 1\}^* \times G_1 \rightarrow G_1$，$h_1$：$\{0, 1\}^* \rightarrow Z_q$ 和 h_2：$G_1 \times G_1 \rightarrow \{0, 1\}^{256}$。

(4) TA 选择消息认证码 MAC 和设置一个高级对称加密标准算法 AES。

(5) 对于所有的 RSU，假设其都有一个长期的固定的公私密钥对(Q_{rsu}，η_{rsu})，其中 $\eta_{\text{rsu}} \leftarrow Z_q^*$，$Q_{\text{rsu}}=\eta_{\text{rsu}}P$。

最后，TA 对外公布公共参数 $\text{Para}=(E, p, q, P, P_{\text{pub}}, H_1, H_2, H_3, h_1, h_2, \text{MAC}, \text{AES})$，同时将它们预加载到每辆车的 TPD 中，并发送给所有 RSU。

2. 车辆注册

在此阶段，车辆需要执行一些操作与 TA 协调，以便在进入附近的 RSU 之前完成注册。因此，车辆会发送其真实身份 $\text{ID}_v \in \{0, 1\}^{\kappa_1}$ 给 TA，如果车辆的身份 ID_v 信息无效，那么 TA 将拒绝此注册申请；如果身份信息有效，那么 TA 将扮演一个类似于在身份签名算法中 KGC 的角色，联合应用服务器(AS)去产生相应的私钥，以及为相应的车辆 ID_v 创建账号信息。详细的步骤描述如下：

(1) 为车辆 ID_v 计算私钥 $S_{ID_v}=sH_1(ID_v)$。

(2) 计算一个与身份 ID_v 相关的身份标识值 $Ind_v=e(H_1(ID_v), P_{pub})$。

(3) 计算车辆信息索引号 $J=H_2(Ind_v \parallel right)P$，其中 $right\in\{0, 1\}^*$ 作为一个辅助的信息，如服务类型和规定周期。

最后，TA 通过一条安全的秘密信道把信息(S_{ID_v}, J, Ind_v, right)发送给车辆 ID_v，与此同时，通过一条安全的秘密信道也把账号信息(J, Ind_v, right)发送给邻近的 RSU，然后 RSU 将安全的把信息(J, Ind_v, right)存入到自己的数据库中。

3. 签名阶段

具有匿名身份标识的车辆 ID_v 向附近的 RSU 进行身份验证，产生对应的密文，具体过程如下：

(1) 选择一个随机数 $r\leftarrow Z_q^*$，同时计算 $R=rP$，$R'=rQ_{rsu}$ 和 $J'=J+R$。

(2) 选择一个挑战序列数 $nonce\in\{0, 1\}^*$，然后计算基于身份的签名信息 $\sigma=h_1(m)S_{ID_v}+rH_3(J\parallel nonce\parallel Q_{rsu})$。

(3) 计算会话密钥 $k=h_2(R\parallel R')$。

(4) 为了实现消息的机密性，传输过程中的消息 m 将被加密处理，$M=Enc_{AES_k}(m)$。

(5) 给临近的 RSU 发送身份验证请求信息 $Auth=(M, \sigma, nonce, R', J')$。

4. 验证阶段

一旦接收到消息 $Auth=(M, \sigma, nonce, R', J')$，RSU 将执行如下操作：

(1) 使用自己的私钥 η_{rsu} 计算 $R=\eta_{rsu}^{-1}R'$和 $J=J'-R$。

(2) 计算 $k=h_2(R\parallel R')$，然后对消息 M 进行解密 $m=Dec_{AES_k}(M)$。

(3) 在数据库中去搜索状态信息 J，找到对应的身份索引 Ind_v。

(4) 验证方程是否成立：$Ind_v^{h_1(m)}e(H_3(J\parallel nonce\parallel Q_{rsu}), R)=e(\sigma, P)$。

(5) 计算 $MAC_k(\sigma\parallel nonce+1)$，并回复给车辆 ID_v。

一旦接收到附近 RSU 的回复，车辆首先使用会话密码 k 通过 $MAC_k(\sigma\parallel nonce+1)$去检查信息的完整性。如果验证通过，车辆可以匿名向附近的 RSU 进行身份验证，并且可安全地发送敏感性信息 m 给 RSU。同时，该协议实现了车辆与附近 RSU 之间的认证密钥交换功能。因此，他们可以以保密的方式继续彼此沟通。否则，车辆将退出当前通信并重新启动方案流程。

10.2.4 方案安全性证明

在方案中 RSU 可以使用自己的私钥 η_{rsu} 来恢复 R，恢复 R 的过程为 $\eta_{rsu}^{-1}R'=\eta_{rsu}^{-1}rQ_{rsu}=\eta_{rsu}^{-1}r\eta_{rsu}P=rP=R$。然后，RSU 可以通过检查以下内容来检查认证请求信息的有效性：$Ind_v^{h_1(m)}e(H_3(J\parallel nonce\parallel Q_{rsu}), R)=e(\sigma, P)$，具体的描述如下：

$$
\begin{aligned}
e(\sigma, P) &= e(h_1(m)S_{IDv}+rH_3(J\parallel nonce\parallel Q_{rsu}), P) \\
&= e(h_1(m)S_{IDv}, P)e(rH_3(J\parallel nonce\parallel Q_{rsu}), P) \\
&= e(S_{IDv}, P)^{h_1(m)}e(H_3(J\parallel nonce\parallel Q_{rsu}), p)^r \\
&= e(sH_1(IDv), P)^{h_1(m)}e(H_3(J\parallel nonce\parallel Q_{rsu}), rp)
\end{aligned}
$$

$$=e(H_1(\mathrm{IDv}),\ P)^{sh_1(m)}e(H_3(J\parallel \mathrm{nonce}\parallel Q_{\mathrm{rsu}}),\ R)$$

$$=e(H_1(\mathrm{IDv}),\ sP)^{h_1(m)}e(H_3(J\parallel \mathrm{nonce}\parallel Q_{\mathrm{rsu}}),\ R)$$

$$=e(H_1(\mathrm{IDv}),\ P_{\mathrm{pub}})^{h_1(m)}e(H_3(J\parallel \mathrm{nonce}\parallel Q_{\mathrm{rsu}}),\ R)$$

$$=\mathrm{Ind}_v^{h_1(m)}e(H_3(J\parallel \mathrm{nonce}\parallel Q_{\mathrm{rsu}}),\ R)$$

在本小节，我们将对本章所提出的方案进行安全性分析，证明该方案具备消息的机密性、可认证性、完整性、身份的强匿名性、前向安全性和认证密钥交换。

定理 10.6　该方案可确保消息的可认证性和完整性。

证明：在本章提出的方案中，车辆产生身份验证请求信息为 $\mathrm{Auth}=\{M,\ \sigma,\ \mathrm{nonce},\ R',\ J'\}$，其中 $\sigma=\mathrm{r}\mathrm{H}_3(J\parallel \mathrm{nonce}\parallel Q_{\mathrm{rsu}})+h_1(m)S_{\mathrm{ID}_v}$ 是一个基于身份的数字签名，这个是由真实的车辆利用自己私钥 S_{ID_v} 产生的。实际上，σ 是一个改进的 Schnorr 签名方程，如果没有对应的私钥 S_{ID_v}，任何人都不可能去伪造出一个身份签名消息 $\sigma^*=\mathrm{r}\mathrm{H}_3^*(J^*\parallel \mathrm{nonce}\parallel Q_{\mathrm{rsu}})+h_1(m)S_{\mathrm{ID}_v}$，使其能够满足 $\mathrm{Ind}_v^{h_1(m)}e(H_3(J^*\parallel \mathrm{nonce}\parallel Q_{\mathrm{rsu}}),\ R)=e(\sigma^*,\ P)$。因此，该方案可确保消息的可认证性和完整性，同时也抵抗了伪造攻击。

定理 10.7　该方案满足消息的机密性。

证明　在此方案中，一个车辆产生身份验证请求信息 $\mathrm{Auth}=\{M,\ \sigma,\ \mathrm{nonce},\ R',\ J'\}$，其中 $M=\mathrm{Enc}_{\mathrm{AES}_k}(m)$是经过会话密钥 k 加密后的密文。因此，任何的攻击者想要去解密这个密文消息 M，都必须去使用自己的会话密钥 $k=h_2(R\parallel R')$，其中 $R=\eta_{\mathrm{rsu}}^{-1}R'$。如果没有与之对应的 RSU 的私钥 η_{rsu}，攻击者是不能恢复出 R 的，因此也就不能得到会话密钥 k。所以该方案满足消息的机密性。

定理 10.8　该方案实现了身份隐私性。

证明　在此方案中，车辆发送 $\mathrm{Auth}=\{M,\ \sigma,\ \mathrm{nonce},\ R',\ J'\}$到临近的 RSU。RSU 首先使用自己的私钥 η_{rsu} 计算 $R=\eta_{\mathrm{rsu}}^{-1}R'$，恢复出状态信息 $J=J'-R$，同时根据此状态信息去查询相应的身份索引 Ind_v。然后，RSU 可以校验信息通过验证方程 $\mathrm{Ind}_v^{h_1(m)}e(H_3(J\parallel \mathrm{nonce}\parallel Q_{\mathrm{rsu}}),\ R)=e(\sigma,\ P)$。应该注意到，如果没有私钥 η_{rsu}，任何人都不能恢复出 R，进一步也不能去伪造一个能够通过验证方程的身份索引 Ind_v。即使被攻击者截获，也无法从这些信息中揭示出车辆的真实身份。即使攻击者或者附近的 RSU 可以去识别身份的索引信息 $\mathrm{Ind}_v=e(H_1(\mathrm{ID}_v),\ P_{\mathrm{pub}})$，他们也不能去恢复出车辆的真实的身份信息 ID_v，因为 ID_v 已经被隐藏在是一个双线性对映射之中。

定理 10.9　该方案具有认证密钥交换功能。

证明　在这个方案中，由前面可以知道 R 在车辆和邻近的 RSU 之间都是安全的，这是因为只有使用私钥 η_{rsu}，RSU 才可能恢复出 $R=\eta_{\mathrm{rsu}}^{-1}R'$。因此，会话密钥 $k=h_2(R\parallel R')$ 可以在车辆和邻近的 RSU 之间进行安全地共享。事实上，RSU 通过基于他们的身份签名信息 σ 来确认接受会话密钥 k。车辆确认接受这个会话密钥是通过其返回的消息认证码 $\mathrm{MAC}_k(\sigma\parallel \mathrm{nonce}+1)$进行认证的。攻击者获得会话密钥的唯一方法是通过离线猜测攻击，如果攻击者要想构建出能通过 $\mathrm{MAC}_k(\sigma^*\parallel \mathrm{nonce}+1)$验证的消息，需要与 RSU 返回的消息 $\mathrm{MAC}_k(\sigma\parallel \mathrm{nonce}+1)$进行比较，由于消息认证码 MAC 抗碰撞性的缘故，比较在计算上是不可行的。因此，车辆和附近的 RSU 可以进行经认证的会话密钥交换。该方案可以实现抵抗重放攻击和中间人攻击的目的。

定理 10.10 该方案具有前向安全性。

证明 在这个方案中，考虑到密钥泄露发生的情况，即意味着攻击者可以获取车辆 ID_v 的私钥 S_{ID_v}，以及与此相关的状态信息 J 和辅助的预留信息 right。进一步假设攻击者可以拦截 $\mathrm{Auth}=\{M, \sigma, \mathrm{nonce}, R', J'\}$，其中 $\sigma=\mathrm{r}H_3(J \parallel \mathrm{nonce} \parallel Q_{\mathrm{rsu}})+h_1(m)S_{\mathrm{ID}_v}$ 是一个基于身份的签名信息，nonce 是一个有效的挑战序列数。因为攻击者不能得到每次所选择的随机数 r，所以攻击者不能确定这些消息 M，δ，R'，J'是在哪些车辆和 RSU 之间传输。此外，攻击者也不能根据 J'去恢复出身份认证状态信息 J，因此，也就不能去伪造一个与 nonce 相关的有效签名 σ^*，使其能够通过 RSU 执行时的验证。因此，该方案具有前向安全性。

10.3 智能车载自组织网络中匿名在线注册与安全认证方案

10.3.1 问题描述

如今，移动通信技术已进入 5G 时代，5G 具有超高速率、超低时延、高可靠性的特性，同时还具有庞大的网络容量，可实现海量连接。随着 5G 技术快速发展，车载自组织网络在智能交通系统中必将成为重要的应用。智能汽车嵌入车载通信单元 OBUs(On-Board Units)，通过车载自组织网络可以实现特殊车辆避让、碰撞预警等功能来缓解交通压力、减少交通事故、提高交通运输效率和道路安全性。在车载自组织网络中，道路上的所有车辆之间都始终保持着相互通信的状态，称为 V2V(Vehicle-to-Vehicle)通信。此外，在行驶途中也和道路两侧基础设施保持 V2I(Vehicle-to-Infrastructure)通信。

尽管车载自组织网络在智能交通系统中有着巨大的应用优势，但是要实现其大规模的部署仍然存在一些挑战：需要保证服务质量、高连接性、带宽以及车辆和个人隐私安全性等问题。在智能车联网中，给用户提供一定的服务质量保证，就需要做到数据传输的延迟最小、重传次数少、能长时间保持网络连接等。由于车载自组织网络的开放性，各个节点之间传递的信息很容易遭受到主动攻击。比如，攻击者可以通过篡改、替换、重放攻击等引发重大交通事故。由此，确保传输消息的完整性和可认证性是十分重要的。一个安全的车联网，需要保证重要信息只能在指定节点传输无法被其他节点获取；也要保证恶意攻击者无法通过伪造成合法车辆进入车联网；还要保证车联网可以抵御常见的网络攻击等。在如今的网络时代中，每天都有大量隐私信息被泄露，身份隐私保护显得尤为重要。为保护驾驶员的隐私，需要在车载自组织网络可信中心以匿名的方式进行注册，在传输的交通信息时会以匿名的方式与周围的车辆或路边基础设施进行身份认证。此外，车辆间通信及车内敏感数据的保存等都依赖于密钥，因此密钥管理也极其重要。针对上述安全问题，设计出适用于车载自组织网络环境的高效、安全的匿名注册与安全认证方案是非常重要的。

10.3.2 系统模型

系统模型包含三类通信实体：**Vehicles**，RSU 和 TA，如图 10.5 所示。

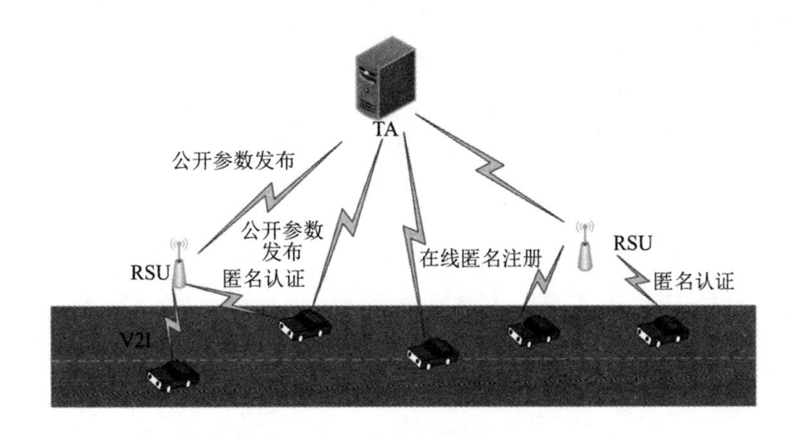

图 10.5　智能车载自组织网络通信模型

(1) **Vehicles**：智能车辆都配置了一个车载通信单元(OBU)。OBU 包含一个支持 DRSC (Dedicated Short Range Communication)协议的防篡改装置 TPD(Tamper Proof Device)。TPD 通常用于存储机密数据，攻击者几乎不可能获取 TPD 之中的数据。车辆之间以及车辆与 RSU 之间是通过无线网络进行通信。

(2) RSU(Roadside Unit)：路边基站单元，固定在道路两旁的基础设施，是个半可信的实体，主要负责消息的认证和转发，能够与车辆进行实时通信。

(3) TA (Trusted Authority)：可信中心，充当身份密码系统中密钥生成中心 PKG (Private Key Generator)的角色，是一个完全可信任的第三方机构，具有高存储量和高计算能力，能够为系统生成和公布公开参数，为智能车辆提供在线匿名注册，以及签名私钥生成服务。

10.3.3　方案具体设计

智能车载自组织网络中匿名在线注册与安全认证方案主要包括**系统初始化阶段**、**在线匿名注册**、**签名私钥产生阶段**、**匿名认证阶段**、**匿名认证信息验证阶段**五个阶段，具体方案描述如下。

1. 系统初始化阶段

此阶段由完全可信任的 TA 执行。TA 按照以下步骤产生系统公开参数、主公钥和主私钥。

(1) TA 基于有限域 GF(p)选取椭圆曲线 $E_p(a, b)$：$y^2=x^3+ax+b(\bmod p)$，满足 $4a^3+27b^2\neq 0(\bmod p)$。

TA 选取基于椭圆曲线的 q 阶加法循环群 $G\subset E_p(a, b)$，P 是 G 的一个生成元。

(2) TA 随机选取 $s\leftarrow Z_q^*$，作为其主私钥，并计算相应的主公钥$\mathrm{PK}_{\mathrm{TA}}=sP$。

(3) TA 选取五个抗碰撞的哈希函数 H_i：$\{0, 1\}^*\rightarrow Z_q^*$，$i=1, 2, 3, 4, 5$；TA 选取一个轻量级对称加密算法 Enc。最后，TA 公布系统公开参数$\{E_p(a, b), G, P, \mathrm{PK}_{\mathrm{TA}}, q, H_1, H_2, H_3, H_4, H_5, \mathrm{Enc}\}$，并且秘密保存主私钥 s。

2. 在线匿名注册

此阶段由智能车辆产生合法匿名身份，并可以在公开信道在线向可信中心 TA 进行注册，具体流程见图 10.6。

Vehicles	TA
1) 计算 $UPW_i = H_1(UID_i \parallel PWD_i)$； 2) 随机选取 $s_i \leftarrow Z_q^*$，计算 $Q_i = H_2(UPW_i \parallel time_i \parallel s_i \parallel T_i)P$； 3) 计算 $Q_i^* = H_2(UPW_i \parallel time_i \parallel s_i \parallel T_i)PK_{TA}$， $PSID_i = Enc_{Q_{i,y}^*}(RID_i \parallel PK_{TA} \parallel T_i \parallel request)$； 4) 计算 $Auth_i = H_3(PSID_i \parallel Q_i \parallel time_i \parallel T_i \parallel RID_i)$；	
$\xrightarrow{Reg_i = \{PSID_i, Q_i, time_i, Auth_i\}}$	
	1) 判断时间戳是否满足$time_j - time_i \leqslant \Delta time$； 2) 计算 $Q_i^* = sQ_i$，解密得到 RID_i，T_i； 3) 计算 $Auth_i' = H_3(PSID_i \parallel Q_i \parallel time_i \parallel T_i \parallel RID_i)$； 4) 判断 $Auth_i' = Auth$ 是否相等； 5) 选择 $t_i \leftarrow Z_q^*$，计算 $R_i = t_iP$，$sk_i = t_i + sH_4(PSID_i \parallel R_i)$； 6) $F_i = Enc_{Q_{i,y}^*}(sk_i \parallel T_i \parallel request)$.
$\xleftarrow{\{F_i, R_i\}}$	

图 10.6 车辆匿名在线注册流程

(1) 用户输入个人身份UID_i 和用于登录验证的口令PWD_i，计算$UPW_i = H_1(UID_i \parallel PWD_i)$。

(2) 智能车辆 V_i(真实身份是RID_i)选择随机数 $s_i \leftarrow Z_q^*$，计算 $Q_i = H_2(UPW_i \parallel time_i \parallel s_i \parallel T_i)P$，$Q_i^* = H_2(UPW_i \parallel time_i \parallel s_i \parallel T_i)PK_{TA}$，以及匿名身份 $PSID_i = Enc_{Q_{i,y}^*}(RID_i \parallel PK_{TA} \parallel T_i \parallel request)$，其中$time_i$ 是时间戳，request 表明此智能车辆 V_i 请求具体区域匿名认证的服务内容，T_i 是此匿名身份$PSID_i$ 的使用期，$Q_{i,y}^*$ 是椭圆曲线上点 Q_i^* 的纵坐标。

(3) 智能车辆 V_i 计算认证值$Auth_i = H_3(PSID_i \parallel Q_i \parallel time_i \parallel T_i \parallel RID_i)$。将注册信息 $Reg_i = \{PSID_i, Q_i, time_i, Auth_i\}$ 通过公开信道以匿名的方式发送给 TA。可信中心 TA 接收到来自匿名车辆 V_i 的注册信息Reg_i 之后，执行如下操作：

(4) TA 首先判断当前的时间戳$time_j$，是否满足$time_j - time_i \leqslant \Delta time$，如果不符合要求，则拒绝此次注册请求。如果符合，则 TA 计算 $Q_i^* = sQ_i$，利用 Q_i^* 的纵坐标进行解密 $PSID_i$，得到相应的RID_i，T_i。

(5) TA 计算$Auth_i' = H_3(PSID_i \parallel Q_i \parallel time_i \parallel T_i \parallel RID_i)$，并判断$Auth_i'$与$Auth_i$ 是否相等。如果相等，则 TA 安全保存智能车辆 V_i 的真实身份RID_i 及其注册信息。

3. 签名私钥产生阶段

当 TA 获取到智能车辆 V_i 真实有效的身份之后，TA 充当基于身份密码系统中的 PKG 角色，为此匿名智能车辆产生有效的签名私钥，为后续安全认证使用。

(1) TA 随机选取 $t_i \leftarrow Z_q^*$，并计算 $R_i = t_iP$，并为注册成功的智能车辆 V_i 生成签名私钥$sk_i = t_i + sH_4(PSID_i \parallel R_i)$

(2) TA 计算 $F_i = \mathrm{Enc}_{Q_{i,y}^*}(\mathrm{sk}_i \parallel T_i \parallel \mathrm{request})$。最后，TA 并将 F_i 和 R_i 返回给智能车辆 V_i。

4. 匿名认证阶段

当智能车辆 V_i 到达一个敏感区域时，V_i 产生一个需要认证的信息 M_i，并以匿名的方式发送给邻近的 RSU 请求与其通信。

(1) V_i 随机选取 $r_i \leftarrow Z_q^*$，计算 $U_i = r_i P = (\xi_i, \zeta_i)$。

(2) V_i 获取当前时间戳 time_i'，计算 $\eta_i = H_5(\mathrm{PSID}_i \parallel M_i \parallel \mathrm{time}_i')$。

(3) V_i 计算 η_i 的数字签名：$\mu_i = \xi_i \bmod q$，$\nu_i = (\mathrm{sk}_i + \mu_i r_i \eta_i) \bmod q$。最后，智能车辆 V_i 发送这个匿名认证信息$\mathrm{Msg}_i = (M_i, U_i, \nu_i, \mathrm{PSID}_i, \mathrm{time}_i', R_i)$给附近的 RSU。

5. 匿名认证信息验证阶段

当 RSU 收到来自智能车辆 V_i 发送的匿名认证信息Msg_i，RSU 执行验证步骤，匿名认证与验证流程见图 10.7。

Vehicle	RSU
1) 选择 $t_i \leftarrow Z_q^*$，计算 $U_i = r_i P = (\xi_i, \zeta_i)$；	
2) 计算 $\eta_i = H_5(\mathrm{PSID}_i \parallel M_i \parallel \mathrm{time}_i')$；	
3) 进行签名 $\mu_i = \xi_i \bmod q$，$\nu_i = (sk_i + \mu_i r_i \eta_i) \bmod q$；	
$\xrightarrow{\mathrm{Msg}_i = (M_i, U_i, \nu_i, \mathrm{PSID}_i, \mathrm{time}_i', R_i)}$	
	1) 判断时间戳是否满足 $\mathrm{time}_j' - \mathrm{time}_i' \leqslant \Delta\mathrm{time}'$；
	2) 计算 $\eta_i = H_5(\mathrm{PSID}_i \parallel M_i \parallel \mathrm{time}_i')$，$\mu_i = \xi_i \bmod q$；
	3) 验证 $\nu_i P = \mu_i \eta_i U_i + R_i + H_4(\mathrm{PSID}_i \parallel R_i)\mathrm{PK}_{\mathrm{TA}}$ 是否相等.

图 10.7　匿名认证与验证流程

RSU 首先判断当前的时间戳 time_j'，是否满足$\mathrm{time}_j' - \mathrm{time}_i' \leqslant \Delta\mathrm{time}'$，如果不符合要求，则匿名认证不通过；如果符合要求，则计算 $\eta_i = H_5(\mathrm{PSID}_i \parallel M_i \parallel \mathrm{time}_i')$。根据 $U_i = (\xi_i, \zeta_i)$，计算 $\mu_i = \xi_i \bmod q$，并通过验证以下方程来验证匿名认证信息的完整性：

$$\nu_i P = \mu_i \eta_i U_i + R_i + H_4(\mathrm{PSID}_i \parallel R_i)\mathrm{PK}_{\mathrm{TA}}$$

10.3.4 方案正确性与安全性证明

1. 方案正确性证明

1) 安全匿名注册的正确性

智能车辆 V_i(真实身份是RID_i)能够通过公开信道以匿名方式在 TA 处进行在线注册，关键在于智能车辆发送的$\mathrm{Reg}_i = \{\mathrm{PSID}_i, Q_i, \mathrm{time}_i, \mathrm{Auth}_i\}$中，$\mathrm{PSID}_i = \mathrm{Enc}_{Q_{i,y}^*}(\mathrm{RID}_i \parallel \mathrm{PK}_{\mathrm{TA}} \parallel T_i \parallel \mathrm{request})$是通过对称加密算法 Enc 产生的，这里对称密钥 $Q_{i,y}^*$指的是椭圆曲线上点 Q_i^* 的纵坐标，而 $Q_i^* = H_2(\mathrm{UPW}_i \parallel \mathrm{time}_i \parallel s_i \parallel T_i)\mathrm{PK}_{\mathrm{TA}} = H_2(\mathrm{UPW}_i \parallel \mathrm{time}_i \parallel s_i \parallel T_i)sP = sQ_i$。当收到$\mathrm{Reg}_i = \{\mathrm{PSID}_i, Q_i, \mathrm{time}_i, \mathrm{Auth}_i\}$时，TA 可以有效计算 Q_i^*，解密PSID_i 并恢复智能车辆的真实有效身份，为其产生对应签名私钥 sk_i。同样用对称加密算法 Enc，TA 将通过公开信道返回加密的sk_i 给智能车辆 V_i。

2）安全匿名认证的正确性

RSU 通过验证以下方程来验证智能车辆 V_i 发送的匿名认证信息的完整性：

$$\nu_i P=\mu_i\eta_i U_i+R_i+H_4(\mathrm{PSID}_i \parallel R_i)\mathrm{PK}_{\mathrm{TA}}。$$

以上匿名认证方程正确性推导如下：

$$\begin{aligned}\nu_i P &= (\mu_i r_i\eta_i+\mathrm{sk}_i)P\\ &=\mu_i\eta_i r_i P+\mathrm{sk}_i P\\ &=\mu_i\eta U_i+(sH_4(\mathrm{PSID}_i \parallel R_i)+t_i)P\\ &=\mu_i\eta_i U_i+R_i+H_4(\mathrm{PSID}_i \parallel R_i)\mathrm{PK}_{\mathrm{TA}}\end{aligned}$$

3）批量安全匿名认证的正确性

RSU 通过以下批量验证方程来确保 n 个匿名智能车辆发送认证信息的正确性：

$$\left(\sum_{i=1}^{n}\vartheta_i v_i\right)P=\sum_{i=1}^{n}\vartheta_i\mu_i\eta_i U_i+\sum_{i=1}^{n}\vartheta_i(R_i+\mathrm{PK}_{\mathrm{TA}}H_4(\mathrm{PSID}_i \parallel R_i))$$

以上批量匿名认证方程正确性推导如下：

$$\begin{aligned}\left(\sum_{i=1}^{n}\vartheta_i\nu_i\right)P &= \left(\sum_{i=1}^{n}\vartheta_i(\mu_i r_i\eta_i+sk_i)\right)P\\ &=\left(\sum_{i=1}^{n}\vartheta_i(\mu_i r_i\eta_i+(sH_4(\mathrm{PSID}_i \parallel R_i)+t_i)\right)P\\ &=\sum_{i=1}^{n}\vartheta_i\mu_i\eta_i r_i P+\sum_{i=1}^{n}\vartheta_i(sH_4(\mathrm{PSID}_i \parallel R_i)+t_i)P\\ &=\sum_{i=1}^{n}\vartheta_i\mu_i\eta_i U_i+\sum_{i=1}^{n}\vartheta_i(R_i+\mathrm{PK}_{\mathrm{TA}}H_4(\mathrm{PSID}_i \parallel R_i))\end{aligned}$$

2. 方案安全性证明

下面，我们将方案进行安全性分析，具体包括：安全在线匿名注册、匿名认证信息的完整性、匿名身份的可追踪性。

1）安全在线匿名注册

定理 10.11 该方案可确保智能车辆通过公开信道在可信中心 TA 处进行有效匿名注册。

证明 在方案中，用户输入自己的身份 UID_i 和口令 PWD_i，同时计算 $\mathrm{UPW}_i=H_1(\mathrm{UID}_i \parallel \mathrm{PWD}_i)$，可以保证设备不会知道用户的身份和口令但能进行登录验证。智能车辆 V_i 能够自己产生匿名身份，并且对其进行定期更新，进一步提高其安全性。匿名身份 $\mathrm{PSID}_i=\mathrm{Enc}_{Q_{i,y}^*}(\mathrm{RID}_i \parallel \mathrm{PK}_{\mathrm{TA}} \parallel T_i \parallel \mathrm{request})$，其中 PSID_i 表示利用 Q_i^* 的纵坐标对真实身份信息 RID_i 进行对称加密作为车辆的匿名身份。这里 $Q_i^*=H_2(\mathrm{UPW}_i \parallel \mathrm{time}_i \parallel s_i \parallel T_i)\mathrm{PK}_{\mathrm{TA}}=\mathrm{s}Q_i$，本质上是采用 Diffie-Hellman 密钥交换技术实现车辆与 TA 的临时密钥协商。如果敌手截获了 PSID_i，想要解密得到车辆真实身份 RID_i，需要计算：$Q_i^*=\mathrm{s}Q_i=H_2(\mathrm{UPW}_i \parallel \mathrm{time}_i \parallel s_i \parallel T_i)\mathrm{sP}$。因为 s 为可信中心 TA 的私钥，UPW_i 和 Q_i^* 也是敌手不能有效获取的，因此敌手如果想在多项式时间内计算得到 Q_i^* 等价于在多项式时间内可以求解基于椭圆曲线的 CDH 困难问题，这是计算上不可行的。因此智能车辆 V_i 对于外界来说是匿名的。此外，智能车辆 V_i 发送的注册阶

段消息为$\mathrm{Reg}_i=\{\mathrm{PSID}_i, Q_i, \mathrm{time}_i, \mathrm{Auth}_i\}$，而消息认证值$\mathrm{Auth}_i=H_3(\mathrm{PSID}_i \| Q_i \| \mathrm{time}_i \| T_i \| \mathrm{RID}_i)$。根据哈希函数的抗碰撞性，即便敌手截获并篡改了$\mathrm{PSID}_i$和$Q_i$，在TA端计算认证值$\mathrm{Auth}_i'$也会发现与$\mathrm{Auth}_i$不相等，认证不通过。这样保证了注册阶段消息$\mathrm{Reg}_i$的完整性。从而确保了用户匿名身份信息的有效性以及车辆与TA的正确密钥协商。

2）匿名认证信息的完整性

定理 10.12　该方案可确保匿名认证阶段消息的可认证性和完整性。

证明　假设敌手截获消息$\mathrm{Msg}_i=(M_i, U_i, \nu_i, \mathrm{PSID}_i, \mathrm{time}_i', R_i)$，其中$\nu_i=(\mu_i r_i H_5(\mathrm{PSID}_i \| M_i \| \mathrm{time}_j')+\mathrm{sk}_i) \bmod q$是车辆利用自己的私钥$\mathrm{sk}_i$对消息$M_i$产生的数字签名，这个正确的匿名认证消息可以通过验证方程：$\nu_i P=\mu_i \eta_i U_i+R_i+H_4(\mathrm{PSID}_i \| R_i)\mathrm{PK}_{\mathrm{TA}}$。如果没有对应的正确私钥$\mathrm{sk}_i$，敌手在多项式时间内想要伪造$M_i$对应的签名$\nu_i{}^*$，并通过验证方程是不可行的。

如果敌手替换、篡改或者一个消息M_i^*，并且通过验证方程：

$$\nu_i P=\mu_i \eta_i^* U_i+R_i+H_4(\mathrm{PSID}_i \| R_i)\mathrm{PK}_{\mathrm{TA}}$$

其中$\eta_i^*=H_5(\mathrm{PSID}_i \| M_i^* \| \mathrm{time}_i')$是计算上不可行的。同样方法分析得知，在批量匿名认证阶段，没有掌握某个车辆的正确私钥，敌手要想在多项式时间内伪造消息的数字签名、篡改消息，以期通过批量方程的验证也是计算上不可行的。从以上分析得知，该方案可确保匿名认证阶段消息的可认证性和完整性。

3）匿名身份的可追踪性

定理 10.13　该方案可确保匿名身份的可追踪性。

证明　在此方案中，如果车联网中存在恶意车辆，或者否认自己发送的匿名认证消息，或者交通事故需要追责某些车辆，TA能够利用自己的主私钥s，计算出相应的$Q_i^*=sQ_i$，之后利用其纵坐标解密PSID_i得到相应的真实身份RID_i，实现匿名身份的可追踪性。

思考题 10

1. 基于智能车载网络的匿名身份可追踪认证方案中，如何实现智能车辆身份标识的条件匿名追踪？

2. 基于特殊车联网场景的完全匿名隐私保护认证方案中，如何实现智能车辆身份标识的完全匿名追踪？

3. 在智能车载自组织网络中匿名在线注册与安全认证方案中，可否实现分布式匿名在线注册？

第 11 章

抗量子计算的格基云存储数据安全应用方案

11.1 格密码基础知识

11.1.1 格密码相关基础定义

定义 11.1（整数格） 令 $B=[b_1, b_2, \cdots, b_m]\in\mathbb{Z}^{m\times m}$ 是一个 $m\times m$ 维可逆矩阵，它由 m 个线性无关的向量 $b_1, b_2, \cdots, b_m\in\mathbb{Z}^m$ 组成，B 为格 Λ 的一个基。则由矩阵 B 生成的 m 维整数格为：

$$\Lambda=\left\{y\in\mathbb{Z}^m \,\middle|\, y=Bc=\sum_{i=1}^{m}c_i b_i,\ c_i\in\mathbb{Z}^m\right\}$$

令 $\widetilde{B}$ 表示为经过 Gram-Schmidt 正交变换得到的矩阵，定义 $\widetilde{b}_1=b_1$，且 $\widetilde{b}_i$ 是 b_i 和 $\mathrm{span}(b_1, \cdots, b_{i-1})$ 正交得到的。

定义 11.2（q 模格） 给定矩阵 $A\in Z_q^{n\times m}$，其中 q 是素数，m，n 为正整数，定义 q 模格如下：

$$\Lambda_q(A)=\{y\in Z^m \mid \exists s\in Z^n,\ y=A^{\mathrm{T}}s(\mathrm{mod}\,q)\}$$

$$A_q^{\perp}(A)=\{e\in Z^m Ae=0\ (\mathrm{mod}\ q)\}$$

给定向量 $\boldsymbol{u}\in Z_q^n$，定义 m 维向量空间：$\Lambda_q^u(A)=\{x\in Z^m \mid Ax=u(\mathrm{mod}\,q)\}$。若 $z\in\Lambda_q^u(A)$，则 $\Lambda_q^u(A)=\Lambda_q^{\perp}(A)+z$，因此 $\Lambda_q^u(A)$ 可由格 $A_q^{\perp}(A)$ 平移得到。

定义 11.3（格 Λ 的离散高斯分布密度函数） 对于任意实参数 $s>0$，$c\in R^m$ 为中心，格 Λ 的离散高斯分布密度函数的定义为：

$$\forall x\in\Lambda,\ \rho_{s,c}(x)=\exp\left(-\pi\frac{\|x-c\|}{s^2}\right)$$

令 $\rho_{s,c}(\Lambda)=\sum_{x\in\Lambda}\rho_{s,c}(x)$，$\Lambda$ 上的离散高斯分布的定义为：

$$\forall y\in\Lambda,\ D_{\Lambda,s,c}(y)=\frac{\rho_{s,c}(y)}{\rho_{s,c}(\Lambda)}$$

引理 11.1 令素数 $q\geqslant 3$，整数 $m\geqslant 2n\log q$，T 是格 $\Lambda_q^{\perp}(A)$ 的一组基，高斯参数 $s\geqslant\|\widetilde{T}\|\omega(\sqrt{\log m})$，则对任意的向量 $y\in Z_q^n$，有如下结果：

(1) $\Pr[x \leftarrow D_{\Lambda,s,c}: \| x \| > s\sqrt{m}] \leqslant \text{negl}(n)$。

(2) 对于随机选取的矩阵 $A \in Z_q^{n\times m}$，如果 $e \leftarrow \Lambda_{Z^m,s}$，那么我们有 $y = Ae \pmod q$ 的分布统计接近于 Z_q^n 上的均匀分布。

11.1.2 格基困难问题假设

本小节，我们介绍格基困难问题假设。其中最短向量问题(Shortest Vector Problem, SVP)与最近向量问题(Closest Vector Problem, CVP)是格上最基本的困难问题。SVP 与 CVP 问题分别定义如下：

定义 11.4(最短向量问题)　设 $B=[b_1, b_2, \cdots, b_m] \in Z^{m\times m}$ 是格 Λ 的一组基，最短向量问题即在格 Λ 上寻找一个非零向量 Bx(其中 $x \in Z^m \setminus \{0\}$)，满足：对于所有的向量 $y \in Z^m \setminus \{0\}$，不等式 $\| Bx \| \leqslant \| By \|$ 成立。

定义 11.5(最近向量问题)　设 $B=[b_1, b_2, \cdots, b_m] \in Z^{m\times m}$ 是格 Λ 的一组基，目标向量为 c(c 不一定是格 Λ 上的点)，最近向量问题即在格 Λ 上寻找一个非零向量 Bx(其中 $x \in Z^m \setminus \{0\}$)，满足：对于所有向量 $y \in Z^m \setminus \{0\}$，不等式 $\| Bx - c \| \leqslant \| By - c \|$ 成立。

由最短向量问题 SVP 和最近向量问题 CVP 两个格上基本困难问题可演变成如近似最短向量 SVP_γ，近似最近向量问题 CVP_γ，最短线性无关向量问题 SIVP，以及 $GAPSVP_\gamma$、$GAPCVP_\gamma$ 等问题。

11.1.3 格上困难问题

下面分别对本章节中需要经常用到的格上困难问题进行介绍，具体包括：LWE、SIS、ISIS 等困难问题。

定义 11.6　给定参数 $m \geqslant 1$，χ 是模数 $q \geqslant 2$，Z_q^m 上的离散高斯噪声分布。概率分布 $A_{s,\chi}$ 是通过以下方式得到的：随机均匀地选取矩阵 $A \in Z_q^{n\times m}$，随机选择向量 $s \in Z_q^n$，从离散高斯噪声分布 χ 抽取噪声向量 $e \in Z_q^m$，输出$(A, A^T s + e)$，则有下面定义：

(1) Search 型 LWE 问题：给定分布 $A_{s,\chi}$ 的多项式个样本$(A, A^T s + e)$，以不可忽略的概率输出 $s \in Z_q^n$。

(2) Decision 型 LWE 问题：判定一个样本$(A, A^T s + e)$是由上面算法得到的，还是从 $Z_q^{n\times m} \times Z_q^m$ 上的均匀分布上随机选取的。

密码学者 Regrev 已经证明了 Search 型 LWE 问题和 Decision 型 LWE 问题是可以相互归约的。并且 Regrev 证明在适当的参数 q 和离散高斯噪声分布 χ 设置情况下，LWE 困难问题的求解可归约到利用量子归约算法求解最差情况下的 SIVP 问题和 $GAPSVP_\gamma$ 问题。之后，密码学者 Peikert 又通过将参数 q 适当放大来给出 LWE 困难问题到标准格困难问题的经典归约。

定义 11.7(小整数解问题)(Small Integer Solution Problem, SIS)　令参数 n，m 为正整数，q 为素数，给定一个小实数 $\beta > 0$，A 是 $Z_q^{n\times m}$ 上随机均匀选取的矩阵，SIS 问题是要在格 $\Lambda_q^\perp(A)$ 寻找到一个短向量 $\boldsymbol{v}$，即 $A\boldsymbol{v} \equiv 0 \pmod q$，使其范数满足 $\| v \| \leqslant \beta$。

定义 11.8(非齐次小整数解问题)(Inhomogeneous Small Integer Solution Problem, ISIS)　给定整数 q，矩阵 $Z_q^{n\times m}$，小实数 $\beta > 0$，A 是 $Z_q^{n\times m}$ 上均匀随机选取的矩阵，以及给

定任意均匀随机的向量 $u \in Z_q^n$，ISIS 问题是要寻找到一个短向量 $\boldsymbol{v}$ 满足 $A\boldsymbol{v}=\boldsymbol{u} \pmod q$，使其范数满足 $\|v\| \leqslant \beta$。

引理 11.2 对于任何多项式 poly(n)界定的 m，$\beta=\text{poly}(n)$，和任意素数 $q \geqslant \beta\omega(\sqrt{n\log n})$，平均情况下 $\text{SIS}_{q,m,\beta}$ 和 $\text{ISIS}_{q,m,\beta}$ 的困难性等价于近似因子控制在 $\gamma=\beta\widetilde{Q}(\sqrt{n})$之内的最差情况 SIVP 困难问题。

11.1.4 格上基本算法模式

本小节，我们介绍格上基本算法模块，主要以引理形式给出。

引理 11.3(高斯抽样算法) 存在一个概率多项式时间算法 SampleD，该算法输入一个 n 维格 Λ 和一组有序的格基 B，安全高斯参数 $s>\|\widetilde{B}\|\omega(\sqrt{\log n})$，以及一个中心 $c \in R^n$，算法输出为从离散高斯噪声分布 $D_{\Lambda,s,c}$ 中抽取出的一个随机向量 。

引理 11.4(陷门生成算法，TrapGen) 存在概率多项式时间算法 TrapGen，此算法输入整数 $q \geqslant$和 $m \geqslant 5n\log q$，在多项式时间内输出一个矩阵 $A \in Z_q^{n\times m}$ 和格 $\Lambda_q^{\perp}(A)$的一个短基 $T_A \in Z_q^{m\times n}$，使得 A 在统计上接近均匀分布 $Z_q^{n\times m}$，并且短基 $T_A \in Z_q^{m\times m}$ 满足 $\|\widetilde{T}_A\| \leqslant O(\sqrt{n\log q})$。

引理 11.5(原像抽样函数，PSF) 原像抽样函数由以下三个概率多项式时间算法(TrapGen，SampleDom，SamplePre)构成：

(1) 矩阵 $A \in Z_q^{n\times m}$ 用来构造单向函数 $f_A(e)$：$\text{D}_n \to \text{R}_n$，$f_A(e)=Ae \bmod q$，其中 $\text{D}_n=\{x \in Z^m: 0<\|x\| \leqslant s\sqrt{m}\}$，$\text{R}_n=Z_q^n$。

(2) SampleDom(A,s)：输入 $A \in Z_q^{n\times m}$，高斯参数 s，运行函数 SampleD(A,s,0)，产生向量 $x \in \text{D}_n$，使得 $f_A(x)$在 R_n 上是均匀分布的。

(3) SamplePre(A，T_A，δ，y)：输入矩阵 $A \in Z_q^{n\times m}$ 以及格 $\Lambda_q^{\perp}(A)$的短基 $T_A \in Z_q^{m\times m}$，对任意给定的 $y \in Z_q^n$ 和参数 $\delta \geqslant \|\widetilde{T}_A\| \cdot \omega(\sqrt{\log n})$，算法输出为从统计接近于高斯分布 $D_{\Lambda^y(A)\delta}$ 中抽取的一个向量 $e \in Z_q^m$。

引理 11.6(格基扩展算法，ExtBasis) 对于一个确定性多项式时间算法 ExtBasis，其算法输入两个矩阵 $A \in Z_q^{n\times m}$ 和 $A \in Z_q^{n\times m'}$(其中 m'为任意正整数)以及格 $\Lambda_q^{\perp}(A)$的一组基 T_A，算法最终输出格 $\Lambda_q^{\perp}(A'')$(其中 $A''=A\|A'$)的一组基 $T_{A''}$，且满足 $\|\widetilde{T}_{A''}\|=\|\widetilde{T}_A\|$。

引理 11.7(格基随机化算法，RandBasis) 对于概率多项式时间算法 RandBasis，其算法输入为矩阵 $A \in Z_q^{n\times m}$，格 $A_q^{\perp}(A)$的一组基 T_A 和一个高斯参数 $\sigma>\|\widetilde{T}_A\|\omega(\sqrt{\log n})$，算法输出格的一组新基 T'_A，且满足 $0<\|T'_A\| \leqslant \sigma\sqrt{m}$。

引理 11.8(格基转化算法，ToBasis) 令 Λ 是一个 m 维的格，存在一个确定性多项式时间算法，其输入为格 Λ 的任意一组基以及格的一个满秩集合 $S=\{s_1, \cdots, s_m\}$，算法输出为格的一组基 T 满足 $\|\widetilde{T}\| \leqslant \|\widetilde{S}\|$ 和 $\|T\| \leqslant \|S\|\sqrt{m}/2$。

定义一个在 Z_q 上的 $m\times m$ 维低范数可逆矩阵 $R \in Z^{m\times m}$，此矩阵是通过算法 Sample $R(1^m)$实现的：

(1) 令 T 是格 Z^m 的标准基。

(2) 对于 $i=1, \cdots, m$，运行算法 Sample PreGaussian(Z^m, T, σ_R, 0)产生 r_i，其中 $\sigma_R=\sqrt{n\log q}\cdot\omega(\sqrt{\log m})$。

(3) 如果 $R\in Z^{m\times m}$ 在 Z_q 上可逆，则输出 R；否则重复步骤(2)。

设矩阵 $A\in Z_q^{m\times m}$，低范数可逆矩阵 $T_A\in Z_q^{m\times m}$ 是格 $\Lambda_q^{\perp}(A)$的短基。定义 $B=AR^{-1}\in Z_q^{n\times m}$，其中 $R\in Z^{m\times m}$ 是 Z_q 上可逆低范数矩阵，注意到矩阵 B 的维数与矩阵 A 的维数一样，并且从格 $\Lambda_q^{\perp}(B)$的短基很难恢复出格 $\Lambda_q^{\perp}(A)$的短基。格基代理算法 NewBasisDel(A, R, T_A, σ)具体步骤如下：

(1) 令 $T_A=\{a_1, \cdots, a_m\}$，并计算 $T'_B=\{Ra_1, \cdots, Ra_2\}$。

(2) 将 T'_B 转化为格 $\Lambda_q^{\perp}(B)$的另一短基 T''_B。

(3) 运行算法 RandBasis(T''_B, σ)输出格 $\Lambda_q^{\perp}(B)$的最终盲化基 T_B。

引理 11.9(格基代理算法，NewBasisDel)　令 $q>2$，$A\times Z_q^{n\times m}$，以及 $R\in Z^{m\times m}$ 取自分布 $D_{m\times m}$($D_{m\times m}$ 定义为$(D_{Z^m\sigma_R})^m$，即在 $Z^{m\times m}$ 上的低范数可逆矩阵)，高斯参数 σ 满足 $\sigma>\|\widetilde{T}_A\|\cdot\sigma_R\sqrt{m}\,\omega(\log^{3/2}m)$。令 T_A 是格 $\Lambda_q^{\perp}(A)$的短基，存在一个 PPT(Probabilistic Polynomial Time)算法 NewBasisDel(A, R, T_A, σ)，输出格 $\Lambda_q^{\perp}(B)(B=AR^{-1})$的短基 T_B，且 T_B 的分布统计接近于随机算法 RandBasis(T, σ)的输出分布，其中 T 是格 $\Lambda_q^{\perp}(B)$的任意基且满足 $\|\widetilde{T}\|<\sigma/\omega(\sqrt{\log m})$。

下面的算法 SampleRwithBasis(A)在格基安全性证明方面有着重要的作用。算法具体描述如下：

(1) 令 $a_1, \cdots, a_m\in Z_q^n$ 是矩阵 $A\in Z_q^{n\times m}$ 的 m 个列向量。

(2) 运行算法 TrapGen(q, n)产生矩阵 $B\in Z_q^{n\times m}$，以及格 $\Lambda_q^{\perp}(B)$的短基 T_B，使得 $\|\widetilde{T}_B\|\leqslant\sigma_R/\omega(\sqrt{\log m})$。

(3) 对于 $i=1, \cdots, m$，执行如下：

① 运行算法 Sample Pre(B, T_B, a_i, σ_R)产生 $r_i\in Z^m$，这样 $Br_i=a_i \bmod q$，r_i 取自于一个统计接近于 $D_{\Lambda^{ai}(B),\sigma_R}$ 的分布之中。

② 重复步骤①，直到 $r_i\in Z_q$ 线性独立于前面向量 $r_1, \cdots, r_{i-1}$。

(4) 令 $R\in Z^{m\times m}$ 是矩阵，它包含 m 个列向量 $r_1, \cdots, r_m$。那么 R 秩为 m，算法最终输出可逆矩阵 R 和 T_B。

构造 $BR=A \bmod q$，这样 $B=AR^{-1}\bmod q$，因此矩阵 T_B 是格 $\Lambda_q^{\perp}(AR^{-1})$的短基。

引理 11.10 (格基模拟算法，SampleRwithBasis)　令 $m>2n\log q$，q 为奇素数，矩阵 $A\in Z_q^{n\times m}$，算法 SampleRwithBasis(A)输出一个统计接近于分布 $D_{m\times m}$ 中的随机矩阵 $R\in Z^{m\times m}$。此外产生的格 $\Lambda_q^{\perp}(B)(B=AR^{-1})$的短基 T_B，以压倒性的概率满足 $\|\widetilde{T}_B\|<\sigma_R/\omega(\sqrt{\log m})$。

引理 11.11　给定矩阵 $M\in Z_q^{n\times m_1}$，以及离散高斯参数 $\sigma\geqslant\|\widetilde{T}_A\|\cdot\omega(\sqrt{\log(m+m_1)})$，存在一个 PPT 算法 SampleLeft($A$, M, T_A, ξ, σ)输出一个统计接近于分布 $D_{\Lambda_q^{\xi}(F_1),\sigma}$ 中的一个随机向量 $e\in Z_q^{m+m_1}$，其中 $F_1=A|M$，于是 $F_1e=\xi \bmod q$。A 是秩为 n 的矩阵，则存在算法 SampleBasisLeft(A, M, T_A, σ)输出格 $D_{\Lambda_q^{\perp}(F_1),\sigma}$ 的一个格基。

11.2 抗密钥泄露的格基云存储数据审计方案

11.2.1 背景描述

随着大量移动设备以及一些不安全的密码设备的应用，密钥泄露更容易发生。如果仅依靠密码学困难问题假设来获得签名私钥，敌手更容易入侵到用户的存储设备获取到用户的签名私钥。因此，签名私钥泄漏问题已成为现有数字签名算法的重大安全威胁。当前绝大部分云存储数据完整性审计方案没有考虑因用户签名私钥泄露，从而可能导致的签名伪造以及产生伪造的完整性审计响应信息的问题。同时在密钥更新过程中，目前的方案采用了二叉树技术实现用户签名私钥的更新，计算效率和通信效率都比较慢，而且还不能抵抗量子计算机的攻击。此外，当前的绝大多数外包云存储数据完整性审计方案都是基于证书的，这使得用户公钥证书管理存在着诸多复杂问题。考虑到大数据将会在量子时代长期存在，因此设计能够抵抗量子攻击的抗密钥泄露的格基云存储数据公共审计方案具有重要的应用价值。

11.2.2 方案基本步骤

抗密钥泄露的格基云存储数据公共审计方案的基本步骤如下。

(1) **系统初始阶段**：系统首先对数据文件进行分块处理，设置此阶段所需格密码算法的安全参数以及安全的哈希函数。密钥产生中心调用格基代理算法产生云用户和云服务器的公私钥。

(2) **密钥更新阶段**：给定终端用户身份、系统预先设置的密钥更新周期以及当前时刻终端用户的签名私钥，终端用户调用格基代理算法产生下一时刻的终端用户的签名私钥。

(3) **审计证明产生阶段**：终端用户调用格基前向安全同态数字签名算法产生数据块的签名，再利用一个简单签名算法计算数据文件标签，将数据块的签名集合、数据文件及其签名发送到云服务器，并且终端将签名集合以及原来的数据文件删除。

(4) **完整性审计挑战应答阶段**：第三方审计者产生完整性审计挑战信息给云服务器，云服务器根据完整性审计挑战信息，计算组合信息以及聚合签名，选取随机向量，并运用格基原像抽样算法产生此随机向量的数字签名，将组合信息盲化，并发送完整性审计证明响应信息给第三方审计者。最后，第三方审计者按照格基前向安全同态数字签名算法的验证方法来验证此完整性审计证明响应信息的有效性。

11.2.3 方案具体设计

抗密钥泄露的格基云存储数据公共审计方案包括以下基本步骤：Setup(初始化)，KeyExtract(密钥生成)，KeyUpdate(密钥更新)，SigGen(签名产生)，ProofGen(完整性审计挑战)，VerifyProof(完整性审计证明验证)。

1. Setup

Setup包括以下四个子步骤：

(1) 系统首先将数据文件F分成ℓ个数据块$F=\{M_1, M_2, \cdots, M_\ell\}$，其中$M_j \in Z_q^m$，$1 \leqslant j \leqslant \ell$。

(2) 对于安全参数n，设置素数$q=\text{poly}(n)$，整数$m \geqslant 2n\log q$，设置χ为离散高斯噪声分布。为了两个算法SamplePre，NewBasisDel能够正确运行，系统分别设置两组安全的高斯参数δ，$(\sigma_0, \cdots, \sigma_\ell)$。

(3) 设置抗碰撞的安全哈希函数$H_1: \{0, 1\}^* \to Z^{m \times m}$，$H_1$的输出值在$D_{m \times m}$分布中，以及哈希函数$H_2: Z_q^{n \times m} \times \{0, 1\}^* \to Z_q^n$，$H_3: \{0, 1\}^* \to Z_q^n$，$H_4: Z_q^n \to Z_q$。

(4) 系统运行陷门产生函数TrapGen产生密钥产生中心PKG的主公钥A，主私钥T_A。系统再选取一个简单的数字签名算法SSig，其公私钥对(apk, ssk)。

2. KeyExtract

PKG利用自己的主私钥T_A产生终端用户身份信息$\text{id}=\text{ID}_u \parallel T$对应的私钥$\text{SK}_{\text{id}\parallel 0}$，其中$\text{ID}_u$为终端用户的身份，$T$为预先设置的密钥更新的时间周期。此过程包括以下两个子步骤：

(1) 设置$R_{\text{id}\parallel 0}=H_1(\text{id} \parallel 0) \in Z_q^{m \times m}$，计算$A_{\text{id}\parallel 0}=A(R_{\text{id}\parallel 0})^{-1}$。

(2) PKG调用算法NewBasisDel$(A, R_{\text{id}\parallel 0}, T_A, \sigma_0)$产生$\text{SK}_{\text{id}\parallel 0}=T_{\text{id}\parallel 0}$作为终端用户的私钥，然后PKG通过安全信道发送给终端用户。

PKG以类似的方式可以产生云服务器的身份ID_c对应的私钥，由于本方案只考虑用户签名私钥泄露的情况，这里PKG只需计算$R_{\text{ID}_c}=H_1(\text{ID}_c) \in Z_q^{m \times m}$，并运行NewBasisDel$(A, H_1(\text{ID}_c), T_A, \sigma_0)$产生$\text{SK}_{\text{ID}_c}=T_{\text{ID}_c}$作为云服务器的私钥。

3. KeyUpdate

给定$(\text{id}, i, T_{\text{id}\parallel i-1})$，其中$\text{id}=\text{ID}_u \parallel T$，$i$是当前时刻，$\text{SK}_{\text{id}\parallel i-1}=T_{\text{id}\parallel i-1}$为$i-1$时刻的签名私钥，云用户执行步骤如下：

(1) 如果$i=1$，$T_{\text{id}\parallel 0}$即为用户此时的私钥。

(2) 计算$R_{\text{id}\parallel i-1}=H_1(\text{id} \parallel i-1) \cdots H_1(\text{id} \parallel 0) \in Z_q^{m \times m}$，$A_{\text{id}\parallel i-1}=A(R_{\text{id}\parallel i-1})^{-1}$作为$i-1$时刻的$T_{\text{id}\parallel i-1}$。

(3) 计算$R_i=H_1(\text{id} \parallel i)$，然后运行算法NewBasisDel$(A_{\text{id}\parallel i-1}, R_i, T_{\text{id}\parallel i-1}, \sigma_i)$产生$T_{\text{id}\parallel i}$，最后，返回$\text{SK}_{\text{id}\parallel i}=T_{\text{id}\parallel i}$。

4. SigGen

给定数据文件$F=\{M_1, M_2, \cdots, M_\ell\}$，文件名称为$\text{name} \in \{0, 1\}^*$，对于每一个数据块$M_i \in Z_q^m$，输入当前时刻$i$，用户的公钥$A_{\text{id}\parallel i}$，云服务器的公钥$A_{\text{ID}_c}$，终端用户的私钥$T_{\text{id}\parallel i}$，其中$\text{id}=\text{ID}_u \parallel T$，终端用户$\text{ID}_u$产生数据块的签名如下：

(1) 计算n个向量$\lambda_{i,k}=H_2(A_{\text{id}\parallel i} \parallel \text{name} \parallel k) \in Z_q^n$，$1 \leqslant k \leqslant n$。

(2) 对于每一个数据块M_i，$1 \leqslant j \leqslant \ell$，计算$\rho_i=H_3(\text{name} \parallel j)+A_{\text{ID}_c}M_i$，并计算内直积$f_{i,j,k}=\langle \rho_i, \lambda_{i,k} \rangle$，$1 \leqslant j \leqslant \ell$，得到$f_{i,j}=(f_{i,j,1}, \cdots, f_{i,j,n})^{\mathrm{T}}$。

(3) 对于每一个$j \in \{1, 2, \cdots, \ell\}$，云用户运行算法SamplePre$(A_{\text{id}\parallel i}, T_{\text{id}\parallel i}, f_{i,j}, \delta$

得到签名 $\theta_{i,j}\in Z_q^m$。

定义签名集合为 $\Omega_i=\{\theta_{i,j}\}_{1\leqslant j\leqslant \ell}$，为了确保数据文件名称 name 的完整性，云用户调用一个简单数字签名算法计算 $\xi=\text{name}\parallel \text{SSig}_{\text{ssk}}(\text{name})$ 作为数据文件 F 的标签，其中 $\text{SSig}_{\text{ssk}}(\text{name})$ 是利用这个签名算法的私钥 ssk 对 name 进行签名得到的。最后，云用户发送 $\{i, F, \xi, \Omega_i\}$ 给云服务器，并在客户本地端删除这些信息。

5. ProofGen

第三方审计者 TPA 首先取回数据文件标签 ξ，并利用公钥 spk 验证签名 $\text{SSig}_{\text{ssk}}(\text{name})$ 的有效性。当验证完标签的有效性之后，TPA 产生完整性审计挑战信息如下：从集合 $\{1, 2, \cdots, \ell\}$ 中选择一个含有 c 个元素的子集 $\mathcal{J}=\{\ell_1, \cdots, \ell_c\}$；TPA 选取一个随机比特串 $\nu=\{\nu_{i,\ell_1}, \nu_{i,\ell_2}, \cdots, \nu_{i,\ell_n}\}\in\{0, 1\}^c$，最后 TPA 发送审计挑战信息 $\text{chal}=\{j, \nu_{i,j}\}_{j\in\mathcal{J}}$ 给云服务器。

一旦接收到完整性审计挑战信息 $\text{chal}=\{j, \nu_{i,j}\}_{j\in\mathcal{J}}$，云服务器计算组合信息块 $\mu_i=\sum\nu_{i,j}M_j$，以及聚合签名 $\theta_i=\sum\nu_{i,j}\theta_{i,j}$。为了进一步盲化数据块 μ_i，云服务器选取随机向量 $w_i\in Z_q^n$。然后运行算法 $\text{SamplePre}(A_{\text{ID}_c}, T_{\text{ID}_c}, w_i, \delta)$ 产生 w_i 数字签名 β_i。然后，云服务器计算 $\mu'_i=\beta_i+H_4(w_i)\mu_i$，发送 $\{\mu_i, \theta_i, w_i\}$ 作为完整性审计证明响应信息给 TPA。

6. VerifyProof

TPA 按照如下步骤验证完整性审计证明响应信息的有效性：

(1) 计算 n 个向量 $\lambda_{i,k}=H_2(A_{\text{id}\parallel i}\parallel \text{name}\parallel k)\in Z_q^n$，$1\leqslant k\leqslant n$。

(2) 计算 $\eta_i=H_4(w_i)\sum\nu_{i,j}H_3(\text{name}\parallel j)+A_{\text{ID}_c}\mu'_i-w_i\in Z_q^n$。

(3) 计算内直积 $f_{\mathcal{I}k}=\langle\eta_i, \lambda_{i,k}\rangle$，$1\leqslant k\leqslant n$，于是得到 $f_{\mathcal{I}}=(f_{\mathcal{I}1}, f_{\mathcal{I}2}, \cdots, f_{\mathcal{I}n})^{\mathrm{T}}$。

(4) 验证方程 $H_4(w_i)A_{\text{id}\parallel i}\theta_i=f_{\mathcal{I}}$ 和不等式 $0<\parallel\theta_i\parallel\leqslant c\delta\sqrt{m}$ 是否成立。

11.2.4 方案正确性证明

抗密钥泄露的格基云存储数据公共审计方案的正确性证明如下。

根据以上抗密钥泄露的格基云存储数据公共审计方案检验过程，得知验证方程的正确性推导详细过程如下：

$$
\begin{aligned}
H_4(w_i)A_{\text{id}\parallel i}\theta_i &= H_4(w_i)A_{\text{id}\parallel i}\sum_{j\in\mathcal{J}}\nu_{i,j}\theta_{i,j}\\
&= H_4(w_i)\sum_{j\in\mathcal{J}}\nu_{i,j}A_{\text{id}\parallel i}\theta_{i,j}\\
&= H_4(w_i)\sum_{j\in\mathcal{J}}\nu_{i,j}f_{i,j}\\
&= H_4(w_i)\sum_{j\in\mathcal{J}}\nu_{i,j}(\langle\rho_j, \lambda_{i,1}\rangle, \langle\rho_j, \lambda_{i,2}\rangle, \cdots, \langle\rho_j, \lambda_{i,n}\rangle)^{\mathrm{T}}\\
&= H_4(w_i)\Big(\langle\sum_{j\in\mathcal{J}}\nu_{i,j}\rho_j, \lambda_{i,1}\rangle, \cdots, \langle\sum_{j\in\mathcal{J}}\nu_{i,j}\rho_j, \lambda_{i,n}\rangle\Big)^{\mathrm{T}}\\
&= H_4(w_i)\Big(\langle\sum_{j\in\mathcal{J}}\nu_{i,j}H_3(\text{name}\parallel j)+A_{\text{ID}_c}\mu_i, \lambda_{i,1}\rangle, \cdots,\\
&\qquad \langle\sum_{j\in\mathcal{J}}\nu_{i,j}H_3(\text{name}\parallel j)+A_{\text{ID}_c}\mu_i, \lambda_{i,n}\rangle\Big)^{\mathrm{T}}
\end{aligned}
$$

$$=\Big(\langle H_4(w_i)\sum_{j\in\mathcal{J}}\nu_{i,j}H_3(\text{name}\,\|\,j)+A_{\text{ID}_c}(\mu_i'-\beta_i),\ \lambda_{i,1}\rangle,\ \cdots;$$
$$H_4(w_i)\sum_{j\in\mathcal{J}}\nu_{i,j}H_3(\text{name}\,\|\,j)+A_{\text{ID}_c}(\mu_i'-\beta_i),\ \lambda_{i,n}\rangle\Big)^{\mathrm{T}}$$
$$=\Big(\langle H_4(w_i)\sum_{j\in\mathcal{J}}\nu_{i,j}H_3(\text{name}\,\|\,j)+A_{\text{ID}_c}(\mu_i'-w_i),\ \lambda_{i,1}\rangle,\ \cdots;$$
$$H_4(w_i)\sum_{j\in\mathcal{J}}\nu_{i,j}H_3(\text{name}\,\|\,j)+A_{\text{ID}_c}(\mu_i'-w_i),\ \lambda_{i,n}\rangle\Big)^{\mathrm{T}}$$
$$=(\langle\eta_i,\ \lambda_{i,1}\rangle,\ \cdots,\ \langle\eta_i,\ \lambda_{i,n}\rangle)^{\mathrm{T}}$$
$$=(f_{\mathcal{I}1},\ f_{\mathcal{I}2},\ \cdots,\ f_{\mathcal{I}m})^{\mathrm{T}}$$
$$=f_{\mathcal{I}}$$

这样方程 $H_4(w_i)A_{\text{id}\,\|\,i}\theta_i=f_{\mathcal{I}}$ 成立。此外，由于 $\theta_{i,j}$ 是在 i 时刻数据块 M^i 的数字签名，于是，对于每一个 $j\in\{1,2,\cdots,\ell\}$，$0<\|\theta_{i,j}\|\leqslant\delta\sqrt{m}$ 成立，因此不等式 $0<\|\theta_i\|\leqslant c\delta\sqrt{m}$ 成立。

11.2.5　方案小结

本节设计的抗密钥泄露的格基云存储数据公共审计方案能够防止因用户签名私钥泄漏而造成数字签名伪造以及完整性审计证明响应信息的伪造，且该完整性审计方法基于格上非齐次小整数解(ISIS)困难性问题能够确保恶意云服务器不能产生伪造的完整性检验证明响应信息欺骗 TPA 通过审计验证过程。该完整性审计方法利用格上原像抽样函数技术实现随机掩饰码的构造，可有效防止 TPA 从数据文件中恢复出云用户的原始数据块信息。该审计方案在计算量方面非常有利于 TPA，它并不需要计算开销较大的模指数运算和双线性对运算，只需计算有限的线性方程就能成功验证存储在云服务器上的数据完整性，这在后量子通信环境中具有很大的实际应用价值。

11.3　支持数据代理上传的格基云存储数据审计方案

11.3.1　背景描述

云存储数据完整性审计方案能够有效解决远程数据完整性验证的问题，支持数据代理上传的格基外包云存储数据完整性审计方案，这不仅能够释放终端用户管理数据的压力，还避免了终端用户对存储在云服务器上的远程数据遭到篡改的问题。在一些特殊的应用环境中，数据拥有者访问公共云服务器的权利受限，如数据拥有者(经理)可能因为经济纠纷问题或者被投诉其具有商业欺骗的行为而遭到质疑和调查。为了防止合谋欺骗，数据拥有者暂时被取消处理公司的相关数据的权利，但是这段时间内这位数据拥有者(经理)的合法事物还需要继续处理。他所在的公司每日产生海量的数据，为了不让公司遭受损失，他将指定代理者(如秘书)帮助其及时处理公司的数据。目前已经出现很多具有数据完整性验证功能的云存储数据完整性审计方案，而真正具有支持数据代理上传的云存储数据完整性审计方案还非常少，而且这些方案不能抵抗量子计算机的攻击。这是因为云存储数据完整性审计方案是基于需要计算开销更高的双线性对运算设计的，其安全性是基于离散对数的密码学困难问题，这在量子计算的环境下是很容易被攻破的。

因此，考虑到大数据将会在量子时代长期存在，研究支持数据代理上传的基于格困难问题假设的云存储完整性审计方案具有重要的应用价值。并且，在这类审计方案中应要求原始数据拥有者不仅需要授权代理者帮助其产生数据的签名和上传数字签名到云服务器，而且需要数据拥有者指定一个专门的可信审计者帮助其检验存储在云服务器上的数据完整性。此外，为了避免复杂的证书管理，设计的完整性审计方案需要在基于身份的密码学基础上设计。

支持数据代理上传的格基云存储数据审计方案的基本步骤如下。

(1) 系统初始阶段：系统首先对数据文件进行分块处理，设置此阶段所需格密码算法的安全参数以及安全的哈希函数。密钥产生中心调用格基代理算法分别产生原始签名者、代理签名者以及云服务器的公私钥对。

(2) 代理签名私钥产生阶段：原始签名者授权代理签名权利给代理签名者，利用原像抽样算法导出基于代理授权委任书的合法签名。这里授权委任书中有明确的关于原始签名者和代理签名者的执行权利信息描述，验证者将其作为验证信息的组成部分。代理签名者验证授权委任书签名的有效性，并据此利用格基代理算法产生代理签名私钥。

(3) 数据代理签名产生与上传阶段：代理签名者利用自己的代理签名私钥，调用格上基于身份的线性同态代理签名算法产生原始签名者的数据文件的代理签名，代理签名者将这些数据文件、文件名称以及数据文件的代理签名的集合上传到公共云服务器，并且在客户端将这些数据删除。

(4) 完整性审计证明产生与验证阶段：可信审计者产生完整性审计挑战信息给云服务器，云服务器根据完整性审计挑战信息，计算聚合数据文件以及聚合签名并选取随机向量作为盲化种子信息，运行原像抽样算法产生此随机向量的数字签名，将聚合数据文件盲化，并发送完整性审计证明响应信息给可信审计者。最后，可信审计者按照格上基于身份的线性同态代理签名算法的验证步骤来验证此完整性审计证明响应信息的有效性。

11.3.2 方案具体设计

本节给出支持数据代理上传的格基云存储数据审计方案的详细设计，该完整性审计方案包括以下基本步骤：**Setup**，**KeyExtract**，**Proxy-key Generation**，**SigGen**，**ProofGen**，**VerifyProof**。

1. Setup

Setup 包括以下两个子步骤：

(1) 系统将预处理文件 F 分为ℓ个数据块，即 $F=(F_1, F_2, \cdots, F_\ell)$，其中 $F_i\in Z_q^m$，代表 F 中的第 i 个数据块，其中 $1\leqslant i\leqslant \ell$。对于安全参数 n，设置素数 $q=\mathrm{poly}(n)$，整数 $m\geqslant 2n\log q$，设置 χ 为离散高斯噪声分布。为了格基代理算法 NewBasisDel，原像抽样算法 SamplePre 能够正确运行，系统分别设置两个安全的高斯参数 σ_1，σ_2。

(2) 系统运行陷门产生函数 TrapGen 产生密钥产生中心的主公钥 A，主私钥 T_A。设置抗碰撞的安全哈希函数 H_1：$\{0, 1\}^* \to Z_q^{m\times m}$，哈希函数 H_2：$\{0, 1\}^* \times Z_q^n \to Z_q^n$，$H_3$：$\{0, 1\}^* \times Z_q^m \to Z_q^{m\times m}$，$H_4$：$\{0, 1\}^* \to Z_q^n$，$H_5$：$Z_q^n \to Z_q$，其中，$H_1$ 和 H_3 的输出值在 $\mathcal{D}_{m\times m}$ 分布中。系统输出公共参数 $\Sigma = \{A, H_1, H_2, H_3, H_4, H_5\}$。

2. KeyExtract

输入系统公共参数 $\Sigma = \{A, H_1, H_2, H_3, H_4, H_5\}$，主私钥 T_A，原始签名者身份 ID_o，密钥产生中心 KGC(Key Generation Centre)计算原始签名者 ID_o 的私钥如下：

(1) 令 $R_{\mathrm{ID}_o} = H_1(\mathrm{ID}_o) \in Z_q^{m\times m}$，计算 ID_o 的公钥 $Q_{\mathrm{ID}_o} = A(R_{\mathrm{ID}_o})^{-1}$。

(2) KGC 运行算法 NewBasisDel$(A, R_{\mathrm{ID}_o}, T_A, \sigma_1)$产生格 $\Lambda_q^{\perp}(Q_{\mathrm{ID}_o})$上随机格基 $T_{\mathrm{ID}_o} \in Z_q^{m\times m}$ 作为 ID_o 对应的私钥，然后，KGC 发送 T_{ID_o} 给原始签名者。以类似方法，输入代理签名者的身份 ID_p，得到代理签名者的私钥 $T_{\mathrm{ID}_p} \in Z_q^{m\times m}$，输入云服务器的身份 ID_c，得到云服务器私钥 $T_{\mathrm{ID}_c} \in Z_q^{m\times m}$。

3. Proxy-key Generation

为了产生代理签名私钥，原始签名者 ID_o 与代理签名者 ID_p 交互如下：

(1) 原始签名者 ID_o 根据代理签名要求产生授权委任书 m_ω。该授权委任书 m_ω 包括明确的代理签名权利和原始签名者的信息。代理签名者 ID_p 不能处理或上传原始签名者 ID_o 的数据，除非代理签名者 ID_p 的权限满足授权委任书 m_ω 的内容。ID_o 选择一个随机的向量 $v_\omega \leftarrow Z_q^n$，并利用哈希函数 H_2 计算：向量 $u_\omega = H_2(\mathrm{ID}_o \| \mathrm{ID}_p \| m_\omega \| v_\omega) \in Z_q^n$，然后运行原像抽样算法 SamplePre$(Q_{\mathrm{ID}_o}, T_{\mathrm{ID}_o}, u_\omega, \sigma_2)$产生 m 维向量 $\theta_\omega \in Z_q^m$。最后，原始签名者 ID_o 发送授权委任书的签名信息$(m_\omega, v_\omega, \theta_\omega)$给代理签名者 ID_p。这里，每一个人都能够验证授权委任书 m_ω 的签名信息有效性。

(2) 一旦接收到来自原始签名者 ID_o 的授权委任书 m_ω 的签名消息$(m_\omega, v_\omega, \theta_\omega)$，代理签名者 ID_p 通过验证方程 $Q_{\mathrm{ID}_o}\theta_\omega = H_2(\mathrm{ID}_o \| \mathrm{ID}_p \| m_\omega \| v_\omega)$和不等式 $0 < \|\theta_\omega\| \leqslant \sigma_2\sqrt{m}$ 是否成立，如果二者都成立，则授权委任书 m_ω 签名是有效的。如果验证不成功，代理签名者 ID_p 拒绝，并通知原始签名者 ID_o。接下来，代理签名者 ID_p 利用哈希函数 H_3 计算 $R_\omega = H_3(\mathrm{ID}_o \| \mathrm{ID}_p \| m_\omega \| \theta_\omega) \in Z_q^{m\times m}$，运行格基代理算法 NewBasisDel$(Q_{\mathrm{ID}_p}, R_\omega, T_{\mathrm{ID}_p}, \sigma_1)$产生代理签名者 ID_p 的代理签名私钥 $T_{pro} \in Z_q^{m\times m}$。

4. SigGen

当代理签名者 ID_p 满足授权委任书 m_ω 的代理权利范围，代理签名者 ID_p 将帮助原始签名者 ID_o 产生签名并上传数据到云服务器。利用代理签名私钥 $T_{\mathrm{pro}} \in Z_q^{m\times m}$，代理签名者 ID_p 产生数据文件 $F = (F_1, F_2, \cdots, F_\ell)$签名步骤如下：

(1) 计算代理签名公钥 $Q_{\mathrm{pro}} = Q_{\mathrm{ID}_p} R_\omega^{-1} = AR_{\mathrm{ID}_p}^{-1} R_\omega^{-1} \in Z_q^{n\times m}$，利用哈希函数 H_4 计算关于数据块 $F_i \in Z_q^m$ 的线性数据块 $H_4(N_i \| i) + Q_{\mathrm{ID}_c} F_i \in Z_q^n$(其中，$N_i$ 代表第 i 个数据块 F_i 的文件名称，Q_{ID_c} 是云服务器的公钥)，运行原像抽样算法 SamplePre$(Q_{\mathrm{pro}}, T_{\mathrm{pro}}, H_4(N_i \| i) + Q_{\mathrm{ID}_c} F_i, \sigma_2)$产生 $e_i \in Z_q^m$。

(2) 对于每一个数据块 F_i，计算 n 维向量 $\eta_i = H_4(N_i \| i) + Q_{\mathrm{ID}_c} F_i \in Z_q^n$，以及内直积 $\rho_{i,j} = \langle \eta_i, \lambda_j \rangle \in Z_q$，$1 \leqslant j \leqslant n$，$1 \leqslant i \leqslant \ell$，其中向量 $\lambda_j = H_4(\mathrm{ID}_p \| j) \in Z_q^n$，设置 $\rho_i =$

$(\rho_{i,1}, \cdots, \rho_{i,n})^{\mathrm{T}} \in Z_q^n$。最后，代理签名者 ID_p 运行原像抽样算法 SamplePre(Q_{pro}，T_{pro}，ρ_i，σ_2)产生向量 $e_i \in Z_q^m$。定义签名集合 $\Psi = \{e_i\}_{1 \leqslant i \leqslant \ell}$。代理签名者 ID_p 得到所有的数据 $\{(F_i, N_i, e_i), 1 \leqslant i \leqslant \ell\}$，并上传这些数据到公共云服务器。

(3) 云服务器首先验证代理签名者 ID_p 是否满足授权委任书 m_ω 的权利范围。如果不满足，云服务器拒绝提供存储服务。如果满足，云服务器再进一步验证授权委任书 m_ω 的签名信息(m_ω，v_ω，θ_ω)，即验证方程 $Q_{\mathrm{ID}_o}\theta_\omega = H_2(\mathrm{ID}_o \| \mathrm{ID}_p \| m_\omega \| v_\omega)$ 和不等式 $0 < \|\theta_\omega\| \leqslant \sigma_2\sqrt{m}$ 是否成立。如果二者成立，云服务器确定 m_ω 是有效的，云服务器接收并存储相关数据。否则，云服务器拒绝提供此次存储服务，并通知原始签名者 ID_o 再次授权代理上传数据。

5. ProofGen

假设原始签名者 ID_o 授权远程数据完整性审计任务给可信的第三方审计者 TPA(Third Party Auditor)。为了验证数据文件 $F = (F_1, F_2, \cdots, F_\ell)$ 真实存在于云服务器，可信审计者 TPA 从集合 $\{1, 2, \cdots, \ell\}$ 中随机选取含有 c 个元素的子集 $\Omega = \{l_1, \cdots, l_c\}$。相应地，可信审计者 TPA 选取随机比特串 $\beta = (\beta_{l_1}, \cdots, \beta_{l_c}) \in \{0, 1\}^c$。最后可信审计者 TPA 发送完整性审计挑战信息 $\mathrm{chal} = \{i, \beta_i\}_{i \in \Omega}$ 给云服务器，挑战信息定位了需要被验证的数据块。

一旦接收到来自可信审计者 TPA 的完整性审计挑战信息 $\mathrm{chal} = \{i, \beta_i\}_{i \in \Omega}$，云服务器计算聚合数据块 $f' = \sum_{i=l_1}^{i=l_c} \beta_i F_i \in Z_q^m$，聚合签名 $e = \sum_{i=l_1}^{i=l_c} \beta_i e_i \in Z_q^m$，为了进一步盲化聚合数据块 f'，云服务器随机选取向量 $\xi \leftarrow Z_q^n$，并运行原像抽样算法 SamplePre(Q_{ID_c}，T_{ID_c}，ξ，σ_2)产生向量 ξ 的签名 $h \in Z_q^m$。最后，云服务器利用哈希函数 H_6 计算盲化后的聚合数据块 $f = f' + hH_5(\xi) \in Z_q^m$，然后发送完整性审计证明响应信息 $\mathrm{proof} = (f, e, \xi)$ 给可信审计者 TPA，作为完整性审计证明响应信息。

6. VerifyProof

一旦接收完整性审计证明响应信息 $\mathrm{proof} = (f, e, \xi)$，可信审计者 TPA 验证其有效性步骤如下：

(1) 计算 n 维向量 $\eta_i = H_4(N_i \| i) + Q_{\mathrm{ID}_c} F_i \in Z_q^n$，$1 \leqslant i \leqslant \ell$，利用哈希函数 H_5 计算向量 $\lambda_j = H_4(\mathrm{ID}_p \| j) \in Z_q^n$，$1 \leqslant j \leqslant n$。

(2) 利用 η_i 和 λ_j 计算内直积 $\rho_{i,j} = \langle \eta_i, \lambda_j \rangle \in Z_q$，其中 $1 \leqslant i \leqslant \ell$，$1 \leqslant j \leqslant n$，设置向量 $\rho_i = (\rho_{i,1}, \cdots, \rho_{i,n})^{\mathrm{T}} \in Z_q^n$，设置矩阵 $B = (\lambda_1, \cdots, \lambda_n)^{\mathrm{T}}$，并计算向量 $\mu = B(\sum_{i=l_1}^{i=l_c} \beta_i H_4(N_i \| i) + Q_{\mathrm{ID}_c} f - \xi H_5(\xi) \in Z_q^n$。最后可信审计者 TPA 验证方程 $Q_{\mathrm{pro}} e = \mu \bmod q$ 和不等式 $0 < \|e\| \leqslant c\sigma_2\sqrt{m}$ 是否成立。

11.3.3 方案正确性证明

根据以上支持数据代理上传的格基云存储数据审计过程，得知验证方程的正确性推导详细过程如下：

$$
\begin{aligned}
Q_{\text{pro}}e &= Q_{\text{pro}}\sum_{i=l_1}^{i=l_c}\beta_i e_i = \sum_{i=l_1}^{i=l_c}\beta_i Q_{\text{pro}} e_i = \sum_{i=l_1}^{i=l_c}\beta_i \rho_i \\
&= \sum_{i=l_1}^{i=l_c}\beta_i (\langle \eta_i, \lambda_1\rangle, \cdots, \langle \eta_i, \lambda_n\rangle)^{\mathrm{T}} \\
&= \sum_{i=l_1}^{i=l_c}\beta_i B\eta_i = B\sum_{i=l_1}^{i=l_c}\beta_i (H_4(N_i \parallel i) + Q_{\text{ID}_c} F_i) \\
&= B(\sum_{i=l_1}^{i=l_c}\beta_i H_4(N_i \parallel i) + Q_{\text{ID}_c}(f - hH_5(\xi))) \\
&= B(\sum_{i=l_1}^{i=l_c}\beta_i H_4(N_i \parallel i) + Q_{\text{ID}_c} f - \xi H_5(\xi)) = \mu
\end{aligned}
$$

这样，验证方程 $Q_{\text{pro}}e = \mu \bmod q$ 成立。此外，由于向量 $e_i \in Z_q^m$（模 q 上的 m 维向量）是数据块 F_i 的签名，这样对于任意 $i \in \Omega = \{l_1, \cdots, l_c\} \subseteq \{1, 2, \cdots, \ell\}$，$0 < \| e_i \| \leqslant \sigma_2 \sqrt{m}$。因此，$0 < \| e \| = \| \sum_{i=l_1}^{i=l_c}\beta_i e_i \| \leqslant \| \sum_{i=l_1}^{i=l_c} e_i \| \leqslant c\sigma_2 \sqrt{m}$ 成立。

本节设计的支持数据代理上传的格基云存储数据审计方案，有助于数据拥有者授权给代理签名者产生数据的代理签名并上传到云服务器，有助于可信的审计者对云存储数据进行完整性审计。在安全性方面，该完整性审计方案基于格上非齐次小整数解困难性问题，能够有效防止恶意云服务器产生伪造的完整性审计证明响应信息欺骗可信审计者通过完整性验证过程。同时，该完整性审计方案利用格上原像抽样函数技术实现随机掩饰码的构造，可有效防止可信审计者从数据文件中恢复出原始签名者的原始数据块信息。可信审计者在执行云存储数据的完整性审计过程中，仅需要计算量有限的线性组合，而不需要计算代价更高的双线性对和模指数运算，因此在计算效率方面该审计方法非常有利于可信的审计者。此外，本方案是基于身份密码系统设计的，有效避免了公钥基础设施对公钥证书的复杂管理，同时能有效抵抗量子计算机的攻击，在后量子通信安全的云计算环境具有重要的应用价值。

11.4　基于生物特征身份的格上多关键词可搜索加密方案

11.4.1　背景描述

随着无线通信、物联网、人工智能技术的发展，用户的海量数据无时无刻不在产生。借助云存储服务，用户可以将他们的海量数据上传到云端，并通过互联网随时随地灵活访问。此类服务使用户无需进行本地存储管理和维护。尽管云存储服务带来了维护海量数据的巨大优势，但随之出现的安全和隐私问题可能会阻碍用户使用云存储和计算服务。人们普遍认为数据机密性是最重要的安全问题之一。事实上，从用户的角度来看，一些外包数据的内容非常敏感，很可能被敌手以未经授权的方式访问，因此用户不愿意让他们可见。因此，为了实现隐私保护，这些敏感数据需要在外包之前完全加密。

尽管云存储系统中的数据保密非常重要，但由于加密数据检索的困难，极大地限制了数据的可用性。因此，高效的加密数据共享是非常需要的。通常，数据所有者利用用户的公钥加密敏感数据，并进一步将密文外包给云存储服务器。为了检索加密数据，一个基本方法是下载存储在云服务器中的所有相应的密文，解密整个加密数据集，直到找到目标数据。然而，由于大量的通信开销和计算成本，这种方法并不适用。

Dan Boneh 等人首次提出的基于关键词搜索的公钥加密(PEKS)是一种可行的方案，可以在云存储系统中支持加密数据检索而不会泄露隐私。在实际中，数据所有者首先从敏感数据文件 F 中提取一个关键词 w，并在 PEKS 方案下产生与 w 相关联的安全索引 CT。同时，数据所有者用一般公钥加密算法产生 F 的密文 ξ，并将 $\mathrm{CT} \| \xi$ 上传到云服务器。当用户打算检索包含特定关键词 w 的加密数据文件 F 时，用户生成关键词 w 的陷门 β_w，并通过安全信道将其提交给云服务器。最终，通过使用陷门 β_w，云服务器基于加密数据的集合执行搜索和测试过程，并将与关键词 w 相关联的相应索引和密文返回给用户。

虽然 PEKS 方案有助于以保密方式检索加密的外包数据，但在云存储系统中广泛采用现有 PEKS 方案将存在两个主要阻碍。其一，复杂的量子计算技术将危及基于传统密码困难问题假设设计的 PEKS 方案。最近的突破性研究成果表明，量子计算机很有可能在不久的将来实现，从而导致对后量子安全 PEKS 方案要求更高，基于格的密码学由于其内在的独特特性被认为是最有前途的后量子安全密码，如基于最坏情况困难性的强安全证明以及高效的实现特征。其二，在公钥基础设施(PKI)上设计的 PEKS 方案将引入大量的证书管理成本，包括证书生成、存储、更新和撤销。而基于身份的密码系统使得可信的密钥生成器(PKG)能够根据身份的任何已知信息，例如姓名、手机号码或电子邮件地址，来生成私钥，从而避免了复杂的证书管理。

尽管基于身份的密码系统具有避免复杂证书管理的优点，但在这种系统中也存在一些固有的局限性。例如，如果身份信息选择不当(例如，使用“Jack”之类的通用名称)，用户的身份可能不是真正唯一的。用户需要通过出示特殊的补充文件来让 PKG 相信其真实身份。然而，相关证明文件可能被伪造。

相比之下，生物特征信息(例如指纹、虹膜和面部特征)作为身份的优势在于具有唯一的、不可伪造的和不可转让的特点，其使用的前提是用户可以在训练有素的操作员的监督下证明对生物特征的所有权。基于生物特征的身份很容易携带，而且不会被替换，使用生物特征身份意味着用户始终拥有公钥。因此，基于生物特征身份的多关键词搜索方案可以部署在更实用的加密数据共享场景中。例如，在基于生物特征的电子医疗云存储场景中，PKG 首先根据在训练有素的操作员监督下基于生物特征的身份 BID 生成私钥。用户在医院另一名训练有素的操作员的监督下，以新的基于生物特征的身份 BID′注册到电子医疗健康信息系统并享受后续服务。基于从用户身上检查出的关键生理参数，医生进行临床诊断，并且可以与用户共享相应的诊断报告和治疗。医生或助手作为数据拥有者，从诊断报告和疗法中提取关键词集，产生与基于生物特征身份 BID′相关联的关键词集的索引，使得具有基于生物特征身份 BID 的用户(例如患者)生成所选关键词集的陷门，并检索相应的加密数据(例如诊断结果和疗法)，当且仅当 BID 和 BID′通过某种度量标准将误差控制在一定距离内。

为了解决加密外包数据共享问题，并提供上述所有功能，本小节设计了一个基于生物特征身份的格上多关键词可搜索加密方案(BIB-MKS)，方案具有如下创新：

(1) 定义了 BIB-MKS 的形式化安全模型，基于随机预言机模型中判定性带误差的学习问题(LWE)的困难性假设给出了相应的安全性证明，从而使 BIB-MKS 实现了在抗量子计算环境下密文的不可区分性。

(2) BIB-MKS 通过在单个查询中发布多关键词搜索，显著改善了用户的搜索体验，进一步缩小了加密数据的搜索范围。此外，BIB-MKS 中的陷门大小和索引大小与搜索关键词的数量无关，这使得带宽资源最小化。

(3) BIB-MKS 应用格基代理技术为生物特征身份的每个组成部分构建提取算法，并利用 Shamir 秘密共享技术实现基于生物特征身份的多关键词搜索功能。因此，BIB-MKS 消除了公钥基础设施中的大量证书管理成本。当且仅当两个生物特征身份在一定误差距离范围内时，用户能够检索相应的加密数据。

(4) 综合性能评估证明 BIB-MKS 在后量子安全云存储系统中的可行性。特别地，在测试过程中，云服务器只需要在模 q 上执行简单的加法和乘法运算，而不需要耗时的密码运算，从而大大降低了从云服务器到用户的端到端延迟。

11.4.2 系统模型与安全威胁

1. 系统模型

基于生物特征身份的格上多关键词可搜索加密方案的系统模型如图 11.1 所示，包括密钥生成器(PKG)、数据所有者、用户和云服务器。

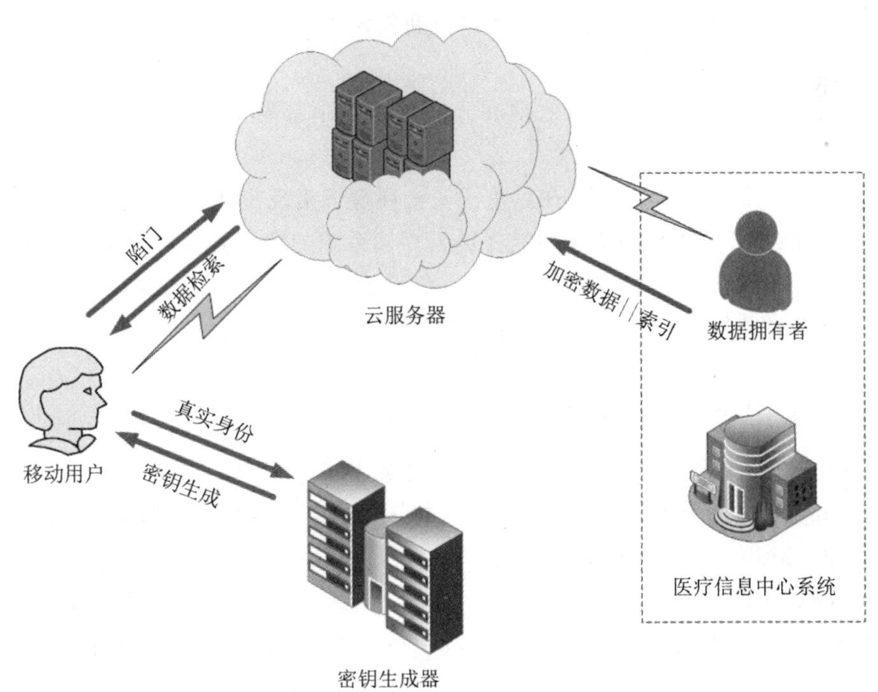

图 11.1　系统模型

（1）密钥生成器(PKG)：负责设置系统公共参数，为云存储系统中的不同实体生成和分发公私密钥对。

（2）数据拥有者：作为数据发送者，收集敏感数据文件并提取多个关键词，然后使用预期用户的公钥对这些数据以及数据中包含的多个关键词进行加密，最后将结果上传到云服务器。

（3）移动用户：作为数据接收者，选取多个关键词，利用私钥生成相应的搜索陷门，并将其转发给云服务器以检索目标加密数据。

（4）云服务器：提供强大的数据存储和计算服务。特别地，云服务器使用提交的陷门执行 BIB-MKS 的测试过程，当且仅当所涉及的两个生物特征身份根据某些度量判断彼此在一定距离内时返回目标加密数据。因此，可以在数据所有者和特定用户之间共享加密数据。

2. 安全威胁

BIB-MKS 存在以下两类挑战。

（1）如何实现基于生物特征身份的多关键词搜索功能。此前已经分析了存储系统中外包数据的内在特征，许多数据文件可能包含相同的关键词，因此用户执行单关键词查询效率低下，因为它总是返回不相关的搜索结果。此外，出于安全和方便，用户更喜欢利用他们的便携式生物特征信息(如指纹、虹膜和面部特征)来标识自己。因此，需要设计一种方案，使用户能够在基于生物特征身份的模型下检索加密数据并选定多个关键词的相应索引。

（2）如何实现 BIB-MKS 的可证明安全性。现有的 LWE 加密技术不能直接用于本方案的构建，需要将新的基于格的技术集成到 BIB-MKS 的设计中。因此，如何在 BIB-MKS 的形式化定义下提供可证明安全性，并将其归约到判定 LWE 问题的困难性假设，也是一个具有挑战性的问题。

要在上述挑战性问题下安全高效地在云存储系统中部署 BIB-MKS，应实现以下设计目标。

（1）可证明安全性：BIB-MKS 在后量子安全环境下实现密文不可区分性。

（2）高性能：BIB-MKS 保持高性能将是云存储系统的实际需求，特别是减少测试时间和搜索陷门通信开销(与搜索关键词的数量无关)将有助于最大限度地减少从云服务器到用户的端到端延迟。此外，消除 PKI 的复杂证书管理也是实际应用的需求。

11.4.3 方案的形式化定义

BIB-MKS 的形式化定义包含五个算法，描述如下：

（1）**Setup**：系统初始化以安全参数 κ 作为输入，输出系统公共参数集 Ω，PKG 的主公私钥对(MPK，MSK)。

（2）**KeyExtract**：该 PPT 算法由 PKG 执行。输入系统公共参数集 Ω，主公私钥对(MPK，MSK)和生物特征身份 $\mathrm{BID}=\{\mathrm{id}_1, \mathrm{id}_2, \cdots, \mathrm{id}_\ell\}\in(Z_q^n)^\ell$，PKG 为 BID 生成相应的私钥 T_{BID}。

（3）**BIB-MKS**：此 PPT 算法由数据所有者执行。数据所有者首先从数据文件中提取关键词集 W，然后输入系统公共参数集 Ω，生物特征身份 $\mathrm{BID}'=\{\mathrm{id}'_1, \mathrm{id}'_2, \cdots, \mathrm{id}'_\ell\}\in(Z_q^n)^\ell$，

生成与 BID′相关联的关键词集合 W 的安全索引 CT，并将 CT 提交给云服务器进行长期存储。

(4) **Trapdoor**：此 PPT 算法由用户执行。输入系统公共参数集 Ω，私钥 T_{BID} 和关键词集 W，具有生物特征 $\mathrm{BID}=\{\mathrm{id}_1, \mathrm{id}_2, \cdots, \mathrm{id}_\ell\}\in(Z_q^n)^\ell$ 的用户生成与关键词集 W 关联的搜索陷门 β_W，并将 β_W 和 BID 提交给云服务器。

(5) **Test**：此确定性多项式时间算法由云服务器执行。云服务器查询数据库，以检查重叠的集合 $\mathrm{BID}\cap\mathrm{BID}'$ 是否满足 $|\mathrm{BID}\cap\mathrm{BID}'\geqslant t$（$t$ 是一个阈值），然后输入系统公共参数集 Ω，索引 CT，生物特征身份 BID 关联的陷门 β_W。如果 CT 和 β_W 包含相同的关键词集 W，输出“true”，否则输出“falsc”。

BIB-MKS 要求，对于真实的私钥 T_{BID}，与生物特征身份 BID 相关联的搜索陷门 β_W，与 BID′相关联的安全索引 CT，当且仅当 $|\mathrm{BID}\cap\mathrm{BID}'|\geqslant t$ 时，$\mathrm{Test}(\Omega, \beta_W, \mathrm{CT}, \mathrm{BID}, \mathrm{BID}')=\mathrm{true}$，其中搜索陷门 $\beta_W\leftarrow\mathrm{Trapdoor}(\Omega, W, T_{\mathrm{BID,BID}})$，安全索引 $\mathrm{CT}\leftarrow\mathrm{BIB\text{-}MKS}(\Omega, W, \mathrm{BID}')$。

11.4.4 方案具体设计

本小节提出基于生物特征身份的格上多关键词可搜索加密方案，具体包括以下五个多项式时间算法。

1. Setup

输入安全参数 κ，系统初始化首先设置一个离散高斯分布 χ、两个安全的离散高斯参数 δ_1，δ_2，确定关键词的长度为 λ、生物特征身份的分量数为 ℓ 和阈值 t，然后执行以下步骤：

(1) 运行 $\mathrm{TrapGen}(q, n)$ 生成 PKG 的主公钥 $\mathrm{MPK}=\{Q_{j,\zeta}\}_{j\in\lceil\ell\rceil,\ \zeta\in\{0,0\}}$ 和主私钥 $\mathrm{MSK}=\{C_{j,\zeta}\}_{j\in\lceil\ell\rceil,\ \zeta\in\{0,1\}}$，对于每个 $Q_{j,\zeta}\in Z_q^{n\times m}$ 和 $\Lambda_q^\perp(Q_{j,\zeta})$ 的每个格基 $S_{j,\zeta}\in Z_q^{m\times m}$。

(2) 设置两个安全的哈希函数 $H_1: \{0, 1\}^*\rightarrow Z_q^{m\times m}$，$H_2: Z_q^n\times Z_q^{m\times m}\rightarrow Z_q^{m\times m}$。$H_1$，$H_2$ 的输出分布在 $\mathcal{D}_{m\times m}$ 中。

(3) 设置一个编码函数 Ψ：$\{0, 1\}^\lambda\rightarrow Z_q^{m\times m}$，选择一个均匀随机的向量 $\nu=(\nu_1, \nu_2, \cdots, \nu_n)\leftarrow Z_q^n$。

系统公开公共参数集合 $\Omega=\{\mathrm{MPK}, H_1, H_2, \Psi, \nu, \chi, \delta_1, \delta_2, \ell, \lambda, t\}$，同时，PKG 秘密保存主私钥 MSK。

2. KeyExtract

输入公共参数集合 Ω、主私钥 MSK 和用户的生物特征身份 $\mathrm{BID}=\{\mathrm{id}_1, \mathrm{id}_2, \cdots, \mathrm{id}_\ell\}\in(Z_q^n)^\ell$，PKG 执行以下步骤：

(1) 对于每个 $j=1, 2, \cdots, \ell$，计算矩阵 $A_{j,\mathrm{id}_j}=Q_{j,\mathrm{id}_j}H_1(\mathrm{id}_j\parallel j)^{-1}\in Z_q^{n\times m}$。

(2) 运行 $\mathrm{NewBasisDel}(Q_{j,\mathrm{id}_i}, H_1(\mathrm{id}_j\parallel j), S_{j,\mathrm{id}_i}, \delta_2)$ 生成 $\Lambda_q^\perp(A_{j,\mathrm{id}_i})$ 的一个随机短格基 $T_{j,\mathrm{id}_j}\in Z_q^{m\times m}$。

(3) 输出 $\mathrm{BID}=\{\mathrm{id}_1, \mathrm{id}_2, \cdots, \mathrm{id}_\ell\}\in(Z_q^n)^\ell$ 的私钥 $T_{\mathrm{BID}}=\{T_{1,\mathrm{id}_1}, T_{1,\mathrm{id}_2}, \cdots, T_{1,\mathrm{id}_\ell}\}$。

3. BIB-MKS

数据拥有者首先从文件 F 中提取关键词集 $W=\{w_1, w_2, \cdots, w_\tau\}\subset\mathbb{W}$，其中 $\mathbb{W}$ 是关

键词词典，每个 $w_\vartheta \in \{0, 1\}^\lambda (\vartheta=1, 2, \cdots, \tau)$，然后输入 Ω 和生物特征身份 $\text{BID}'=\{\text{id}'_1, \text{id}'_2, \cdots, \text{id}'_\ell\} \in (Z_q^n)^\ell$，生成与 W 关联的安全索引 CT 如下：

(1) 设置一个固定的二进制字符串 $\alpha=(1, 2, \cdots, 1) \in \{1\}^\eta$，并随机选择一个均匀的 $(n\times\eta)$ 维矩阵 $P \leftarrow Z_q^{n\times\eta}$。

(2) 根据 χ 选择每个噪声 $\sigma_1, \sigma_2, \cdots, \sigma_\eta \leftarrow Z_q$，根据 χ^m 选择每个噪声向量 $y_1, y_2, \cdots, y_\eta \leftarrow Z_q^m$，并设置 $Y=(y_1, y_2, \cdots, y_\eta) \in Z_q^{m\times\eta}$。

(3) 设置 $h=(\ell!)^2$，对于每个 $j=1, 2, \cdots, \ell$，设置 $\gamma = H_2(\nu \parallel \sum_{\vartheta=1}^{\vartheta=\tau} \Psi(w_\vartheta))$，计算 $A_{j, \text{id}'_1} = Q_{j, \text{id}'_j} H_1(\text{id}'_j \parallel j)^{-1}$，$c_j = (A_{j, \text{id}'_j}\gamma^{-1})^{\mathrm{T}} P + hY$，以及计算 $c_0 = \nu^{\mathrm{T}} P + h\sigma + \alpha \lfloor q/2 \rfloor$。

最后，数据所有者使用通用的公钥加密算法生成 F 的密文 ξ，并上传安全索引 $\text{CT}=\{\{C_i\}_{1\leqslant i\leqslant \ell}, c_0, \text{BID}'\}$ 和 ξ 到云服务器进行长期存储。

4. Trapdoor

输入公共参数集合 Ω，私钥 $T_{\text{BID}}=\{T_{1, \text{id}_1}, T_{2, \text{id}_2}, \cdots, T_{\ell, \text{id}_\ell}\}$，以及关键词集 $W=\{w_1, w_2, \cdots, w_\tau\}$。生物特征身份为 $\text{BID}=\{\text{id}_1, \text{id}_2, \cdots, \text{id}_\ell\} \in (Z_q^n)^\ell$ 的用户执行如下步骤：

(1) 计算 $\gamma=H_2(\nu \parallel \sum_{\vartheta=1}^{\vartheta=\tau} \Psi(w_\vartheta))$，对于每个 $j=1, 2, \cdots, \ell$，运行 NewBasisDel$(A_{j, \text{id}_j}, \gamma, T_{j, \text{id}_j}, \delta_2)$ 生成 $\Lambda_q^\perp(A_{j, \text{id}_j}\gamma^{-1})$ 的一个随机短格基 $T_{j, W}$，其中 $A_{j, \text{id}_j} = Q_{j, \text{id}_j} H_1(\text{id}_j \parallel j)^{-1}$。

(2) 使用 Shamir 秘密共享技术构造 $\nu=(\nu_1, \nu_2, \cdots, \nu_n) \in Z_q^n$ 的 ℓ 份份额，它独立地应用于 ν 的每个坐标。具体地，对于每个 $j=1, 2, \cdots, \ell$，随机选择一个均匀的次数为 $t-1$ 的多项式 $f_j(x) \in Z_q[x]$，使得 $f_j(0)=\nu_j$，并构造第 j 个份额向量 $\bar{\nu}_j=(f_1(j), f_2(j), \cdots, f_n(j)) \in Z_q^n$。

(3) 对于每个 $j=1, 2, \cdots, \ell$，运行算法 SamplePre$(A_{j, \text{id}_i}\gamma^{-1}, T_{j, W}, \bar{\nu}_j, \delta_1)$生成 $\beta_{j, W} \in Z_q^m$。注意 $A_{j, \text{id}_j}\gamma^{-1}\beta_{j, W}=\bar{\nu}_j \in Z_q^n (j=1, 2, \cdots, \ell)$，每个 $\beta_{j, W}$ 分布在 $\mathcal{D}_{\Lambda_q^{\bar{\nu}_j}(A_{j, \text{id}_j}\gamma^{-1}), \delta_1}$。最后用户向云服务器发送陷门 $\beta_W=\{\beta_{1, W}, \beta_{2, W}, \cdots, \beta_{\ell, W}, \text{BID}\}$。

5. Test

输入公共参数集合 Ω，安全索引 CT，以及搜索陷门 $\beta_W=\{\beta_{1, W}, \beta_{2, W}, \cdots, \beta_{\ell, W}, \text{BID}\}$，云服务器执行如下步骤：

(1) 令 $S \subset \{1, 2, \cdots, \ell\}$ 表示 BID 和 BID′ 具有相同元素的集合。如果 $|S|<t$，输出 $\perp$。否则，选择任意子集 $J \subset S$，使得 $|J|=t$，计算 $\alpha=(\alpha_1, \alpha_2, \cdots, \alpha_\eta) \leftarrow c_0 - \sum_{j\in J} L_j \beta_{j, W}^{\mathrm{T}} C_j$，其中 $L_j = \prod_{r\neq j, r\in J} \frac{0-r}{j-r}$ 是对应的拉格朗日插值系数。

(2) 对于每个 $\theta=1, 2, \cdots, \eta$，比较每一个 α_θ 与$\lfloor q/2 \rfloor$的接近程度，如果$|\alpha_\theta - \lfloor q/2 \rfloor| \geqslant \lfloor q/4 \rfloor$，云服务器中止。如果$|\alpha_\theta - \lfloor q/2 \rfloor| < \lfloor q/4 \rfloor$，设置 $\alpha_\theta \leftarrow 1$，直到 $\alpha_\eta \leftarrow 1$。

最后，一旦云服务器恢复 $\alpha=(1, 1, \cdots, 1) \in \{1\}^\ell$，它返回“true”，这意味着搜索陷门

β_W 和安全索引 CT 包含相同的关键词集合 $W=\{w_1, \cdots, w_t\}$，云服务器返回 F 相应的密文 ξ，以保密方式与用户共享。

11.4.5 方案正确性与一致性证明

BIB-MKS 方案的正确性与一致性证明如下。

设 $W=\{w_1, \cdots, w_\tau\}$ 是包含在安全索引 $\mathrm{CT}\{\{C_j\}_{1\leqslant j\leqslant \ell}, c_0, \mathrm{BID}'\}$ 的关键词集合，$W'=\{w'_1, w'_2\cdots, w'_\tau\}$ 是包含在搜索陷门 $\beta_{W'}=\{\beta_{1,W'}, \beta_{2,W'}, \cdots, \beta_{\ell,W'}, \mathrm{BID}\}$ 的关键词集合。

为了构建 **Test** 的正确性，我只需要考虑 $|J|=t, j\in J, L_j=\prod\limits_{r\neq j, r\in J}\dfrac{0-r}{j-r}$ 是相应的分数拉格朗日系数的情况。通过选定关键词 $W'=\{w'_1, w'_2, \cdots, w'_\tau\}$ 的陷门 $\beta_{W'}=\{\beta_{1,W'}, \beta_{2,W'}, \cdots, \beta_{\ell,W'}, \mathrm{BID}\}$，在 LWE 的解密模型下，云服务器可以轻松恢复 $\alpha'=(\alpha'_1, \alpha'_2, \cdots, \alpha'_\eta)\leftarrow c_0-\sum\limits_{j\in J}L_j(\beta_{j,W'})^{\mathrm{T}}C_j$。现在我们考虑以下两种情况：

(1) 情况一：$W=W'$

$$
\begin{aligned}
c_0-\sum_{j\in J}L_j\beta_{j,W}^{\mathrm{T}}C_j &= \nu^{\mathrm{T}}P+h\sigma+\alpha\lfloor q/2\rfloor-\sum_{j\in J}L_j\beta_{j,W}^{\mathrm{T}}((A_{j,\mathrm{id}_j}\gamma^{-1})^{\mathrm{T}}P+hY)\\
&=\alpha\lfloor q/2\rfloor+\Big(\nu^{\mathrm{T}}P-\sum_{j\in J}L_j(A_{j,\mathrm{id}_j}\gamma^{-1}\beta_{j,W})^{\mathrm{T}}P\Big)+\Big(h\sigma-\sum_{j\in J}hL_j\beta_{j,W}^{\mathrm{T}}Y\Big)\\
&=\alpha\lfloor q/2\rfloor+\Big(\nu^{\mathrm{T}}P-\sum_{j\in J}L_j\bar{\nu}_j^{\mathrm{T}}P\Big)+\Big(h\sigma-\sum_{j\in J}hL_j\beta_{j,W}^{\mathrm{T}}Y\Big)\\
&=\alpha\lfloor q/2\rfloor+h\sigma-\sum_{j\in J}hL_j\beta_{j,W}^{\mathrm{T}}Y
\end{aligned}
$$

在这里 $h\sigma-\sum\limits_{j\in J}hL_j\beta_{j,W}^{\mathrm{T}}Y$ 实际上是一个 η 维噪声行向量。由于每个 hL_j 都是限制条件为 $h^2\leqslant(\ell!)^4$ 的整数，因此对于每个 $\theta=1, 2, \cdots, \eta$，它足以设置参数，使其具有压倒性优势：$|h\sigma_\theta-\sum\limits_{j\in J}hL_j\beta_{j,W}^{\mathrm{T}}y_\theta\leqslant h|\sigma_\theta|+\sum\limits_{j\in J}h^2|\beta_{j,W}^{\mathrm{T}}y_\theta|<q/4$。

因此，$\alpha=(1, 1, \cdots, 1)\in\{1\}^\ell$。

(2) 情况二：$W\neq W'$。

由于 $\alpha'\leftarrow c_0-\sum\limits_{j\in J}L_j(\beta_{j,W'})^{\mathrm{T}}C_j\neq(\alpha_1, \alpha_2, \cdots, \alpha_\eta)\lfloor q/2\rfloor+h\sigma-\sum\limits_{j\in J}hL_j\beta_{j,W}^{\mathrm{T}}Y$，那么安全索引 CT 被正确解密为 $\alpha=(1, 1, \cdots, 1)\in\{1\}^\ell$ 的概率是可以忽略的。

因此，BIB-MKS 实现了正确性与一致性，云服务器可以确保安全索引 CT 和搜索陷门 β_W 包含相同的关键词集 W。最后，云服务器返回用户的关键词集相关联的相应加密数据进行响应，这样用户可以进一步解密该数据并获得数据所有者共享的原始数据文件。

思考题 11

1. 在抗密钥泄露的格基云存储数据审计方案中，如何进一步改进方案，降低密钥更新过程的计算与通信开销?

2. 在支持数据代理上传的格基云存储数据审计方案中，如何在抗量子计算攻击环境下确保权限转移的安全性?

3. 基于生物特征身份的格上多关键词可搜索加密方案中，如何解决生物特征信息随着时间推移出现局部信息失真而带来的加密搜索出错的问题?

参 考 文 献

[1] 毛文波. 现代密码学理论与实践[M]. 北京：电子工业出版社，2004.

[2] 戴维·王. 深入浅出密码学[M]. 韩露露，谢文丽，杨雅希，译. 北京：人民邮电出版社，2022.

[3] Bruce Schneier. 应用密码学：协议、算法与C源程序. 2版[M]. 吴世忠，祝世雄，张文政，译. 北京：机械工业出版社，2014.

[4] Christof Paar，Jan Pel. 深入浅出密码学[M]. 马小婷，译. 北京：清华大学出版社，2012.

[5] Wade Trappe，lawrence C. washington. 密码学概论(中文版)[M]. 特拉普，译. 北京：人民邮电出版社，2004.

[6] 许春香，等. 现代密码学. 2版[M]. 北京：清华大学出版社，2015.

[7] Douglas R. Stinson. 密码学原理与实践[M]. 冯登国，译. 北京：电子工业出版社，2009.

[8] 杨波. 现代密码学[M]. 北京：清华大学出版社，2007.

[9] 结城浩. 图解密码技术[M]. 周自恒，译. 北京：人民邮电出版社，2014.

[10] 斯坦普. 信息安全原理与实践. 2版[M]. 张戈，译. 北京：清华大学出版社，2013.

[11] 密码编码学与网络安全：原理与实践. 8版[M]. William Stallings 著，陈晶，杜瑞颖，唐明，等，译. 北京：电子工业出版社，2021.

[12] WANG Cong，Sherman. S. M. Chow，WANG Qian，REN Kui，LOU Wenjing. Privacy-preserving public auditing for secure cloud storage[J]. IEEE Transactions on Computers，2013，62(2)：362 - 375.

[13] ZHANG Xiaojun，ZHAO Jie，XU Chunxiang，LI Hongwei，WANG Huaxiong，ZHANG Yuan. CIPPPA：Conditional identity privacy-preserving public auditing for cloud-based WBANs against malicious auditors[J]. IEEE Transactions on Cloud Computing，2021，9(4)：1362 - 1375.

[14] ZHANG Xiaojun，WANG Xin，GU Dawu，XUE Jingting，，TANG Wei. Conditional anonymous certificateless public auditing scheme supporting data dynamics for cloud storage systems[J]. IEEE Transactions on Network and Service Management，2022，19(4)：5333 - 5247.

[15] XUE Jingting，XU Chunxiang，ZHAO Jining，MA Jianfeng. Identity-based public auditing for cloud storage systems against malicious auditors via blockchain[J]. SCIENCE CHINA Information Sciences，2019，62(3)：1 - 16.

[16] Dan Boneh，Eu-Jin Goh，Kobbi Nissim. Evaluating 2-DNF Formulas on Giphertexts[C]. Theory of Gyptography Lecture Notes in Computer Science，vol 3378. Springer，Berlin.

[17] 张晓均，张经伟，黄超，谷大武，张源. 可验证医疗密态数据聚合与统计分析方案[J]. 软件学报，2022，33(11)：4285 - 4304.

[18] LU Rongxing，LIANG Xiaohui，LI Xu，LIN Xiaodong，SHEN Xuemin. EPPA：An efficient and privacy-preserving aggregation scheme for secure smart grid communications[J]. IEEE Transactions on Parallel and Distributed Systems，2012，23(9)：1621 - 1631.

[19] ZHANG Xiaojun，HUANG Chao，ZHANG Yuan，CAO Sheng. Enabling verifiable privacy-preserving multi-type data aggregation in smart grids[J]. IEEE Transactions on Dependable and Secure Computing，2022，19(6)：4225 - 4239.

[20] ZHANG Xiaojun，HUANG Chao，XU Chunxiang，ZHANG Yuan，ZHANG Jingwei，WANG

Huaxiong. Key-leakage resilient encrypted data aggregation with lightweight verification in fog-assisted smart grids[J]. IEEE Internet of Things Journal, 2021, 8(10): 8234 - 8245.

[21] ZHANG Xiaojun, TANG Wei, GU Dawu, ZHANG Yuan, XUE Jingting, WANG Xin. Lightweight multi-dimensional encrypted data aggregation scheme with fault tolerance for fog-assisted smart grids [J]. IEEE Systems Journal, 2022, 16(4): 6645 - 6657.

[22] ZHANG Xiaojun, HUANG Chao, GU Dawu, ZHANG Jingwei, XUE Jingting, WANG Huaxiong. Privacy-preserving statistical analysis over multi-dimensional aggregated data in edge-based smart grid systems[J]. Journal of Systems Architecture, 2022, 127(102508): 1 - 13.

[23] 张晓均，王文琛，付红，牟黎明，许春香. 智能车载自组织网络中匿名在线注册与安全认证协议[J]. 电子与信息学报，2022，44(10)：3618 - 3626.

[24] Dan Boneh, Giovanni Di Crescenzo, Rafail Ostrovsky, Giuseppe Persiano. Public key encryption with keyword search[C]. Advances in Cryptology-EUROCRYPT 2004, Interlaken, Switzerland, 2004: 506 - 522.

[25] ZHANG Xiaojun, XU Chunxiang, WANG Huaxiong, ZHANG Yuan, WANG Shixiong. FS-PEKS: Lattice-based forward secure public-key encryption with keyword search for cloud-assisted industrial Internet of Things[J]. IEEE Transactions on Dependable and Secure Computing, 2021, 18(3): 1019 - 1032.

[26] ZHANG Xiaojun, HUANG Chao, GU Dawu, ZHANG Jingwei, WANG Huaxiong BIB-MKS: Post-quantum secure biometric identity-based multi-keyword search over encrypted data in cloud storage systems[J]. IEEE Transactions on Services Computing, 2023, 16(1): 122 - 133.

[27] ZHANG Xiaojun, ZHAO Jie, XU Chunxiang, WANG Huaxiong, ZHANG Yuan. DOPIV: Post-quantum secure identity-based data outsourcing with public integrity verification in cloud storage[J]. IEEE Transactions on Services Computing, 2022, 15(1): 334 - 345.

[28] ZHANG Xiaojun, WANG Huaxiong, XU Chunxiang. Identity-based Key-exposure Resilient Cloud Storage Public Auditing Scheme from Lattices[J]. Information Sciences, 2019, 472: 223 - 234.

[29] ZHANG Xiaojun, TANG Yao, WANG Huaxiong, XU Chunxiang, MIAO Yinbin, CHENG Hang. Lattice-based Proxy-oriented Identity-based Encryption with Keyword Search for Cloud Storage[J]. Information Sciences, 2019, 494: 193 - 207.